Flask Web 开发入门、进阶与实战

张学建 编著

机 械 工 业 出 版 社

本书介绍了使用 Python 语言开发 Flask Web 程序的知识，并通过具体实例讲解了使用 Flask 框架的方法和流程。全书共 18 章，内容包括 Flask Web 开发基础、使用 Flask 模板、实现表单操作、Flask 数据库操作、用户登录验证、收发电子邮件、使用 Flask-Admin 开发后台管理系统、使用上下文技术、项目优化、处理静态文件、开发 RESTful API、系统调试和部署、计数器模块、在线留言系统模块、富文本编辑器模块、分页模块、信息发布模块、基于深度学习的人脸识别系统。全书简洁而不失技术深度，内容丰富而全面，不仅易于阅读，而且涵盖了其他同类图书中很少涉及的历史参考资料，是学习 Flask Web 开发的实用教程。

本书适用于已了解 Python 基础知识、希望进一步提高个人开发水平的读者，还可以作为大中专院校和培训学校相关专业师生的学习参考用书。

图书在版编目（CIP）数据

Flask Web 开发入门、进阶与实战/张学建编著．—北京：机械工业出版社，2021.2（2024.1重印）
ISBN 978-7-111-67317-0

Ⅰ．①F⋯　Ⅱ．①张⋯　Ⅲ．①软件工具-程序设计　Ⅳ．①TP311.561

中国版本图书馆 CIP 数据核字（2021）第 015145 号

机械工业出版社（北京市百万庄大街 22 号　邮政编码 100037）
策划编辑：李晓波　　责任编辑：李晓波
责任校对：张艳霞　　责任印制：常天培
固安县铭成印刷有限公司印刷

2024 年 1 月第 1 版·第 3 次印刷
184mm×260mm·21.5 印张·532 千字
标准书号：ISBN 978-7-111-67317-0
定价：119.00 元

电话服务　　　　　　　　　　网络服务
客服电话：010-88361066　　机 工 官 网：www.cmpbook.com
　　　　　010-88379833　　机 工 官 博：weibo.com/cmp1952
　　　　　010-68326294　　金 书 网：www.golden-book.com
封底无防伪标均为盗版　　机工教育服务网：www.cmpedu.com

前言

一名程序开发初学者究竟如何学习和提高自己的编程技术呢？答案之一是买一本合适的程序开发书籍进行学习。但是，市面上许多面向初学者的编程书籍大多数是基础知识讲解，多偏向于理论，读者学习以后面对实战项目时还是感到无从下手。如何从理论平滑过渡到项目实战，是初学者迫切需要解决的问题。

本书针对有一定 Python 基础的读者，分享了使用 Python 语言开发 Flask Web 程序的知识，帮助初学者提高开发水平。书中主要讲解实现 Flask Web 开发所必须具备的知识和技巧，帮助编程人员迅速开发出需要的 Web 项目功能，提高编程效率。

本书的特色

1. 内容全面

本书详细讲解 Flask Web 开发所需要的编程技术，涉及这些技术的使用方法和技巧，帮助读者快速步入 Flask Web 开发的高手之列。

2. 实例驱动教学

本书采用理论加实例的编写方式，通过实例对知识点进行横向切入和纵向比较，让读者有更多的实践演练机会，并且可以从不同的方面展现一个知识点的用法，真正实现提高学习者技能的效果。

3. 二维码视频讲解

书中的每一个二级目录下都有一个二维码，通过扫描二维码可以观看讲解视频，既包括实例讲解，也包括教程讲解。

4. 售后帮助读者快速解决学习问题

无论是书中的疑惑，还是在学习中遇到的问题，相关服务人员将在第一时间为读者解答问题，这就是我们对读者的基本承诺。

5. 贴心提示和注意事项提醒

本书根据需要在各章安排了"注意""说明"和"技巧"等环节，让读者可以在学习过程中更轻松地理解相关知识点及概念，更快地掌握有关技术的应用技巧。

6. QQ 群实现教学互动

编者为了方便给读者答疑，特建立了 QQ 群为读者进行技术服务，可以随时在线与读者互动。让读者在互学互帮中形成一个良好的学习编程的氛围。

本书的专属 QQ 群号是：683761238。

本书的内容

本书介绍了使用 Python 语言开发 Flask Web 程序的知识，并通过具体实例讲解了使用

Flask 框架的方法和流程。全书共 18 章，内容包括 Flask Web 开发基础、使用 Flask 模板、实现表单操作、Flask 数据库操作、用户登录验证、收发电子邮件、使用 Flask-Admin 开发后台管理系统、使用上下文技术、项目优化、处理静态文件、开发 RESTful API、系统调试和部署、计数器模块、在线留言系统模块、富文本编辑器模块、分页模块、信息发布模块、基于深度学习的人脸识别系统。全书简洁而不失技术深度，内容丰富而全面，不仅易于阅读，而且涵盖了其他同类图书中很少涉及的历史参考资料，是学习 Flask Web 开发的实用教程。

本书适用于已了解 Python 基础知识、希望进一步提高个人开发水平的读者，还可以作为大中专院校和培训学校相关专业师生的学习参考用书。

本书的读者对象

软件工程师；
Flask Web 开发者；
Python Web 开发者；
教育工作者。

致谢

本书在编写过程中得到了机械工业出版社的大力支持，正是各位编辑求真务实的作风，才使得本书能够顺利出版。另外，也十分感谢家人给予的巨大支持。由于编者水平有限，书中纰漏之处在所难免，诚请广大读者提出宝贵的意见或建议，以便使本书更臻完善。

最后，感谢您购买本书，希望本书能成为您编程路上的领航者，祝您阅读快乐！

编　者

目录

V

第1章
Flask Web 开发基础

Flask 是一个免费的 Web 框架，也是一个年轻、充满活力的微框架，开发文档齐全，社区活跃度高，有着众多的支持者。Flask 的设计目标是实现一个 WSGI 的微框架，其核心代码十分简单，并且具有可扩展性。在本章的内容中，将详细讲解使用 Flask 框架开发动态 Web 程序的基础知识。

1.1　Flask 框架介绍

Flask 是一个面向中小型企业的 Web 开发框架，一般用于开发轻量级的 Python Web 应用程序。在市场占有率方面，Flask 是在 Python Web 开发领域中位居前列的框架。在本节的内容中，将简要介绍 Flask 框架的知识，包括基本结构以及它与 Django 框架的对比。

1.1.1　Flask 框架的基本结构

Flask 框架的基本结构如图 1-1 所示。

根据图 1-1 所示的结构可知，Flask 框架依赖两个外部库：Werkzeug 和 Jinja2，这两个外部库的具体说明如下所示。

- Werkzeug：是一个 WSGI 工具集，是 Web 应用程序和多种服务器之间的标准 Python 接口。
- Jinja2：负责渲染模板，将由 HTML、CSS 和 JavaScript 组成的模板文件显示出来。

为了提高开发效率，减少冗余代码，Flask 框架会抽象出 Web 开发中的共同

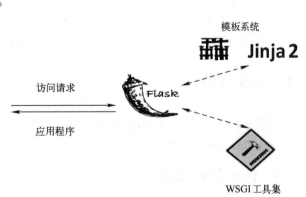

图 1-1　Flask 框架的基本结构

部分，以便在不同的页面中多次使用这个共同部分。作为一个基本的 Flask Web 应用程序，当客户端想从 Web 中获取某些信息时，便会发起一个 HTTP 访问请求（例如用浏览器访问一个 URL），Web 应用程序会在后台进行相应的业务处理（例如读取数据库或者进行一些计算操作等），然后取出用户需要的数据，生成相应的 HTTP 响应。如果访问静态资源，则直接返回资源即可，不需要进行业务处理。整个 Web 应用程序的处理过程如图 1-2 所示。

1

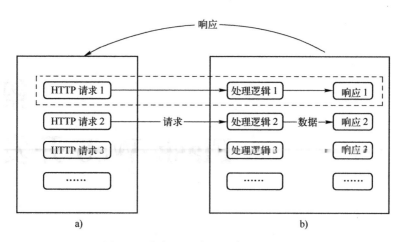

图 1-2　整个 Web 应用程序的处理过程
a) 客户端　b) 服务器端

1.1.2　Flask 和 Django 的对比

在当前技术环境下，使用 Python 开发 Web 程序的常用框架是 Flask 和 Django，这两个框架涵盖了从小型项目到企业级项目的 Web 开发服务。Flask 和 Django 的对比如下所示。

1）Flask 框架比较年轻，诞生于 2010 年，其最大的优点是简单易学。而 Django 于 2006 年发布了第一个版本，是一个非常成熟的框架，比 Flask 框架要复杂难学一点。

2）Flask 是面向中小型企业项目级的开发框架，而 Django 是面向大型企业级应用的开发框架。

3）Django 使用开箱即用的 ORM 实现数据库处理，而 Flask 更加灵活，可以让开发者自己选择如何存储项目中的数据。

4）虽然 Flask 历史相对更短，但是支持者却不少。在 GitHub 托管网站上，它们获得的 Star（好评数）近乎相当，这两个框架使用的都是 BSD 衍生协议 BSD3 条款。

1.2　安装 Flask

在使用 Flask 框架开发 Web 程序之前，需要先安装 Flask 框架。在本节的内容中，将详细讲解安装 Flask 框架的知识。

1.2.1　快速安装 Flask

建议读者使用 pip 命令快速安装 Flask，因为它会自动安装 Flask 框架和它所依赖的第三方库。

（1）在 Windows 系统安装 Flask

在 Windows 系统中，可以在 CMD 命令界面下使用如下命令安装 Flask。

```
pip install flask
```

成功安装时的界面效果如图 1-3 所示。

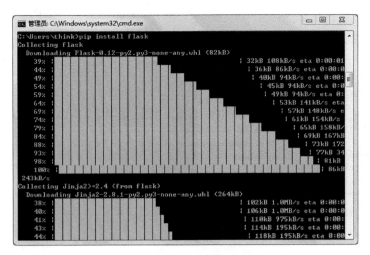

图 1-3　成功安装时的界面效果

在安装 Flask 框架后，可以在交互式环境下使用 import flask 语句进行验证，如果没有错误提示，则说明 Flask 框架成功安装。另外也可以通过下载的方式进行手动安装，必须先下载安装 Flask 依赖的两个外部库，即 Werkzeug 和 Jinja2，分别解压后进入对应的目录，在命令提示符下使用 python setup. py install 的命令来安装它们。Flask 依赖外部库的下载地址分别如下所示。

```
https://github.com/mitsuhiko/jinja2/archive/master.zip
https://github.com/mitsuhiko/werkzeug/archive/master.zip
```

然后在下面的下载地址下载 Flask，下载后再使用 python setup. py install 命令来安装它。

```
http://pypi.python.org/packages/source/F/Flask/Flask-0.2.1.tar.gz
```

（2）在 Linux 系统安装 Flask

在 Linux 系统中，也可以在命令界面使用如下 pip 命令安装 Flask。

```
(venu)$pip install flask
```

1.2.2　使用 PyCharm 创建虚拟环境

为了提高开发效率，可以使用可视化开发工具 PyCharm 创建虚拟环境，具体流程如下所示。

1）假设在 E 盘的 "untitled" 目录下创建一个 Python 工程，那么依次单击 PyCharm 的 "File" "New Project" 命令，在弹出的对话框界面设置虚拟环境的属性，如图 1-4 所示。

- 选中 "New environment using" 单选按钮，然后在后面的下拉框中选择 "Virtualenv"，这表示使用 Virtualenv 创建虚拟环境。
- "Location"：表示创建虚拟环境的位置。
- "Inherit global site-packages"：如果勾选此复选框，表示加载 Python 全局中的安装包，建议不勾选此选项。
- "Make available to all projects"：如果勾选此复选框，表示此虚拟环境中的包可以被其他工程所用。为了保持环境的干净整洁，建议不勾选此选项。

2）单击右下角的 "Create" 按钮后新建一个虚拟环境，例如笔者本次设置的虚拟环境的

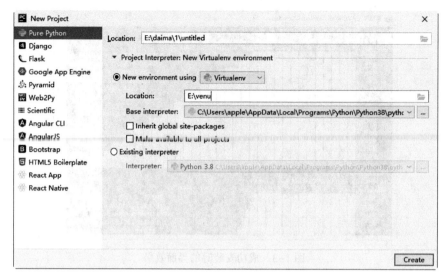

图 1-4 "New Project" 对话框

目录是 "E:\venu"。

3）依次单击 PyCharm 的 "File" "Settings" 命令，在弹出的对话框界面左侧单击 "Project Interpreter"，在右侧的 "Project Interpreter" 后面选择刚创建的虚拟环境的目录 "venu"，如图 1-5 所示。

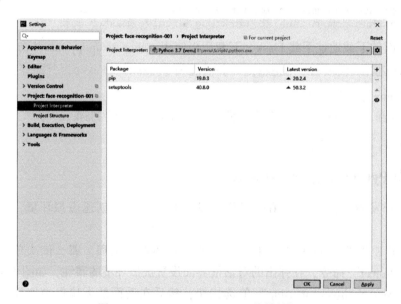

图 1-5 "Project Interpreter" 对话框界面

4）在弹出界面顶部的搜索框中输入 "Flask"，接着在下方列表框中选中 "Flask"，然后单击下方的 "Install Package" 按钮开始安装 Flask，如图 1-6 所示。

5）安装成功后，会在 "D:\venu" 目录下显示安装的 Flask。所有安装的库文件，都被保存在虚拟环境中的 "Lib\site-packages" 目录下，如图 1-7 所示。

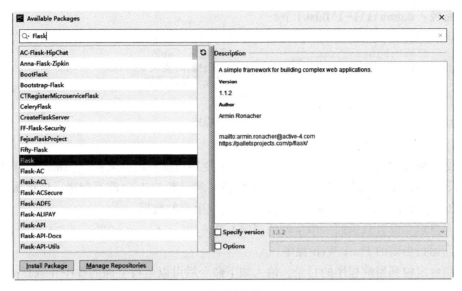

图 1-6　搜索并安装 "Flask"

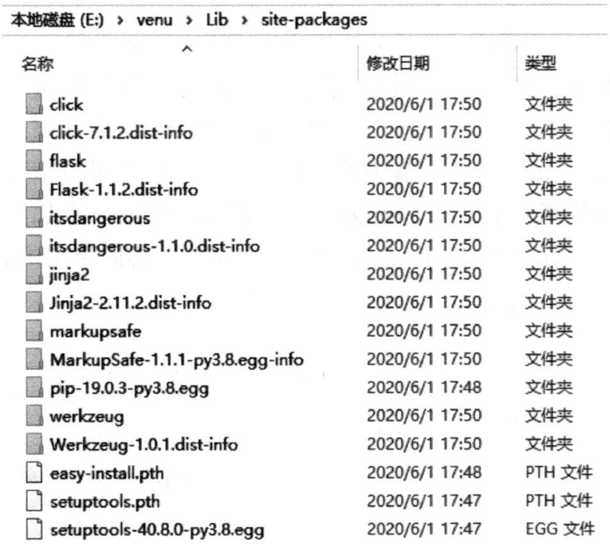

图 1-7　安装的 Flask 被保存在虚拟环境中

1.3　初步认识 Flask Web 程序

经过本章前面内容的学习，相信读者已经掌握了安装 Flask 环境的方法，并且成功在自己的计算机中安装了 Flask。在本节的内容中，将详细介绍编写第一个 Flask Web 程序，让读者初步理解 Flask Web 程序的基本结构和运行方法。

1.3.1　编写第一个 Flask Web 程序

在下面的实例文件 flask1.py 中，演示了使用 Flask 框架开发一个简单 Flask Web 程序的过程。

源码路径：daima\1\1-1\flask1. py

```
① import flask                          # 导入 flask 模块
② app = flask.Flask(__name__)          # 实例化类 flask
③ @app.route('/')                       # 装饰器操作,实现 URL 地址
④ def hello():                          # 定义业务处理函数 hello()
      return '你好,这是第一个 Flask Web 程序!'
   if __name__ == '__main__':
⑤ app.run()                            # 运行程序
```

代码①导入 flask 模块。

代码②实例化类 flask，后面的构造方法 Flask 使用当前模块的名称(__name__)作为参数。

代码③使用@ app. route('/')路由装饰器将 URL 和函数 hello( )联系起来，使得服务器收到对应的 URL 请求时，调用这个函数，返回这个函数生产的数据。

代码④自定义设置只返回一串字符的函数 hello( )。

代码⑤运行当前的 Flask Web 程序。

将控制台定位到当前程序的目录，输入如下命令后可以运行上面的程序 flask1. py。

```
Python flask1.py
```

执行后会显示如下提醒语句。

```
* Running on http://127.0.0.1:5000/ (Press CTRL+C to quit)
```

这表示 Web 服务器已经正常启动运行了，它的默认服务器端口为 5000，IP 地址为 127. 0. 0. 1。在浏览器中输入网址"http://127. 0. 0. 1:5000/"后便可以测试上述 Web 程序，执行效果如图 1-8 所示。通过按下键盘中的〈Ctrl+C〉组合键可以退出当前的服务器。当浏览器访问发出的请求被服务器收到后，服务器还会显示出相关信息如图 1-9 所示，表示访问该服务器的客户端地址、访问的时间、请求的方法以及表示访问结果的状态码。

图 1-8　执行效果

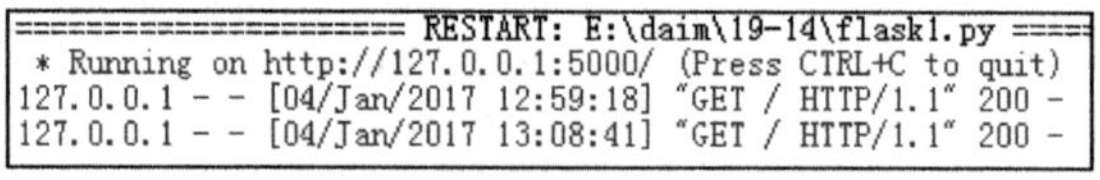

```
================= RESTART: E:\daim\19-14\flask1.py ====
 * Running on http://127.0.0.1:5000/ (Press CTRL+C to quit)
127.0.0.1 - - [04/Jan/2017 12:59:18] "GET / HTTP/1.1" 200 -
127.0.0.1 - - [04/Jan/2017 13:08:41] "GET / HTTP/1.1" 200 -
```

图 1-9　服务器显示相关信息

在上述实例代码中，方法 run( )的功能是启动一个服务器，在调用时可以通过参数来设置服务器。常用的主要参数如下所示。

- host：服务器的 IP 地址，默认为 None。
- port：服务器的端口，默认为 None。
- debug：是否开启调试模式，默认为 None。

1. 3. 2　使用 PyCharm 编写第一个 Flask Web 程序

在现实开发应用中，建议读者使用集成开发工具 PyCharm 来开发 Flask Web 程序。具体流程如下所示。

源码路径：daima\1\1-2\flask1. py

1) 打开 PyCharm，单击"Create New Project"按钮弹出"New Project"对话框，在左侧列表中选择"Flask"选项，在"Location"中设置项目的保存路径，如图 1-10 所示。

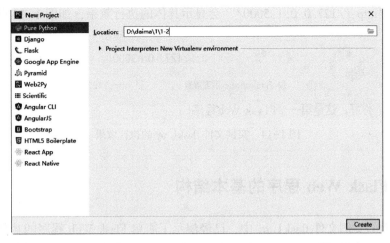

图 1-10　"New Project" 对话框

2）单击 "Create" 按钮后创建一个 Flask 项目，会自动创建保存模板文件和静态文件的文件夹。

3）在工程中可以新建一个 Python 文件，其代码可以和前面 1.3.1 小节的实例文件 flask1. py 完全一样，如图 1-11 所示。

4）可以直接在 PyCharm 调试运行这个实例文件 flask1. py，右击文件名，在弹出命令中选择 "Run flask1" 选项即可运行程序，如图 1-12 所示。单击 PyCharm 顶部的 ■ 按钮可以停止运行。

图 1-11　创建实例文件 flask1. py

图 1-12　选择 "Run flask1" 选项

在 PyCharm 的调试窗口中会显示如图 1-13 所示的效果。

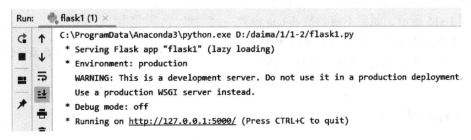

图 1-13　在 PyCharm 中的执行效果

单击链接"http://127.0.0.1:5000/"会显示具体的执行效果，如图 1-14 所示。

你好，这是第一个Flask Web程序！

图 1-14　实例文件 flask1.py 的执行效果

1.4　分析 Flask Web 程序的基本结构

在本章前面的实例文件 flask1.py 中，已经演示了简单 Flask Web 程序的功能和运行方法。在本节的内容中，将详细讲解 Flask Web 程序的基本结构，介绍各 Flask 组成部分的具体功能。

1.4.1　运行方法 run( )

再来看前面实例文件 flask1.py 中，有如下最后一行代码。

```
app.run()    #运行程序
```

上述代码的功能是调用类 flask 中的方法 run( ) 在本地服务器上运行当前 Flask Web 程序，当前 Flask Web 程序的名字是 app。在类 flask 中，方法 run( ) 的原型如下所示。

```
app.run(host, port, debug)
```

方法 run( ) 中的 3 个参数都是可选的，具体说明如下所示。

- host：运行当前 Flask Web 程序的主机名，默认值是 127.0.0.1 或 localhost。
- port：运行当前 Flask Web 程序的主机对应的端口号，默认值是 5000。
- debug：设置是否显示调试信息，默认值是 false。如果设置为 true，则表示显示调试信息。

读者在开发 Flask Web 程序时，建议使用如下代码将方法 run( ) 中的参数 debug 设置为 true。

```
app.run(debug = True)
```

这样做的好处是，在调试运行 Flask Web 程序的过程中，如果代码发生了变化，那么服务器会自动快速重启并重新运行 Flask Web 程序，提高在此查看程序运行效果的速度。并且在代码发生异常时，会打印输出对应的调试信息，如图 1-15 所示。如果不将参数 debug 设置为 true，那么在修改编写的 Flask Web 程序后，需要手动运行 Flask Web 程序，这样会降低开发效率。

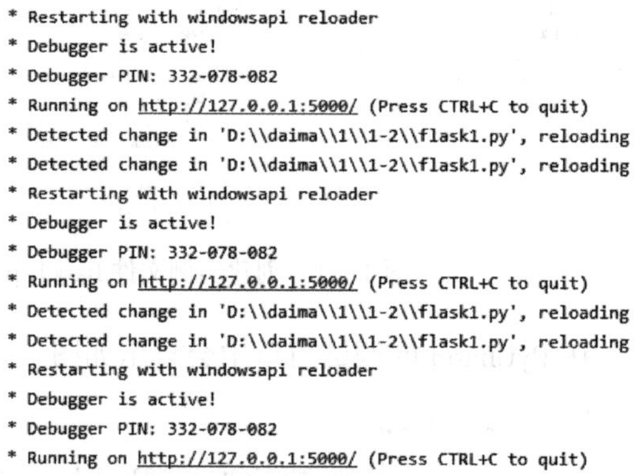

```
* Restarting with windowsapi reloader
* Debugger is active!
* Debugger PIN: 332-078-082
* Running on http://127.0.0.1:5000/ (Press CTRL+C to quit)
* Detected change in 'D:\\daima\\1\\1-2\\flask1.py', reloading
* Detected change in 'D:\\daima\\1\\1-2\\flask1.py', reloading
* Restarting with windowsapi reloader
* Debugger is active!
* Debugger PIN: 332-078-082
* Running on http://127.0.0.1:5000/ (Press CTRL+C to quit)
* Detected change in 'D:\\daima\\1\\1-2\\flask1.py', reloading
* Detected change in 'D:\\daima\\1\\1-2\\flask1.py', reloading
* Restarting with windowsapi reloader
* Debugger is active!
* Debugger PIN: 332-078-082
* Running on http://127.0.0.1:5000/ (Press CTRL+C to quit)
```

图 1-15　在 Flask 的调试窗口多次重启服务器

1.4.2　路由处理

在当前 Web 开发领域中，主流的第三方框架使用路由技术实现 URL 访问导航功能。通过路由可以直接访问某个需要的页面，而无须从主页进行导航。在 Flask Web 程序中，在浏览器端的客户把访问请求发送给 Web 服务器，Web 服务器再把请求发送给 Flask Web 程序。为了帮助 Flask Web 程序确定针对每个 URL 请求运行哪些代码，特意在路由中保存了一个 URL 地址到 Python 函数的映射关系，这就是路由导航。Flask 框架支持如下 3 种类型的路由导航。

（1）使用路由方法 route( )

在 Flask 框架中，通过使用路由方法 route( ) 可以将一个普通函数与特定的 URL 关联起来。当 Web 服务器收到一个 URL 请求时，会调用执行方法 route( ) 关联的函数返回对应的响应内容。请看下面的演示代码。

```
#运行程序
@app.route('/hello')
def hello_world():
    return '我是Python'
```

在上述代码中，方法 route( ) 定义了一个路由规则：/hello，当访问者在浏览器中输入这个 URL（/hello）时，会执行与之对应的函数 hello_world( )。也就是说，如果用户访问如下所示的 URL 网址，就会执行函数 hello_world( )，最终会将这个函数的执行结果"我是 Python"输出显示在浏览器中。

```
http://localhost:5000/hello
```

（2）路由方法 add_url_rule( )

在 Flask 框架中，还可以使用方法 add_url_rule( ) 将一个 URL 和函数关联起来，请看下面的演示代码。

```
def hello_world():
    return '我是Python'
app.add_url_rule('/', 'hello', hello_world)
```

针对上述代码，如果浏览者访问如下所示的 URL 网址，就会执行函数 hello_world( )，会在网页中输出显示这个函数的执行结果"我是 Python"。

```
http://localhost:5000/hello
```

（3）将不同的 URL 映射到同一个函数

在 Flask Web 程序中，可以使用多个 URL 来映射同一个函数。这样在访问多个不同的 URL 请求时，都会返回由同一个函数产生的响应内容，也就是显示相同的执行效果。例如在下面的实例文件 flask2. py 中，演示了将不同的 URL 映射到同一个函数上的过程。

源码路径：**daima\1\1-4\flask2. py**

```
import flask                              #导入flask模块
app = flask.Flask(__name__)               #实例化类
@app.route('/')                           #装饰器操作,实现URL地址映射
@app.route('/aaa')                        #装饰器操作,实现第2个URL地址映射
def hello():
    return '你好,这是一个Flask Web程序!'
if __name__ == '__main__':
    app.run()                             #运行程序
```

执行本实例后，在浏览器中无论是输入 "http:// 127. 0. 0. 1：5000/"，还是输入 "http:// 127. 0. 0. 1：5000/aaa"，在服务器端这两个 URL 请求将映射到同一个函数 hello( )，所以输入这两个 URL 地址后的执行效果一样。执行效果如图 1-16 所示。

图 1-16　执行效果

1.4.3　处理 URL 参数

在 Flask Web 程序中，有时候 URL 地址中的参数是动态的，例如下面的两种 URL 格式。

```
/hello/<name>      #获取 URL"/hello/wang"中的参数"wang"给变量 name
/hello/<int:id>    #获取 URL"/hello/5"中的参数"5",并自动转换为整数 5 给变量 id
```

要想获取和处理 URL 中传递来的参数，需要在对应处理函数的参数列表中声明变量名，具体语法格式如下所示。

```
@app.route("/hello/<name>")
    def get_url_param (name):
        pass
```

这样在列表中列出变量名后，就可以在处理函数 get_url_param( )中引用这个变量值，并可以进一步使用从 URL 中传递过来的参数。

例如在下面的实例文件 can1. py 中，演示了给 URL 地址设置参数的方法。

源码路径：daima\1\1-4\can1. py

```
from flask import Flask
app = Flask (__name__)

@app.route('/hello/<name>')
def hello_name(name):
    return '你好% s!' % name

if __name__ == '__main__':
    app.run(debug = True)
```

在上述代码中，使用装饰器方法 route( )设置了一个带有规则参数的 URL。

```
/hello/<name>
```

其中 URL 中的参数 name 是一个变量，如果在浏览器中输入如下 URL 地址。

```
http://localhost:5000/hello/火云邪神
```

那么"火云邪神"将作为参数传递给 hello( )函数，此时函数 hello_name( )中的参数 name 被赋值为"火云邪神"。所以在浏览器中的执行效果如图 1-17 所示。

图 1-17　执行效果

在 Flask 框架的 URL 中，除了可以使用字符串类型参数外，还可以使用如下 3 种类型的参数。

- int：表示整型的参数，例如"/hello/1"。
- float：表示浮点型的参数，例如"/hello/1. 1"。
- path：表示使用斜杠，例如"/hello/"。

例如在下面的实例文件 can2. py 中，演示了给 URL 地址分别设置整型参数和浮点型参数的方法。

源码路径：daima\1\1-4\can2. py

```
from flask import Flask
app = Flask (__name__)

@app.route('/blog/<int:ID>')
```

```
def show_blog(ID):
    return '我的年龄是:% d' % ID + '岁!'

@app.route('/rev/<float:No>')
def revision(No):
    return '我身上只有% f' % No + '元钱了!'

if __name__ == '__main__':
    app.run()
```

运行上面的代码,如果在浏览器中输入如下所示的 URL。

```
http://localhost:5000/blog/整型参数
```

则会调用函数 show_blog( )显示响应内容,例如输入"http://localhost:5000/blog/29"后的执行效果如图 1-18 所示。如果在浏览器中输入如下所示的 URL。

```
http://localhost:5000/rev/浮点型参数
```

则会调用函数 revision( )显示响应内容,例如输入"http://localhost:5000/rev/0.5"后的执行效果如图 1-19 所示。

图 1-18　整型参数的执行效果 　　　　图 1-19　浮点型参数的执行效果

1.4.4　传递 HTTP 请求

在计算机应用中,HTTP 协议是互联网中数据通信的基础,有如下 5 种传递 HTTP 请求的方法。

- GET:使用未加密的形式向服务器发送数据。
- POST:向服务器发送 HTML 表单中的数据,服务器不会缓存 POST 接收的数据。
- PUT:使用上传的内容替换指定的目标资源。
- HEAD:和 GET 方法相同,但是没有响应体。
- DELETE:删除由 URL 指定的目标资源。

在现实应用中,常用的两种传递 HTTP 请求的方法是 GET 和 POST。在 Flask 框架中,默认使用 GET 方法。通过使用 URL 装饰器的参数"方法类型",可以让同一个 URL 的两种请求方法都映射在同一个函数上。

在默认情况下,通过浏览器传递相关数据或参数时,都是通过 GET 或 POST 请求中包含参数来实现的。其实通过 URL 也可以传递参数,此时直接将数据放入 URL 中,然后在服务器端获取传递的数据。

例如在下面的实例文件 flask3. py 中,演示了使用 GET 请求获取 URL 参数的过程。

源码路径:daima \ 1 \ 1-4 \ flask3. py

```
import flask                    #导入 flask 模块
html_txt = """                  #变量 html_txt 初始化,作为 GET 请求的页面
<!DOCTYPE html>
<html>
    <body>
```

11

```
            <h2>如果收到了 GET 请求</h2>
            <form method='post'>                    #设置请求方法是 POST
            <input type='submit' value='按下我发送 POST 请求' />
            </form>
        </body>
</html>
"""
app = flask.Flask(__name__)                         #实例化类 flask
#URL 映射,不管是 GET 方法还是 POST 方法,都被映射到 helo()函数
@app.route('/aaa',methods=['GET','POST'])
def helo():                                          #定义业务处理函数 helo()
    if flask.request.method == 'GET':               #如果接收到的请求是 GET
        return html_txt                             #返回 html_txt 的页面内容
    else:                                           #否则接收到的请求是 POST
        return '我司已经收到 POST 请求!'
if __name__ == '__main__':
    app.run()                                       #运行程序
```

本实例演示了使用参数"方法类型"的 URL 装饰器实例的过程。在上述实例代码中,预先定义了 GET 请求要返回的页面内容字符串 html_txt,在 helo( ) 函数的装饰器中提供了参数 methods 为 GET 和 POST 字符串列表,表示 URL 为"/aaa"的请求,不管是 GET 方法还是 POST 方法,都被映射到 helo( ) 函数。在 helo( ) 函数内部使用 flask. request. method 来判断收到的请求方法是 GET 还是 POST,然后分别返回不同的内容。

图 1-20　执行效果

执行本实例,在浏览器中输入"http://127.0.0.1:5000/aaa"后的效果如图 1-20 所示。单击"按下我发送 POST 请求"按钮后的效果如图 1-21 所示。

另外,在 Flask Web 程序中处理 URL 请求时,可以使用网页重定向方法 url_for( )来到指定的 URL。方法 url_for( )的语法格式如下所示。

图 1-21　单击"按下我发送 POST 请求"按钮后的效果

```
url_for(endpoint, ** values)
```

方法 url_for( )可以传递如下两个参数。

● endpoint:表示将要传递的函数名。

● ** values:是关键字参数,即有多个 key=value 的形式参数。

方法 url_for( )中的每个参数对应于 URL 的变量部分,例如在下面的实例文件 flask4. py 中,演示了使用方法 url_for( )的过程。

源码路径:daima \ 1 \ 1-4 \ flask4. py

```
from flask import Flask, redirect, url_for
app = Flask(__name__)
@app.route('/admin')
def hello_admin():
    return '你好管理员!'
@app.route('/guest/<guest>')
def hello_guest(guest):
    return '你好%s,你是游客!'% guest
@app.route('/user/<name>')
def hello_user(name):
    if name == 'admin':
        return redirect(url_for('hello_admin'))
    else:
```

```
        return redirect(url_for('hello_guest',guest = name))
if __name__ == '__main__':
  app.run(debug = True)
```

在上述代码中，函数 hello_user( )接收来自如下 URL 的参数的值。

```
/user/<name>
```

如果接收上述 URL 的参数是 admin，则使用方法 url_for( )执行重定向到函数 hello_admin( )，即执行函数 hello_admin( )的功能；如果接收上述 URL 的参数不是 admin，则使用方法 url_for( )执行重定向到函数 hello_guest( )，即执行函数 hello_guest( )的功能。

运行文件 flask4. py，在浏览器中输入"http://127.0.0.1:5000/user/admin"后，会执行函数 hello_admin( )，将 URL 重定向到"http://127.0.0.1:5000/admin"，执行效果如图 1-22 所示。如果在浏览器中输入的 URL 的 name 参数不是 admin，例如输入的 URL 是"http://127.0.0.1:5000/user/火云邪神"后，会执行函数 hello_guest( )，将 URL 重定向到"http://127.0.0.1:5000/user/"，执行效果如图 1-23 所示。

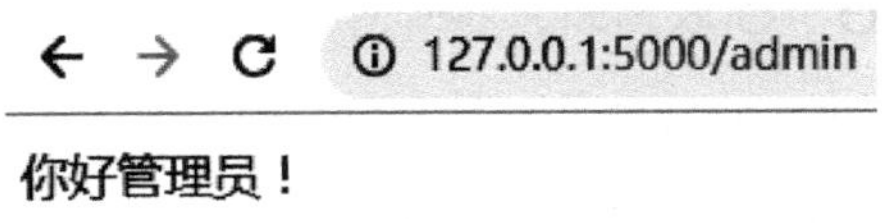

你好管理员！

图 1-22　执行效果

你好火云邪神，你是游客！

图 1-23　执行效果

1.4.5　模拟实现用户登录系统

编写表单文件 index. html，功能是实现一个静态 HTML 表单，在表单中可以输入名字，单击提交按钮后会使用 POST 方法将表单中的数据发送到指定的 URL "http://localhost:5000/login"。文件 index. html 的具体实现代码如下所示。

源码路径：daima\1\1-4\index. html

```
<form action = "http://localhost:5000/login" method = "post">
    <p>请输入名字:</p>
    <p><input type = "text" name = "biaodan" /></p>
    <p><input type = "submit" value = "登录" /></p>
</form>
```

编写程序文件 login. py，使用 POST 将 HTML 表单数据发送将到表单标签的 action 子句中的 URL，"http://localhost/login" 会映射到 login( )函数。因为服务器通过 POST 方法接收数据，因此通过以下代码获得从表单数据传递过来的参数 biaodan 的值。

```
user = request.form['biaodan']
```

参数 biaodan 的值作为变量被传递给 URL:/ success，所以会在浏览器中显示对应的欢迎消息。

文件 login. py 的具体实现代码如下所示。

源码路径：daima\1\1-4\login. py

```
from flask import Flask, redirect, url_for, request
app = Flask(__name__)
@app.route('/success/<name>')
def success(name):
    return '欢迎% s' % name +'登录本系统'
```

13

```
@app.route('/login',methods = ['POST','GET'])
def login():
    if request.method == 'POST':
        user = request.form['biaodan']
        return redirect(url_for('success',name = user))   #URL 重定向
    else:
        user = request.args.get('biaodan')
        return redirect(url_for('success',name = user))   #URL 重定向

if __name__ == '__main__':
    app.run(debug = True)
```

首先运行 Python 程序，然后双击打开 HTML 文件后将显示一个登录表单，如图 1-24 所示。在表单中输入"火云邪神"并单击"登录"按钮后，表单数据"火云邪神"将作为参数被传递给/success/后面的参数 name，并在页面中显示对应的欢迎信息，如图 1-25 所示。

图 1-24　登录表单　　　　　　　　图 1-25　显示欢迎信息

1.5　Flask-Script 扩展

为了提高程序的可扩展性，Flask 被设计为可扩展形式。正因为如此，Flask 没有内置提供一些重要的功能模块，例如常用的数据库操作和用户认证，这样做的好处是开发者可以按需求自行开发。在 Flask Web 程序中，可以使用扩展来实现数据库操作、用户认证等功能，这样使 Flask 项目具有极高的可扩展性。

1.5.1　Flask-Script 扩展介绍

在运行本章的 Flask Web 程序时，使用函数 run()启动服务器运行 Flask Web 程序。虽然在函数 run()中可以设置运行参数，但是这依旧不是 Flask Web 程序的最佳运行方法，最佳的运行方法是使用命令行参数。为了更加方便地使用命令行参数运行或控制 Flask Web 程序，可以考虑使用 Flask-Script 扩展来提高效率。

Flask-Script 是一个典型的 Flask 扩展，能够为 Flask Web 程序添加一个命令行解析器。通过使用 Flask-Script 扩展，可以非常方便地使用命令行格式运行 Flask Web 程序。Flask-Script 自带了一组常用选项，而且还支持自定义命令。

可以通过如下所示的 pip 命令安装 Flask-Script。

```
pip install flask-script
```

使用 Flask-Script 的主要作用是为了更好地管理项目，通过一个内置的类实例 Manager 创建管理整个项目的命令行脚本。这样可以在命令行运行 Flask Web 程序，在程序中可以通过 Manager 加入不同的 Command 操作指令，通过操作指令来运行维护整个 Flask Web 程序。这有点像集成开发好的用户接口，调试工作非常方便。

1.5.2　使用 Flask-Script 扩展

例如在下面的实例中，演示了使用 Flask-Script 扩展的过程。实例文件 hello. py 的具体实现代码如下所示。

源码路径：daima\1\1-5\hello. py

```
from flask import Flask
from flask_script import Manager        # 引用扩展
app = Flask(__name__)
manager = Manager(app)
@app.route('/')
def index():
    return '<h1>Hello World!</h1>'
@app.route('/user/<name>')
def user(name):
    return '<h1>Hello, % s!</h1>' % name
if __name__ == '__main__':
    manager.run()
```

在上述代码中，引用了 Flask-Script 中的类 Manager，使用 manager. run() 启动 Flask 服务器，启动后会显示不同的命令行说明。如果在 PyCharm 中运行上述代码，会输出如下所示的提示信息。

```
usage: hello.py [-?] {shell,runserver} ...
positional arguments:
  {shell,runserver}
    shell            Runs a Python shell inside Flask application context.
    runserver        Runs the Flask development server i.e. app.run()

optional arguments:
 -?, --help          show this help message and exit
```

通过上述提示信息可知，输入如下 shell 命令会显示和 CMD 一样的命令行界面。

```
hello.py shell
```

在启动命令行界面后，可以使用 Python shell 命令运行维护这个 Flask Web 程序文件。例如根据上面的提示信息，如果输入下面的命令会运行当前的 Flask Web 程序。

```
python hello.py runserver
```

运行 Flask Web 程序后也会显示启动的服务器的地址和端口号。

```
D:\daima\1\1-5>python hello.py runserver
 * Running on http://127.0.0.1:5000/ (Press CTRL+C to quit)
```

1.5.3　创建命令

为了更加精确地调试程序的不同部分，可以使用 Flask-Script 的类 Command 创建调试命令。例如在下面的实例中，演示了使用类 Command 创建调试命令的过程。实例文件 mingling1. py 的具体实现代码如下所示。

源码路径：daima\1\1-5\mingling1. py

```
from flask import Flask
from flask_script import Manager,Server
from flask_script import Command
app = Flask(__name__)
```

```
manager = Manager(app)
class Hello(Command):
    def run(self):
        print('大江大河!')
manager.add_command('hello', Hello())          # 自定义命令 hello
manager.add_command("runserver", Server())     # 自定义命令 runserver
if __name__ == '__main__':
    manager.run()
```

在上述代码中，类 Command 创建了如下两个自定义命令。

- hello：运行此命令后会调用函数 Hello( )。
- runserver：运行此命令后会调用函数 Server( )，启动 Flask 服务器调试程序。

如果在命令行中输入下面的命令。

```
python mingling1.py hello
```

运行上述命令后会显示运行函数 Hello( )后的如下结果。

```
大江大河!
```

例如在下面的实例中，演示了使用 Command 实例的@ command 修饰符创建命令的过程。实例文件 mingling2. py 的具体实现代码如下所示。

源码路径：daima\1\1-5\mingling2. py

```
from flask import Flask
from flask_script import Manager
app = Flask(__name__)
manager = Manager(app)
@manager.command          # 创建命令
def hello():
    print('大江大河!')
if __name__ == '__main__':
    manager.run()
```

如果在命令行中输入下面的命令，会显示运行函数 Hello( )后的结果。

```
python mingling2.py hello
```

例如在下面的实例中，演示了使用 Command 实例的@ option 修饰符创建命令的过程。实例文件 mingling3. py 的具体实现代码如下所示。

源码路径：daima\1\1-5\mingling3. py

```
from flask import Flask
from flask_script import Manager
app = Flask(__name__)
manager = Manager(app)
#命令既可以用-n,也可以用--name,dest = "name"用户输入的命令的名字作为参数传给了函数中
的 name
@manager.option('-n', '--name',dest='name',help='Your name',default='world')
#命令既可以用-u,也可以用--url,dest = "url"用户输入的命令的 url 作为参数传给了函数中
的 url
@manager.option('-u', '--url',dest='url',default='www.csdn.com')
def hello(name, url):
    print('hello', name)
    print(url)
if __name__ == '__main__':
    manager.run()
```

如果在命令行中输入下面的命令，会调用函数 hello( )显示默认参数的结果。

```
python mingling3.py hello
```

输入上述命令后的执行结果如下所示。

```
hello world
www.csdn.com
```

如果在命令行中输入下面的命令, 会调用函数 hello( ) 显示指定参数的结果。

```
python mingling3.py hello -n 火云邪神 -u www.toppr.net
```

输入上述命令后的执行结果如下所示。

```
hello 火云邪神
www.toppr.net
```

1.6　系统配置

在开发软件程序的过程中, 经常将常用的参数和属性存储在系统配置文件中, 例如用专门的文件设置连接数据库的地址, 这样可以提高程序重用性。在 Flask Web 程序中, 可以使用属性 config 存储 Flask 项目的配置信息。在本节的内容中, 将详细讲解 Flask 系统配置的知识。

1.6.1　基础配置

在 Flask Web 程序中, 经常配置属性 config 继承字典, 这样可以像修改字典一样修改属性 config 的值。例如在下面的代码中, 将属性 config 中的 DEBUG 值设置为 True, 这表示使用调试模式运行当前的 Flask 项目。

```
app = Flask(__name__)
app.config['DEBUG'] = True
```

也可以使用方法 update( ) 来一次性设置多个配置键的值, 例如在下面的演示代码中同时设置了两个配置选项。

```
app.config.update(
    DEBUG = True,
    SECRET_KEY = '...'
)
```

在上述代码中, DEBUG 和 SECRET_ KEY 都是 Flask 的内置配置键。在 Flask 的配置属性 config 中, 主要包含如表 1-1 所示配置键。

表 1-1　属性 config 包含的配置键

配　置　键	功　能　说　明
DEBUG	启用/ 禁用调试模式, 默认值为 True, 如果 ENV 为 development, 则这个值为 False
TESTING	启用/ 禁用测试模式, 默认值为 False
PROPAGATE_EXCEPTIONS	显式地允许或禁用异常的传播。如果没有设置或显式地设置为 None, 当 TESTING 或 DEBUG 为 True 时, 这个值隐式地为 True
PRESERVE_CONTEXT_ON_EX-CEPTION	当有一个异常发生时, 不会弹出请求上下文。如果没有设置, 且 DEBUG 为 True 的话, 那么这个配置将被设置为 True。这个配置项允许调试器对错误的请求数据进行内省, 并且通常不需要直接设置。 默认值: None

配 置 键	功 能 说 明
SECRET_KEY	表示一个密钥，它将用于安全地签署会话 Cookie，并且能在应用程序中用于扩展组件中其他安全相关的需求。它应该是一个很长的随机字符串。在发布问题和提交代码的时候，不要透露这个密钥。 默认值：None
SESSION_COOKIE_NAME	会话 Cookie 的名称，默认值：session
SESSION_COOKIE_DOMAIN	会话 Cookie 将会生效的域匹配规则。如果设置为 False，将不会设置 Cookie 的域。如果没有设置，Cookie 就会对 SERVER_NAME 的所有子域生效。 默认值：None
SESSION_COOKIE_PATH	会话 Cookie 的路径。如果不设置这个值，且没有给 '/' 设置过，则 Cookie 对 APPLICATION_ROOT 下的所有路径有效
SESSION_COOKIE_HTTPONLY	控制 Cookie 是否应被设置 httponly 的标志，默认为 True
SESSION_COOKIE_SECURE	控制 Cookie 是否应被设置安全标志，默认为 False
PERMANENT_SESSION_LIFETIME	以 datetime.timedelta 对象控制长期会话的生存时间。从 Flask 0.8 开始，也可以用整数来表示秒
SESSION_REFRESH_EACH_REQUEST	当 session.permanent 为 True 时，控制 Cookie 是否随每个响应一起发送。一直发送 Cookie（默认行为）能让会话不容易过期，但是需要使用更多的带宽。非长期存在的会话不受这个配置项的影响。 默认值：True
USE_X_SENDFILE	启用/禁用 X-Sendfile，在服务文件时，设置 X-Sendfile 而不是使用 Flask 来服务数据。有些 Web 服务，比如 Apache，意识到了这点，并且更加有效地服务数据。这个配置选项仅在使用这种服务器的时候有意义
LOGGER_NAME	日志记录器的名称
SERVER_NAME	服务器名和端口。需要这个选项来支持子域名（例如："myapp.dev:5000"）。注意 localhost 不支持子域名，所以把这个选项设置为 localhost 没有意义。设置 SERVER_NAME 默认会允许在没有请求上下文而仅有应用上下文时生成 URL
APPLICATION_ROOT	如果应用不占用完整的域名或子域名，这个选项可以被设置为应用所在的路径。这个路径也会用于会话 Cookie 的路径值。如果直接使用域名，则留作 None
MAX_CONTENT_LENGTH	如果设置为字节数，Flask 会拒绝内容长度大于此值的请求进入，并返回一个 413 状态码
SEND_FILE_MAX_AGE_DEFAULT	默认缓存控制的最大期限，以秒为单位计，在 flask.Flask.send_static_file()（默认的静态文件处理器）中使用。对于单个文件分别在 Flask 或 Blueprint 上使用 get_send_file_max_age() 来覆盖这个值。默认为 43200（12 小时）秒
TRAP_HTTP_EXCEPTIONS	如果这个值被设置为 True，Flask 不会执行 HTTP 异常的错误处理，而是像对待其他异常一样，通过异常栈让它抛出。这对于需要找出 HTTP 异常源头的调试情形是有用的
TRAP_BAD_REQUEST_ERRORS	尝试访问一个不存在于请求字典中的键，比如 args 和 form，将会返回一个 400 Bad Request 的错误页面。开启这个配置项将会把这个错误当作一个未处理的异常显示到交互式调试器中。这是 TRAP_HTTP_EXCEPTIONS 衍生的一个特别版本。如果没有设置，这个选项将在调试模式下开启。 默认值：None
PREFERRED_URL_SCHEME	当没有请求上下文时，使用此方案生成外部 URL。 默认值：http
JSON_AS_ASCII	在默认情况下，Flask 使用 ASCII 编码来序列化对象。如果这个值被设置为 False，Flask 不会将其编码为 ASCII，并且按原样输出，返回它的 unicode 字符串。比如 jsonify 会自动地采用 UTF-8 来对它编码，然后才进行传输。

（续）

配　置　键	功　能　说　明
JSON_SORT_KEYS	以字母顺序对 JSON 对象的键进行排序。这对于缓存是很有用的，因为不管 Python 的哈希种子是什么，它都将确保数据以相同的方式进行序列化。虽然不推荐这样做，但是如果想改进缓存成本的性能，可以禁用这个配置项。 默认值：True
JSONIFY_PRETTYPRINT_REG-ULAR	如果这个配置项设置为 True（默认值），jsonify 响应将会输出换行、空格以及缩进排版格式的内容，这样可以更容易阅读。这个配置项在调试模式下总是开启的。 默认值：True

1.6.2　使用配置信息

在设置好配置信息后，需要在程序中调用这些配置信息，以便使这些配置信息对 Flask Web 程序起作用。在 Flask Web 程序中，可以通过如下两种方式使用配置信息。

1. 从文件加载配置

在现实应用中，通常将配置项存储到单独的文件中。在理想情况下，这个文件位于实际应用程序包的外部，可以通过各种不同的包处理工具（例如使用 Setuptools 部署）和修改配置文件，使得打包和分发应用程序成为可能。大对数开发者通常会新建一个名为 config.py 的配置文件，然后在里面编写和系统配置相关的代码，例如下面的演示代码。

```
DEBUG = False
SECRET_KEY = '?\xbf,\xb4\x8d\xa3"<\x9c\xb0@\x0f5\xab,w\xee\x8d$0\x13\x8b83'
```

为了使用上面配置文件 config.py 中的内容，可以在 Flask Web 程序中通过 from_pyfile() 加载上面的配置文件。例如下面的演示代码。

```
# 创建 Flask Web 程序
app = Flask(__name__)
app.config.from_pyfile('config.py')
db = SQLAlchemy(app)
```

通过上述代码，引用了文件 config.py 中的配置信息。

2. 使用环境变量中的配置信息

在 Flask Web 程序中可以加载使用环境变量中的配置信息，例如在启动服务器之前，可以在 Linux 或者 macOS 操作系统中设置环境变量。例如使用如下 shell 的 export 命令来设置环境变量。

```
$ export SECRET_KEY='5f352379324c22463451387a0aec5d2f'
$ export DEBUG=False
$ python run-app.py
 * Running on http://127.0.0.1:5000/
 * Restarting with reloader...
```

在 Windows 系统中，可以使用内置命令 set 代替 export。

```
>set SECRET_KEY='5f352379324c22463451387a0aec5d2f'
>set DEBUG=False
```

虽然这种使用环境变量的方法很简单，但是环境变量是字符串格式的，它们不会自动反序列化为 Python 类型。

例如下面是一个在配置文件中使用环境变量的演示代码。

```
import os
ENVIRONMENT_DEBUG = os.environ.get("DEBUG", default=False)
if ENVIRONMENT_DEBUG.lower() in ("f", "false"):
    ENVIRONMENT_DEBUG = False
DEBUG = ENVIRONMENT_DEBUG
SECRET_KEY = os.environ.get("SECRET_KEY", default=None)
if not SECRET_KEY:
    raise ValueError("没有设置密钥!")
```

在 Python 程序中，会将除空字符串外的其他的字符串解释为布尔类型 True。如果想要将某个配置选项设置为 False，只需将这个字符串设置为空即可。

1.6.3　实例文件夹

从 Flask 0.8 版本开始引入了实例文件夹这一概念，这样可以通过 Flask.root_path 直接引用相对应用文件夹的路径。但是这只会在应用不是包的情况下才有效，即根路径指向包内容的情况下才能工作。在 Flask 0.8 版本中还引入了 Flask.instance_path 功能，并提出了“实例文件夹”这一新颖的概念。在日常开发应用中，通常做法是将实例文件夹用在不使用版本控制和特定的部署的应用中。举个例子，在创建 Flask Web 程序时明确地提供了一个实例文件夹的路径，并且可以让 Flask 自动找到它，此时在显式配置代码中，可以使用参数 instance_path 实现上述要求，例如下面的演示代码。

```
app = Flask(_name_, instance_path='E:/path/to/instance/folder')
```

请注意，上面 instance_ path 对应的路径必须是绝对路径。如果没有为参数 instance_ path 赋值，那么 Flask 会使用下面默认的位置。

- 未安装的模块。

```
/myapp.py
/instance
```

- 未安装的包。

```
/myapp
    /_init_.py
/instance
```

- 已安装的包或模块。

```
$PREFIX/lib/python2.X/site-packages/myapp
$PREFIX/var/myapp-instance
```

其中 $PREFIX 表示安装 Python 目录的前缀，这个前缀可以是/usr 或者 Virtualenv 的路径。如果想查看这个前缀的具体值，可以通过打印 sys. prefix 的值的方式来实现。

如果在配置对象中提供了从相对文件名来载入配置的方式，那么也可以从相对实例路径的文件名加载配置。要想在配置文件中设置相对路径，可以基于如下两种方式进行配置。

- 基于“相对应用的根目录”，这是默认方式。
- 基于“相对实例文件夹”的目录，此种方式通过使用构造函数的 instance_relative_config 实现，代码如下所示。

```
app = Flask(_name_, instance_relative_config=True)
```

例如下面是 Flask 从模块预载入配置，并覆盖配置文件夹中的配置文件（如果存在）的完整演示代码。

```
app = Flask(__name__, instance_relative_config=True)
app.config.from_object('yourapplication.default_settings')
app.config.from_pyfile('application.cfg', silent=True)
```

可以在 Flask. instance_path 中找到实例文件夹的路径，另外，Flask 也提供了一个打开实例文件夹中文件的捷径，这就是 Flask. open_instance_resource( )方法。下面是使用上述两种方法的演示代码。

```
filename = os.path.join(app.instance_path, 'application.cfg')
with open(filename) as f:
    config = f.read()
# 打开 instance_resource:
with app.open_instance_resource('application.cfg') as f:
    config = f.read()
```

第 2 章

使用 Flask 模板

在 Flask Web 程序中，通过业务逻辑函数得到数据后，接下来需要根据这些数据生成 HTTP 响应（对于 Web 应用来说，HTTP 响应一般是一个 HTML 文件）。在 Flask Web 开发中的一般做法是提供一个 HTML 模板文件，然后将数据传入到模板中，在渲染 HTML 模板文件后会得到最终需要的 HTML 响应文件。在本章的内容中，将详细讲解在 Flask Web 程序中使用模板文件的知识。

2.1 使用 Jinja2 模板引擎

在 Flask 框架中，使用了一个名为 Jinja2 的模板引擎来渲染模板文件。在下面的内容中，将简要介绍使用 Jinja2 模板引擎的知识。

对于一名 Web 程序员来说，要想开发出易于维护的程序，必须编写形式简洁且结构良好的代码。在 Flask 框架中，视图函数的作用是生成对访问请求的响应。一般来说，访问请求会改变程序的状态，而这种变化也会在视图函数中产生。在 Flask Web 程序中，为了实现业务和逻辑的分离，将表现逻辑部分放到模板中实现，这样能够提高程序的可维护性。例如在下面的实例中，演示了在 Flask Web 项目中使用 Jinja2 模板的过程。

源码路径：daima\2\2-1\moban

首先假设定义两个模板文件保存在 templates 文件夹中，这两个模板文件分别命名为 index. html 和 user. html，其中模板文件 index. html 只有一行代码，具体实现代码如下所示。

```
<h1>Hello World!</h1>
```

模板文件 user. html 也只有一行代码，具体实现代码如下所示。

```
<h1>Hello, {{ name }}!</h1>
```

在默认情况下，Flask 在程序文件夹中的 templates 子文件夹中寻找模板。接下来可以在 Python 程序中通过视图函数处理上面的模板文件，以便渲染这些模板。例如下面的实例文件 moban. py。

源码路径：daima\2\2-1\moban\moban. py

```
import flask
from flask import Flask, render_template
app = flask.Flask(__name__)

@app.route('/')
```

```
def index():
  return render_template('index.html')
@app.route('/user/<name>')
def user(name):
  return render_template('user.html', name=name)

if __name__ == '__main__':
  app.run()
```

在上述代码中，使用 Flask 内置函数 render_template( )引用 Jinja2 模板引擎。函数 render_template('user. html',name=name)的具体说明如下所示。

- 第一个参数：表示本程序使用的模板文件名是 user. html。
- 第二个参数：是一个"键-值"对，表示模板中变量对应的真实值。

上述代码中的 name=name 是关键字参数，其中左边的 name 是参数名，表示模板中使用的占位符。右边的 name 是当前作用域中的变量，表示同名参数的值。

在浏览器中输入"http://127. 0. 0. 1:5000/"后，会调用模板文件 index. html，执行效果如图 2-1 所示。在浏览器中输入"http://127. 0. 0. 1:5000/user/Python 大神"后，会调用模板文件 user. html，显示用户名为"Python 大神"，执行效果如图 2-2 所示。

图 2-1　调用模板文件 index. html 的执行效果 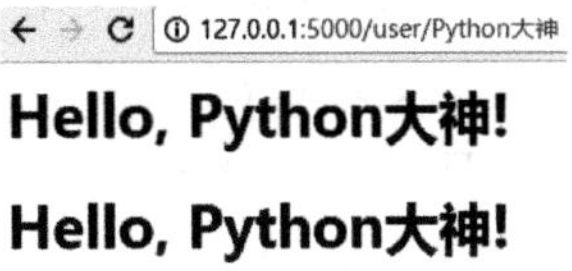　　图 2-2　调用模板文件 user. html 的执行效果

2.2　Jinja2 模板的基本元素

在前面使用 Jinja2 模板文件的 index. html 和 user. html 中，页面元素比较简单。其实在 Jinja2 模板文件中可以有更多的元素，在本节将简要介绍 Jinja2 模板元素的知识。

2.2.1　变量

在本章前面实例的模板文件 user. html 中，"{{ name }}"代码部分表示一个变量，功能是告诉模板引擎这个位置的信息由业务逻辑处理渲染。Jinja2 引擎的功能十分强大，可以识别出所有类型的变量，甚至是一些复杂的类型，例如列表、字典和对象等。例如下面是一些在模板中使用变量的演示代码。

```
<p>字典的值:{{ mydict['key'] }}.</p>
<p>列表的值:{{ mylist[3] }}.</p>
<p>列表中的值,具有可变索引:{{ mylist[myintvar] }}.</p>
<p>对象方法中的值:{{ myobj.somemethod() }}.</p>
```

开发者要想修改变量的值，可以将过滤器名添加在变量名后面，在中间使用竖线分隔。例如在下面的演示代码中，在模板文件中以首字母大写的形式显示变量 name 的值。

```
Python, {{ name|capitalize }}
```

在模板 Jinja2 中，比较常用的过滤器如下所示。

1) safe：在渲染变量值时不进行转义。在默认情况下，出于安全方面的考虑，Jinja2 会转

23

义所有变量。例如一个变量的值为<h1>Hello</h1>，则 Jinja2 会将其渲染成如下形式。

```
&lt;h1&gt;Hello&lt;/h1&gt;
```

浏览器能显示这个 h1 元素，但不会进行解释。在很多情况下需要显示变量中存储的 HTML 代码，这时就可使用 safe 过滤器。

2）capitalize：把变量值的首字母转换成大写，将其他字母转换成小写。

3）lower：把变量值全部转换为小写。

4）upper：把所有变量值转换成大写。

5）title：把所有变量值中的每个单词的首字母都转换成大写。

6）trim：删除变量值中的首、尾空格。

7）striptags：在渲染前删除变量值中所有的 HTML 标签。

例如在下面的实例代码中，演示了在 Flask Web 程序的模板中使用变量的过程。

源码路径：daima\2\2-2\untitled

编写 Python 文件 untitled. py，主要实现代码如下所示。

```
class Myobj(object):
    def __init__(self, name):
        self.name = name

    def getname(self):
        return self.name

app = Flask(__name__)
@app.route('/')
def index():
    mydict = {'key1': '123', 'key': 'hello'}
    mylist = (123, 234, 345, 789)
    myintvar = 0
    myobj = Myobj('Hyman')
    return render_template('index.html',mydict =mydict, mylist =mylist, myintvar =0,
myobj =myobj)

if __name__ == '__main__':
    app.run()
```

在 Flask Web 程序中，可以将变量理解成一种特殊的占位符，告诉模板引擎这个位置的值从渲染模板时使用的数据中获取。在 Flask 模板中几乎可以识别所有数据类型的变量，例如整型、浮点型、元组、列表、字典等，甚至还可以识别自定义的复杂类型。例如在上述代码中，还识别了自定义实例对象 myobj。

在模板文件 index. html 中显示变量的值，具体实现代码如下所示。

```
<p>一个来自字典的值:{{mydict['key']}}</p>
<p>一个来自列表的值{{mylist[2]}}</p>
<p>一个来自具有变量索引的列表的值:{{mylist[myintvar]}}</p>
<p>一个来自对象方法的值:{{myobj.getname()}}</p>
```

在浏览器中输入"http://127.0.0.1:5000/"后会显示变量的值，如图 2-3 所示。

注意：完整的过滤器列表可以在 Jinja2 官方文档（http://jinja. pocoo. org/docs/templates/#builtin-filters）中查看。

← → C ① 127.0.0.1:5000

一个来自字典的值:hello

一个来自列表的值345

一个来自具有变量索引的列表的值:123

一个来自对象方法的值:Hyman

图 2-3　执行效果

2.2.2　使用控制结构

在 Flask 的 Jinja2 模块中提供了多种控制结构，通过使用这些控制结构可以改变模板的渲染流程。例如下面的代码展示了在模板中使用条件控制语句的过程。

```
{% if user % }
你好,{{ user }}欢迎登录!
{% else % }
登录错误!
{% endif % }
```

在下面的演示代码中，展示了使用 for 循环在模板中渲染一组元素的过程。

```
<ul>
{% for user in user s % }
<li>用户列表:{{ user }}</li>
{% endfor % }
</ul>
```

另外，模块 Jinja2 还支持宏功能，例如下面的演示代码。

```
{% macro render_user(user) % }
<li>{{user }}</li>
{% endmacro % }
<ul>
{% for user in users % }
{{ render_user(user) }}
{% endfor % }
</ul>
```

为了可以重复使用上述宏功能，可以将上述模板保存在单独的模板文件 macros.html 中，然后在需要使用 import 语句导入即可，例如下面的演示代码。

```
{% import 'macros.html' as macros % }
<ul>
{% for user in users % }
{{ macros.render_user(user) }}
{% endfor % }
</ul>
```

在 Flask 的 Jinja2 模块中，可以通过模板继承重复使用代码，这类似于 Python 语言中的类继承。例如在代码中创建了一个名为 base.html 的基模板文件，具体演示代码如下所示。

```
<html>
<head>
{% block head % }
<title>{% block title % }{% endblock % }     -多重继承演示</title>
{% endblock % }
</head>
<body>
{% block body % }
{% endblock % }
</body>
</html>
```

接下来可在子模板中修改使用标签 block 定义的元素，例如在下面的演示代码中定义了名为 head、title 和 body 的块，其中 title 包含在 head 中。

```
{% extends "base.html" % }
{% block title % }子模板演示{% endblock % }
```

25

```
{% block head %}
{{ super() }}
<style>
</style>
{% endblock %}
{% block body %}
<h1>人生苦短,我用 Python!</h1>
{% endblock %}
```

在上述代码中,通过指令 extends 声明当前模板继承自 base.html,在 extends 指令后面重新定义了基模板中的 3 个块,模板引擎会将其插入适当的位置。因为在基模板中的 head 块内容不能为空,所以在重新定义 head 块后可以使用方法 super() 获取原来的内容。

例如在下面的实例代码中,演示了在 Flask Web 程序的模板中使用控制结构的过程。

源码路径:daima\2\2-2\kong

1)编写 Python 程序文件 2-2.py,主要实现代码如下所示。

```python
from flask import Flask
from flask import render_template


app = Flask(__name__)
@app.route('/')
def index():
    list1 = list(range(10))
    my_list = [{"id":1, "value":"我爱工作"},
               {"id":2, "value":"工作使人快乐"},
               {"id":3, "value":"沉迷于工作无法自拔"},
               {"id":4, "value":"日渐消瘦"},
               {"id":5, "value":"以梦为马,不负韶华"}]
    return render_template(
        # 渲染模板语言
        'index.html',
        title = 'hello world',
        list2 = list1,
        my_list = my_list
        )

# step1 定义过滤器
def do_listreverse(li):
    temp_li = list(li)
    temp_li.reverse()
    return temp_li

# step2 添加自定义过滤器
app.add_template_filter(do_listreverse, 'listreverse')

if __name__ == '__main__':
    app.run(debug=True)
```

- 变量 list1:使用 rang() 函数生成 10 个整数,从大到小排列 (9~0)。
- 列表 my_list:在里面保存了 5 个字典"键-值"对。
- 方法 do_listreverse:实现了一个过滤器,过滤器返回变量 list1 的值。
- 方法 add_template_filter:将定义的过滤器方法 do_listreverse 添加到模板中,在模板文件中的名字为 listreverse。

2)在模板文件 index.html 中使用列表值和过滤器的值,主要实现代码如下所示。

```html
<!DOCTYPE html>
<html lang="en">
```

```
<head>
    <meta charset = "UTF-8">
    <title>Title</title>
</head>
<body>
    <h1>{{title | reverse | upper}}</h1>
    <br>
    {{list2 | listreverse}}
    <br>
    <ul>
        {% for item in my_list % }
        <li>{{item.id}}----{{item.value}}</li>
        {% endfor % }
    </ul>

    {% for item in my_list % }
        {% if loop.index = =1 % }
            <li style = "background-color: red;">{{ loop.index }}--{{ item.get
('value') }}</li>
        {% elif loop.index = =2 % }
            <li style = "background-color: blue;">{{ loop.index }}--{{ item.get
('value') }}</li>
        {% elif loop.index = =3 % }
            <li style = "background-color: green;">{{ loop.index }}--{{ item.get
('value') }}</li>
        {% else % }
            <li style = "background-color: yellow;">{{ loop.index }}--{{ item.get
('value') }}</li>
        {% endif % }
    {% endfor % }
</body>
</html>
```

在浏览器中输入"http://127.0.0.1:5000/"后会显示控制结构中的值，如图 2-4 所示。

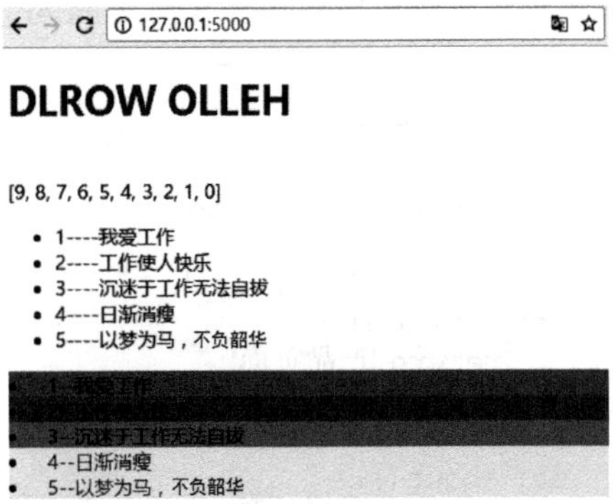

2.2.3　包含页和宏

1. 包含页

在一个 Flask Web 项目中，为了提高程序的易维护性，通常将多次用到 HTML 代码保存为一个单独的 HTML 模板，当被用到时用 include 指令包含进来即可。例如在下面的演示代码中，引用了 includes 目录下的文件 head.html。

图 2-4　执行效果

```
{% include 'includes/head.html' % }
```

在上述代码中，引号里的内容表示被引用文件的相对路径，其中 includes 是模板目录 templates 下的一个文件夹。当然，也可以将引用文件 head.html 直接保存在 templates 目录下，此时引用代码变为如下所示。

```
{% include 'head.html' % }
```

2. 宏 macro

（1）宏的定义

先举一个例子，假设在如下代码中定义了一个<input/>的函数，再将这个函数做成宏，将一些参数修改成想要的默认值，然后在调用时可以像调用函数一样来操作。

```
{# 定义宏 #}
{% macro input(name,value=",type='text',size=20) %}
    <input type="{{ type }}"
            name="{{ name }}"
            value="{{ value }}"
            size="{{ size }}"/>
{% endmacro %}
```

通过上述代码定义了一个名为 macro 的宏，接下来可以通过如下代码调用这个宏。

```
{{ input('username') }}
{{ input('password',type='password') }}
```

（2）将宏的集合做成库

在 Python 程序中，为了使模板主页文件的内容更加简练，并且可读性更强，可以在一个 HTML 中将很多宏集合在一起，在用到这些宏时可以使用 import 语句调用，就像调用库函数一样。假设将上面定义的宏 macro 放在了模板文件 hong. html 中，那么可以通过下面的代码载入到文件中。

```
{% import 'hong.html' as ui %}
```

在此需要注意，必须在上述加载代码中使用 as 引用库名，否则在引用函数时不知道是从哪里引入的函数，就像在 Python 程序中使用函数一样。

例如在下面的实例代码中，演示了在 Flask Web 程序的模板中使用宏的过程。

源码路径：daima\2\2-2\hong

1）编写 Python 文件 hong. py，主要实现代码如下所示。

```
from flask import Flask,render_template,request,url_for
app = Flask(__name__)

@app.route('/')
def index():
    return render_template('index.html',title_name = '欢迎来到主页')

@app.route('/service')
def service():
    return '产品页面'

@app.route('/about')
def about():
    return '关于我们'

@app.template_test('current_link')
def is_current_link(link):
    return link == request.path

if __name__ == '__main__':
    app.run(debug=True)
```

2）模板文件 index. html 用于显示系统主页，在此使用了模板文件 yhong. html 中的宏，具体实现代码如下所示。

28

```
{% extends 'base.html' % }
{% import 'yhong.html' as ui % }

{% block title % }{{ title_name }}{% endblock % }

{% block content % }
{% set links = [
    ('主页',url_for('.index')),
    ('产品',url_for('.service')),
    ('联系我们',url_for('.about')),
] % }

<nav>
    {% for label,link in links % }
        {% if not loop.first % }|{% endif % }
        <a href="{% if link is current_link % }#
        {% else % }
        {{ link }}
        {% endif % }
        ">{{ label }}</a>
    {% endfor % }
</nav>
    <p>{{ self.title() }}</p>
    {{ ui.input('username') }}
    {{ ui.input('password',type='password') }}
{% endblock content % }

{% block footer % }
    <hr>
    {{ super() }}
{% endblock % }
```

3）在模板文件 base.html 中引用文件 yhead.html，具体实现代码如下所示。

```
<!DOCTYPE html>
<html lang="en">
<head>
    {% block head % }
        {% include 'yhead.html' % }
    {% endblock % }
</head>
<body>
    <header>{% block header % }{% endblock % }</header>
    <div>{% block content % }<p>Python 大神</p>{% endblock % }</div>

    {% for item in items % }
        <li>{% block loop_item scoped % }{{ item }}{% endblock % }</li>
    {% endfor % }

    <footer>
        {% block footer % }
        <p>Python</p>
            <p>联系我们:<a href="someone@example.com">xxxxx@example.com</a></p>
        {% endblock % }
    </footer>
</body>
</html>
```

4）在模板文件 yhead.html 中引用了 CSS 样式文件，具体实现代码如下所示。

```
<meta charset="UTF-8">
<link href="{{ url_for('static',filename='site.css') }}" rel="stylesheet">
<title>{% block title %}{% endblock %}</title>
```

5）在模板文件 yhong. html 中定义了宏 macro，具体实现代码如下所示。

```
{# 定义宏 #}
{% macro input(name,value='',type='text',size=20) %}
    <input type="{{ type }}"
        name="{{ name }}"
        value="{{ value }}"
        size="{{ size }}"/>
{% endmacro %}
```

在浏览器中输入"http://127. 0. 0. 1：5000/"后会显示主页文件 index. html，此文件会引用包含文件和宏，如图 2-5 所示。

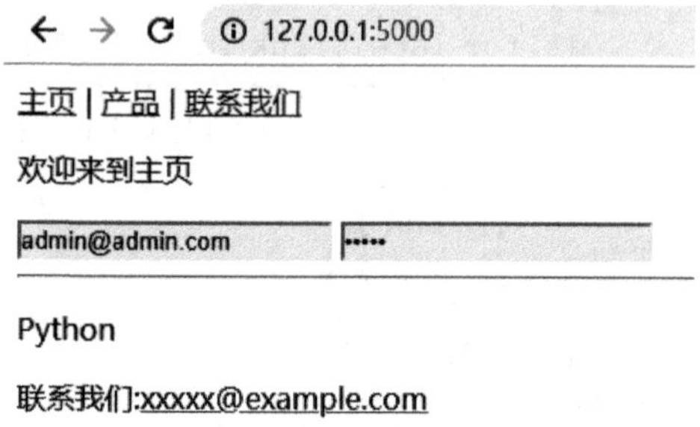

图 2-5　执行效果

2.3　使用 Flask-Bootstrap 扩展

Bootstrap 是推特（Twitter）公司开发的一个开源框架，官方地址是 http://getbootstrap. com/。使用 Bootstrap 可以快速开发出整洁的用户界面网页，这些网页还能兼容当前市面中所有的浏览器。在本节的内容中，将详细讲解在 Flask Web 程序中通过 Flask-Bootstrap 扩展使用 Bootstrap 的知识。

2.3.1　Flask-Bootstrap 扩展基础

Bootstrap 是一个典型的客户端框架，要想在 Python 程序中集成 Bootstrap，需要对模板进行一些必要的改动。不过，更简单的方法是使用一个名为 Flask-Bootstrap 的 Flask 扩展。使用如下所示的 pip 命令安装 Flask-Bootstrap。

```
pip install flask-bootstrap
```

在现实中，通常在创建程序实例时初始化 Flask 扩展，例如下面是初始化 Flask-Bootstrap 的演示代码。

```
from flask.ext.bootstrap import Bootstrap
# ...
bootstrap = Bootstrap(app)
```

其中 Flask-Bootstrap 是从 flask. ext 命名空间中导入的，然后把程序实例传入构造方法进行初始化。在导入 Flask-Bootstrap 框架并初始化之后，就可以在程序中使用一个包含所有 Bootstrap 文件的基模板。为了让程序扩展为一个具有基本页面结构的基模板，这个基模板需要使用 Jinja2 的模板继承机制来引入 Bootstrap 中的元素。

在内置的 Flask-Bootstrap 模板文件 base. html 中定义了很多块，开发者可以在衍生模板中使用这些块。下面列出了所有可用的块。

- doc：表示整个 HTML 文档。
- html_attribs：对应<html>标签的属性。
- html：对应<html>标签中的内容。

30

- head：对应<head>标签中的内容。
- title：对应<title>标签中的内容。
- metas：对应一组<meta>标签的内容。
- styles：对应定义 CSS 样式表标签的内容。
- body_attribs：对应<body>标签的属性。
- body：对应<body> 标签中的内容。
- navbar：对应导航条标签<navbar>的内容。
- content：对应用户定义的页面内容。
- scripts：对应声明 JavaScript 标签的内容。

上面的块都是 Flask-Bootstrap 内置定义的，就跟编程语言的标识符一样，我们不能自定义和上面同名的标签。通常在 styles 和 scripts 块中声明 Bootstrap 所需要的文件，如果需要在程序中向已经有内容的块中添加新的内容，必须使用 Jinja2 中的 super( ) 函数实现调用。假如想在子模板文件中添加新的 JavaScript 文件，需要通过下面的演示代码定义 scripts 块。

```
{% block scripts %}
{{ super() }}
<script type="text/javascript" src="zidingyi-script.js"></script>
{% endblock %}
```

2.3.2　在 Flask Web 中使用 Flask-Bootstrap 扩展

在下面的实例中，演示了在 Flask Web 中使用 Flask-Bootstrap 扩展的过程。

源码路径：daima\2\2-3\untitled

1）首先看 Python 文件 untitled. py，通过代码 "bootstrap = Bootstrap(app)" 为 Flask 扩展 Bootstrap 实现实例初始化，这行代码是 Flask-Bootstrap 的初始化方法。具体实现代码如下所示。

```
from flask import Flask,render_template
from flask_bootstrap import Bootstrap
app=Flask(__name__)
bootstrap=Bootstrap(app)
@app.route('/')
def index():
return render_template('index.html')
if __name__=="__main__":
app.run(debug=True)
```

2）编写模板文件 base. html，为了实现模板继承，使用 Jinja2 指令 extends 从 Flask-Bootstrap 中导入 bootstrap/base. html。在模板文件 base. html 中定义了可在子模板中重定义的块，可以将指令 block 和 endblock 定义的块中的内容添加到基模板中。文件 base. html 的具体实现代码如下所示。

```
{% block title %}人生苦短,我用 Python!{% endblock %}
{% blocknavbar %}
<div class="navbar navbar-inverse" role="navigation">
 <div class="container">
 <div class="navbar-header">
 <button type="button" class="navbar-toggle" data-toggle="collapse" data-taget=".navbar-collapse">
  <span class="sr-only">切换导航界面</span>
```

31

```
<sapn class="icon-bar">AAA</sapn>
<span class="icon-bar">BBB</span>
<span class="icon-bar">CCC</span>
</button>
<a class="navbar-brand" href="/">人生苦短,我用 Python!</a>
</div>
<div class="navbar=collapse collapse">
<ul class="nav navbar-nav">
<li>
<a href="/">土页</a>
</li>
</ul>
</div>
</div>
</div>
{% endblock %}

{% block content %}
<div class="container">
 {% block page_content %}{% endblock %}
</div>
{% endblock %}
```

在上述模板文件 base.html 中定义了基模板提供的 3 个块,可以在子模板中重新定义这 3 个块。这 3 个块的具体说明如下所示。

- title:其中的内容在渲染后的 HTML 文档的 <title> 标签中显示。
- navbar:表示页面中的导航条,在本实例中使用 Bootstrap 组件定义了一个简单的导航条。
- content:表示页面中的主体内容,在 content 块中有一个 <div> 容器,在本实例中包含了欢迎信息。

3)在模板文件 index.html 中继承模板文件 base.html 的内容,具体实现代码如下所示。

```
{% extends "base.html" %}
{% block title %}首页{% endblock %}
{% block page_content %}
<h2>这里是首页,welcome</h2>
Technorati Tags: flask
{% endblock %}
```

在浏览器中输入 "http://127.0.0.1:5000/" 后会显示指定的模板样式,实现一个导航效果。执行效果如图 2-6 所示。

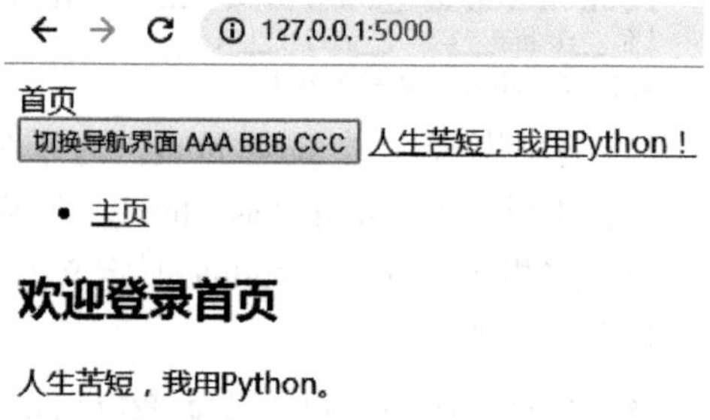

2.3.3 自定义错误页面

在现实应用中,常见的找不到 URL 的错误代码有两个。

- 404:客户端请求未知页面或路由时显示。
- 500:因无法解析发生的错误。

读者应该有这个体验:如果在浏览器中输入了一个不可用的 URL 地址,那么会显示一个状态码为 404 的错误页面。但是这个错误页面的外观不够美观,严重影响了用户体验。正因如此,所以市面中专业网站的做法是设计一个美观的页面来作为 URL 出错时显示的页面。在

图 2-6 执行效果

Flask Web 程序中，可以使用基于模板的自定义错误页面。

　　为了更加友好地处理 404 和 500 这两种错误类型，提高用户体验，可以编写两个函数来设置当发生上述错误时所展示的页面。例如在下面的演示代码中，演示了为上述两种错误代码设置自定义处理程序的方法。

```
@app.errorhandler(404)
def page_not_found(e):
    return render_template('404.html'), 404

@app.errorhandler(500)
def internal_server_error(e):
    return render_template('500.html'), 500
```

　　然后接下来在模板目录"templates"下创建模板文件 404.html 和 500.html，然后使用这两个文件分别设置要显示的提示信息。但是这样做比较烦琐，需要开发者编写一些代码才能实现。令 Flask Web 开发者幸运的是，Jinja2 的模板继承机制可以很好地解决这一问题。我们可以在程序中定义一个基模板，其中包含处理两种错误的导航条，然后在子模板中定义页面内容。例如在下面的演示文件 templates/base.html 中，定义了一个继承自 bootstrap/base.html 的新模板，在里面定义了导航条。并且这个模板本身也可作为其他模板的基模板，例如 templates/user.html、templates/404.html 和 templates/500.html。

```
{% extends "base.html" %}
{% block title %}人生苦短,我用 Python!{% endblock %}
{% blocknavbar %}
<div class="navbar navbar-inverse" role="navigation">
  <div class="container">
    <div class="navbar-header">
      <button type="button" class="navbar-toggle"
        data-toggle="collapse" data-target=".navbar-collapse">
        <span class="sr-only">导航</span>
        <span class="icon-bar"></span>
        <span class="icon-bar"></span>
        <span class="icon-bar"></span>
      </button>
      <a class="navbar-brand" href="/">Flasky</a>
      </div>
    <div class="navbar-collapse collapse">
    <ul class="nav navbar-nav">
      <li><a href="/">主页</a></li>
    </ul>
  </div>
</div>
</div>
{% endblock %}
{% block content %}
<div class="container">
    {% block page_content %}{% endblock %}
</div>
{% endblock %}
```

　　在上述模板文件的 content 块中，在 <div> 容器中包含了一个名为 page_content 的新空块，块中的内容由衍生模板定义。此时在程序中使用的模板继承自这个模板，而不是直接继承自 Flask-Bootstrap 的基模板。我们可以编写一个展示 404 错误提示信息的页面，通过继承模板文件 templates/base.html 自定义实现，例如下面的演示代码。

```
{% extends "base.html" %}
{% block title %}人生苦短,我用 Python!{% endblock %}
{% block page_content %}
<div class="page-header">
<h1>发生了 404 错误</h1>
</div>
{% endblock %}
```

2.4 使用 Flask-Moment 扩展本地化处理日期和时间

Flask-Moment 是一个比较常用的 Flask 扩展,功能是将日期处理类库 moment. js 集成到 Jinja2 模板中。在本节的内容中,将详细讲解使用 Flask-Moment 扩展本地化日期和时间的知识。

2.4.1 Flask-Moment 基础

Moment. js 是一个轻量级的 JavaScript 日期处理类库。开发者可以在浏览器和 NodeJS 两种环境中运行 Moment. js,通过使用类库 Moment. js 可以实现如下所示的功能。
- 将指定的任意日期转换成多种不同的显示格式。
- 实现常用的日期计算功能,例如在两个日期之间相差多少天。
- 内置了能够显示各种日期格式的函数。
- 支持多种语言,开发者可以选择或者新增一种语言包。

Flask-Moment 是一个 Flask 扩展,例如下面是初始化 Flask-Moment 的演示代码。

```
from flask.ext.moment import Moment
moment = Moment(app)
```

安装 Flask-Moment 的指令如下所示。

```
pip install flask-moment
```

因为 Flask-Moment 扩展依赖两个 JS 文件:moment. js 和 jquery. js,所以在使用 Flask-Moment 时需要将这两个 JS 文件包含在 HTML 文档中。例如通过如下所示的代码,可以在模板文件 base. html 中的<head>标签中导入 moment. js 和 jquery. js。

```
<html>
    <head>
        {{ moment.include_jquery() }}
        {{ moment.include_moment() }}
        <!--默认是英语的,可以选择使用中文:CN-->
        {{ moment.lang("zh-EN") }}

    </head>
 <body> ... </body>
 </html>
```

注意:因为在 Bootstrap 中包含了 jquery. js,所以如果已经在 Flask Web 项目中使用了 Bootstrap,那么可以不用再导入 jquery. js。

2.4.2 使用 Flask-Moment 显示时间

在下面的实例中,演示了在 Flask Web 程序中使用 Flask-Moment 扩展的过程,在本实例中还实现了错误处理功能。

　　源码路径：daima\2\2-4\flasky3e

　　1) 编写程序文件 hello. py，为了处理时间戳，Flask-Moment 向模板开放了 moment 类，把变量 current_time 传入模板进行渲染，具体实现代码如下所示。

```
from datetime import datetime
from flask import Flask, render_template
from flask_script import Manager
from flask_bootstrap import Bootstrap
from flask_moment import Moment
app = Flask(__name__)
manager = Manager(app)
bootstrap = Bootstrap(app)
moment = Moment(app)

@app.errorhandler(404)
def page_not_found(e):
    return render_template('404.html'), 404

@app.errorhandler(500)
def internal_server_error(e):
    return render_template('500.html'), 500

@app.route('/')
def index():
    return render_template('index.html', current_time=datetime.utcnow())

@app.route('/user/<name>')
def user(name):
    return render_template('user.html', name=name)

if __name__ == '__main__':
    manager.run()
```

　　2) 在模板文件 index. html 中，使用 Flask-Moment 扩展设置使用指定的格式显示时间，具体实现代码如下所示。

```
<p>当前时间是:{{ moment(current_time).format('LLL') }}.</p>
<p>这是{{ moment(current_time).fromNow(refresh=True) }}.</p>
```

- format('LLL')：功能是根据客户端计算机中的时区和区域设置渲染日期和时间。参数 LLL 设置了渲染的方式，其中 L 到 LLLL 分别对应不同的复杂度。

- fromNow(refresh=True)：功能是显示当前时间，随着时间的推移自动刷新显示当前时间。最开始显示为 "a few seconds ago"，在设置参数 refresh 后，其会随着时间的推移而及时更新。如果一直浏览这个页面而不关闭，在几分钟后会看到文本内容变成 "这是 40 minutes ago" 之类的提示文本。

　　在浏览器中输入 "http://127. 0. 0. 1：5000/" 执行后的效果如图 2-7 所示。

Hello World!

当前时间是: June 2, 2020 11:17 AM.

这是a few seconds ago.

图 2-7　显示本地化时间

2.5 静态文件

在 Flask Web 程序中也可以使用静态文件，例如在使用 PyCharm 创建 Flask 项目后，通常会自动创建一个 static 目录，这个目录便是静态目录，通常在里面保存图片、JS 脚本文件和标签等素材文件。在本节的内容中，将详细讲解在 Flask Web 程序中使用静态文件的知识。

2.5.1 静态文件介绍

在 Web 应用程序中经常用到静态文件，例如 JavaScript 文件或支持网页显示的 CSS 文件。为了便于系统维护，通常将这些文件集中保存到一个文件夹中进行管理。在 Flask Web 程序中，通常将静态文件保存到 static 目录中，此时对静态文件的引用被当成一个特殊的路由，即 /static/<filename>。请看下面的演示代码。

```
url_for('static', filename='css/styles.css', _external=True)
```

上述代码设置调用的静态文件地址如下所示。

```
http://localhost:5000/static/css/styles.css
```

在默认情况下，Flask 会定位到 Web 程序的根目录中名为 static 的子目录，然后在 static 目录中寻找静态文件。如果 Web 程序非常大，可以继续在 static 中创建多个不同含义的子目录，然后在子目录中保存不同静态文件。

2.5.2 使用静态文件

例如在模板文件 templates/base.html 中，将一个图片作为系统的图标，图标文件 img1.ico 保存在静态文件目录 static 中，这个图标文件 img1.ico 会显示在浏览器的地址栏中。文件 base.html 的具体实现代码如下所示。

```
{% block head % }
{{ super() }}
<link rel="shortcut icon"href="{{ url_for('static', filename = 'img1.ico') }}"
type="image/x-icon">
<link rel="icon"href="{{ url_for('static', filename = 'img1.ico') }}"
type="image/x-icon">
{% endblock % }
```

通过上述代码可知，通常将图标的声明代码放到 head 块的末尾。

请读者看下面的实例，演示了在 Flask Web 程序中使用静态脚本文件的过程。

源码路径：daima\2\2-5\jingtai

1）编写 Flask 文件 jing.py，设置程序运行后加载执行模板文件 default.html。文件 jing.py 的具体实现代码如下所示。

```
from flask import Flask, render_template
app = Flask(__name__)

@app.route("/")
def index():
  return render_template("default.html")

if __name__ == '__main__':
  app.run(debug = True)
```

2）在文件夹 templates 中新建模板文件 index. html，设置一个 HTML 按钮的 OnClick 事件，单击按钮后通过方法 url_for（）设置调用文件 hello. js 中定义的 JavaScript 函数。文件 index. html 的具体实现代码如下所示。

```html
<html>
  <head>
    <script type = "text/javascript"
      src = "{{ url_for('static', filename = 'hello.js') }}" ></script>
  </head>
  <body>
    <input type = "button" onclick = "sayHello()" value = "点击我啊" />
  </body>
</html>
```

3）文件 hello. js 保存在静态文件目录 static 中，功能是通过函数 sayHello（）显示一个提醒框效果。文件 hello. js 的具体实现代码如下所示。

```javascript
function sayHello() {
  alert("你好!")
}
```

运行文件 jing. py，在浏览器中输入"http://127.0.0.1:5000/"后会加载显示模板文件 index. html，执行效果如图 2-8 所示。单击按钮"点击我啊"后会显示一个提醒框，如图 2-9 所示。

图 2-8 执行效果   图 2-9 提醒框

2.6 可插拔视图

在一些教程中，Pluggable Views 也被翻译为"即插视图"，在本书中被翻译为"可插拔视图"。可插拔视图的含义是，可以在一个文件中编写多个功能类，每一个功能类对应显示一个视图功能。当在 Flask Web 程序中需要显示某个视图页面时，只需调用对应的功能类即可。调用这个功能类的方法就像插拔计算机中的 U 盘和内存卡那样，非常方便。在本节的内容中，将详细讲解在 Flask Web 程序中使用可插拔视图的方法。

2.6.1 使用可插拔视图

从 Flask 0.7 版本开始便引入了可插拔视图这一概念。可插拔视图的灵感来自 Django 框架中的通用视图，其基本原理是使用类来代替函数。使用可插拔视图的主要功能是利用可定制的、可插拔的视图灵活显示不同的页面内容。

假设现在想从数据库中查询用户数据，然后将查询到的数据载入到一个对象列表中并渲染到视图，上述功能可以通过下面的函数 show_users（）实现，具体实现代码如下。

```python
@app.route('/users/')
def show_users(page):
```

```
    users = User.query.all()
    return render_template('users.html', users=users)
```

通过上述代码，使用函数 query. all( )查询数据库中的用户信息，将查询到的信息渲染到模板文件 users. html 中并显示出来。这种函数实现的方法简单而灵活，但是如果想要用一种通用的、可以适应其他模型和模板文件的方式来提供这个视图，那么就需要更加灵活的机制。例如想在多个视图中使用上面的用户信息，此时可以使用基于类的可插拔视图技术来实现，具体实现流程如下所示。

（1）编写类

将上述查询并获取数据库中用户信息的功能转换为基于类的视图，例如下面的演示代码。

```
from flask.views import View
class ShowUsers(View):
    def dispatch_request(self):
        users = User.query.all()
        return render_template('users.html', objects=users)

app.add_url_rule('/users/',ShowUsers.as_view('show_users'))
```

在上述代码中创建了类 ShowUsers，并且定义了方法 dispatch_request( )。然后使用类 ShowUsers 的方法 as_view( )把这个类转换为一个实际的视图函数，传递给这个函数的字符串是视图的最终名称。

（2）代码重构

但是上面的实现方法还不够完美，接下来稍微重构一下代码。

```
from flask.views import View

class ListView(View):
    def get_template_name(self):
        raise NotImplementedError()

    def render_template(self, context):
        return render_template(self.get_template_name(), **context)

    def dispatch_request(self):
        context = {'objects': self.get_objects()}
        return self.render_template(context)

class UserView(ListView):
    def get_template_name(self):
        return 'users.html'

    def get_objects(self):
        return User.query.all()
```

虽然上面的例子非常简单，但是对于解释基本原则已经够用了。当有一个基于类的视图时，那么参数 self 指向什么。它工作的方式是，无论何时调度请求都会创建这个类的一个新实例，并且方法 dispatch_request( )会以 URL 规则进行参数调用。这个类本身会用传递到 as_view( )方法的参数来实现实例化操作。例如可以编写如下所示的类。

```
class RenderTemplateView(View):
    def __init__(self,template_name):
        self.template_name = template_name
    def dispatch_request(self):
        return render_template(self.template_name)
```

然后可以通过如下代码注册它。

```
app.add_url_rule('/about', view_func=RenderTemplateView.as_view(
    'about_page', template_name='about.html'))
```

（3）方法提示

通过可插拔视图，可以像常规函数一样用 route( ) 或 add_url_rule( ) 那样附加到应用中。但是在进行附加操作时，必须提供 HTTP 方法的名称。为了将这个信息加入到类中，可以使用属性 methods 来承载它。

```
class MyView(View):
    methods = ['GET', 'POST']
    def dispatch_request(self):
        if request.method == 'POST':
            ...
app.add_url_rule('/myview', view_func=MyView.as_view('myview'))
```

（4）基于调度的方法

如果想对每个 HTTP 方法执行不同的函数，可以通过 flask. views. MethodView 技术实现，例如在下面的代码中，将每个 HTTP 方法映射到同名函数（只有名称为小写的）。如果不提供 methods 属性，则会自动的按照类中定义的方法来设置。

```
from flask.views import MethodView
class UserAPI(MethodView):
    def get(self):
        users = User.query.all()
        ...
    def post(self):
        user = User.from_form_data(request.form)
        ...
app.add_url_rule('/users/', view_func=UserAPI.as_view('users'))
```

（5）装饰视图

因为视图类本身不是加入到路由系统的视图函数，所以装饰视图类并没有多大的意义。与之相反的是，可以手动装饰方法 as_view( ) 的返回值，具体实现代码如下。

```
def user_required(f):
    """检查用户是否登录或引发 401 错误"""
    def decorator(*args, **kwargs):
        if not g.user:
            abort(401)
        return f(*args, **kwargs)
    return decorator

view = user_required(UserAPI.as_view('users'))
app.add_url_rule('/users/', view_func=view)
```

从 Flask 0. 8 版本开始，也可以在类的声明中设定一个装饰器列表的方法实现装饰视图，例如下面的演示代码。

```
class UserAPI(MethodView):
    decorators = [user_required]
```

注意：因为从调用者的角度看 self 是不明确的，所以不能在单独的视图方法上使用常规的视图装饰器。

2. 6. 2　可插拔视图实战演练

在下面的实例中，演示了在 Flask Web 程序中使用可插拔视图的过程。

源码路径：daima\2\2-6\chaba

1）在视图文件 views. py 中定义两个可插拔视图类，在类 UserView 中设置了异常错误，执行后会调用运行我们编写的异常代码。文件 views. py 的具体实现代码如下所示。

```python
from flask.views import View
from flask import render_template

from myexceptions import AuthenticationException

class ParentView(View):
    def get_template_name(self):
        raise NotImplementedError()

    def render_template(self, context):
        return render_template(self.get_template_name(), **context)

    def dispatch_request(self):
        context = self.get_objects()
        return self.render_template(context)

class UserView(ParentView):
    def get_template_name(self):
        raise AuthenticationException('test')
        return 'users.html'

    def get_objects(self):
        return {}
```

2）编写文件 myexceptions. py 定义一个和身份验证相关的异常类 AuthenticationException。在本实例中，我们故意设置发生上面定义的 auth_error( )异常。文件 myexceptions. py 的具体实现代码如下所示。

```python
class AuthenticationException(Exception):
    """
    与身份验证相关的异常
    """
    def __init__(self, message_text):
        self.message_text = message_text

    def get_message(self):
        return self.message_text
```

3）编写文件 error_handlers. py 实现基本的错误处理，通过两个函数分别实现未知错误的错误处理程序和用户输入数据发生异常时的错误处理程序。文件 error_handlers. py 的具体实现代码如下所示。

```python
from flask import render_template,jsonify
from routing import app
from myexceptions import *

# 错误处理程序
@app.errorhandler(404)
def unexpected_error(error):
    """ 未知错误的错误处理程序 """
    return render_template('error.html'), 404

@app.errorhandler(AuthenticationException)
def auth_error(error):
```

```
""" 用户输入数据发生异常时的错误处理程序用 """
return jsonify({'error': error.get_message()})
```

4）编写文件 routing.py，在 URL 导航中使用 UserView.as_view 设置可插拔视图，具体实现代码如下所示。

```
from flask import Flask
from views importUserView
app = Flask(__name__)
app.add_url_rule('/users', view_func=UserView.as_view('user_view'), methods=['GET'])
from error_handlers import *
if __name__ == '__main__':
    app.run(debug=True)
```

5）编写两个模板文件 users.html 和 error.html，用于分别显示出错页面和正常页面。

运行程序，在浏览器中输入"http://127.0.0.1:5000/"后会发生 404 错误，并显示出错页面 error.html 的内容。在浏览器中输入"http://127.0.0.1:5000/users"后会调用视图类 UserView 的内容，因为我们故意使用 raise 设置了异常，所以执行后最终会显示 auth_error()函数中定义的 JSON 内容，如图 2-10 所示。

图 2-10　执行效果

如果将视图文件 views.py 中的 raise 行代码删除，那么在浏览器中输入"http://127.0.0.1:5000/users"后会显示模板文件 users.html 的内容，如图 2-11 所示。

图 2-11　删除 raise 行代码后的执行效果

第3章
实现表单操作

表单是动态 Web 程序开发中的核心模块之一，绝大多数的动态交互功能都是通过表单实现的。在本章的内容中，将详细讲解在 Flask Web 程序中实现表单操作的知识，包括文件上传、会员登录验证等功能，为读者步入本书后面知识的学习打下基础。

3.1 使用 Flask-WTF 扩展

在 Flask Web 程序中，开发者可以使用 Flask-WTF 扩展快速开发出表单应用程序，例如快速实现常见的用户登录验证等功能。在本节的内容中，将详细讲解使用 Flask-WTF 扩展的知识。

3.1.1 Flask-WTF 基础

通过使用 Flask-WTF 扩展，可以将 WTForms（是一个支持多个 Web 框架的 form 组件，主要用于对用户请求数据进行验证）包进行包装，然后集成到 Flask Web 项目中。我们可以使用如下所示的 pip 命令安装 Flask-WTF 及其依赖。

```
pip install flask-wtf
```

Flask-WTF 扩展具有很高的安全性，能够保护所有表单避免受到跨站请求伪造（Cross-Site Request Forgery，CSRF）攻击。Flask-WTF 实现 CSRF 保护的原理如下。

1）在程序中使用 Flask-WTF 时首先需要设置一个密钥。

2）Flask-WTF 使用密钥生成一个加密令牌。

3）使用生成的加密令牌验证请求中表单数据的真伪。

例如下面是一段设置 Flask-WTF 密钥的演示代码。

```
app = Flask(_name_)
app.config['SECRET_KEY'] = 'aaa bbb ccc'
```

在 Flask 框架中，通常使用配置文件 app.config 来设置工程属性，这些属性通过字典的格式实现变量设置。在配置文件 app.config 中，使用标准的字典格式来设置 SECRET_KEY 密钥。这是一个通用密钥，可以在 Flask 工程和其他第三方扩展中使用。因为不同的程序需要使用不同的密钥，所以密钥的加密强度是不同的，这取决于变量值的保密程度。建议读者在文件 app.config 中设置 SECRET_KEY 密钥变量时，尽量使用比较生僻的字符串。

使用 Flask-WTF 时，可以用一个继承自 Form 的类来表示每个 Web 表单。在编写这个类的实现代码时，可以用类对象表示表单中的每一组字段。每个字段对象可对应一个或多个验证函数，通过验证函数可以验证用户在表单中提交的数据是否合法。

在 Flask Web 程序中，因为类 FlaskForm 由 Flask-WTF 扩展定义，所以可以从 flask. wtf 中导入 FlaskForm。而字段和验证函数可以直接从 WTForms 包中导入，WTForms 包可以支持如下所示的 HTML 标准字段。

- StringField：表示文本字段。
- TextAreaField：表示多行文本字段。
- PasswordField：表示密码文本字段。
- HiddenField：表示隐藏文本字段。
- DateField：表示日期的文本字段，值为 datetime. date 格式。
- DateTimeField：表示时间的文本字段，值为 datetime. datetime 格式。
- IntegerField：表示整数类型的文本字段值。
- DecimalField：表示 Decimal 类型的文本字段值。
- FloatField：表示浮点数类型的文本字段值为。
- BooleanField：表示复选框，取值只有两个：True 和 False。
- RadioField：表示单选框字段。
- SelectField：表示下拉列表字段。
- SelectMultipleField：表示下拉列表字段，可以同时选择多个值。
- FileField：表示文件上传字段，可以上传一个文件。
- SubmitField：表示提交表单按钮字段。
- FormField：表示把表单作为字段嵌入到另一个表单中。
- FieldList：表示一组指定类型的字段。

在 WTForms 中包含如下所示的内置验证函数。

- Email：验证电子邮件地址是否合法。
- EqualTo：比较两个字段的值是否相等，例如验证注册时两次输入的密码是否相等。
- IPAddress：验证是否是 IPv4 格式的 IP 地址。
- Length：验证输入字符串的长度是否合法。
- NumberRange：验证输入的值在某个范围内，例如要求用户名长度大于 6 小于 12 便是一个范围。
- Optional：无输入值时跳过其他验证函数。
- Required：用于确保在字段中有数据，可以保证输入值不为空。
- Regexp：使用正则表达式验证输入值。
- URL：验证 URL 地址是否合法。
- AnyOf：用于确保输入值在可选值列表中。
- NoneOf：用于确保输入值不在可选值列表中。

3.1.2　使用 Flask-WTF 处理表单

在下面的实例中，演示了使用 Flask-WTF 实现表单验证处理的过程。

源码路径：daima\3\3-1\biaodan01

1）首先编写程序文件 hello. py 创建一个简单的 Web 表单，表单中包含一个 StringField 文本字段和一个 SubmitField 提交按钮。然后将所有表单中的字段定义为类变量，类变量的值和字段类型的对象相对应。文件 hello.py 的具体实现代码如下所示。

```
class NameForm(FlaskForm):
    name = StringField('你叫什么名字?', validators = [Required()])
    submit = SubmitField('提交')
@app.route('/', methods = ['GET', 'POST'])
def index():
    name = None
    form = NameForm()
    if form.validate_on_submit():
        name = form.name.data
        form.name.data = ''
    return render_template('index.html', form=form, name=name)
```

- 字段构造函数 NameForm：在视图函数中创建一个 NameForm 类实例用于表示表单，设置表单中有两个元素，分别是一个名为 name 的文本字段和一个名为 submit 的提交按钮。类 StringField 表示这个表单的属性为 type = " text" 的 < input > 类型元素，类 SubmitField 表示这个表单的属性为 type = " submit" 的<input>类型元素。
- 视图函数 index()：渲染表单并接收表单中的数据。
- app.route：用于传递在修饰器中添加的 methods 参数，通过此参数告诉 Flask 在 URL 中把这个视图函数注册为 GET 和 POST 请求的处理程序。

注意：如果没设置 methods 参数，则只会把视图函数 index() 注册为 GET 请求的处理程序。建议读者把 POST 加入到 methods 列表中，因为使用 POST 请求方式处理提交表单数据的方法更加简洁。

- 验证函数 validate_on_submit()：提交表单后，如果数据通过验证函数的校验，那么函数 validate_on_submit() 的返回值为 True，否则返回 False。

2）在模板文件 index.html 中使用 Flask-WTF 和 Flask-Bootstrap 来渲染表单，具体实现代码如下所示。

```
{% extends "base.html" %}
{% import "bootstrap/wtf.html" as wtf %}

{% block title %}人生苦短{% endblock %}

{% block page_content %}
<div class = "page-header">
    <h1>欢迎登录, {% if name %}{{ name }}{% else %}出错了!{% endif %}!</h1>
</div>
{{wtf.quick_form(form) }}
{% endblock %}
```

上述代码的内容区现在有两部分，其中第一部分是页面头部，使用模板条件语句显示欢迎消息。Jinja2 条件语句格式为{% if condition %}...{% else %}...{% endif %}，会根据条件的计算结果显示相应的内容。

- 如果条件的计算结果为 True，则会显示 if 和 else 指令之间的值。
- 如果条件的计算结果为 False，则会显示 else 和 endif 指令之间的值。

在上述代码中，如果没有定义模板变量 name，则会显示字符串"欢迎登录，出错了!"。内容区的第二部分使用函数 wtf.quick_form() 显示 NameForm 对象。

开始运行本项目，在命令行交互界面使用如下命令运行项目。

```
python hello.py runserver
```

在浏览器中输入"http://127.0.0.1:5000/"后的执行效果如图 3-1 所示。在表单中随便输入一个用户名，例如输入"aaa"并单击"提交"按钮后，会在表单上面显示对用户"aaa"的欢迎信息，如图 3-2 所示。

图 3-1 初始执行效果	图 3-2 显示对用户"aaa"的欢迎信息

如果在表单为空时单击"提交"按钮，会显示"这是必填字段"的提示，如图 3-3 所示。

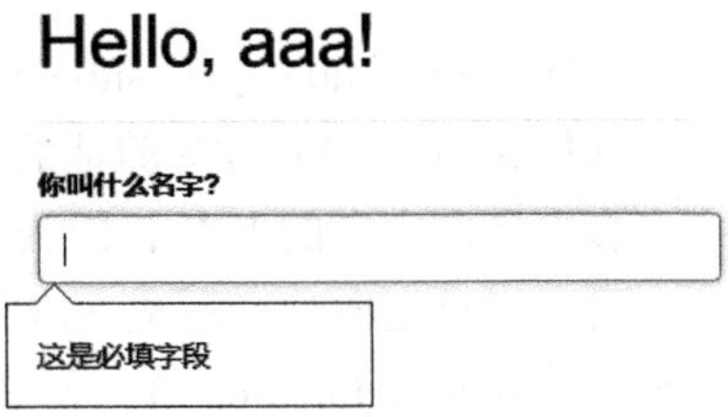

3.2 重定向和会话处理

在动态 Web 程序中的信息交互应用中经常用到 URL
重定向和用户会话处理功能。在本节的内容中，将详细
讲解在 Flask Web 程序中实现重定向处理和用户会话处理的过程。

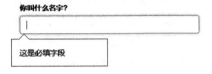
图 3-3 表单为空时的提示

3.2.1 Flask 中的重定向和会话处理

在 Web 程序中，重定向是一种特殊的响应，能够响应的是 URL 中的内容，而不是包含 HTML 代码的字符串。当浏览器收到重定向响应时，会向重定向的 URL 发起 GET 请求并显示网页中的内容。但是需要注意的是，因为在这个过程中需要先把第二个请求发给服务器，所以在加载这个页面时可能需要花费些许时间（可能只有几微秒）。当然对于浏览用户来说，用肉眼是不会发现这个极短时间造成的视觉差异的。

上面介绍的重定向方式被称为 POST/重定向/GET 模式，但是这种方法会带来一个问题：当在 Flask Web 程序中处理 POST 请求时，会使用 form. name. data 获取用户输入的信息，但是如果这个请求结束，数据也会随之丢失。所以说最好的解决办法是：因为这个 POST 请求使用重定向处理，所以应设置程序保存用户输入的信息，此时即使重定向请求后延也可以使用这个名字，这样才会构建真正的响应。所以在 Flask Web 程序中，可以将数据存储在用户会话中，在多次请求处理之间保存数据。

用户会话是一种保存用户数据的存储手段，例如可以使用 Session 用户会话请求上下文中的变量，就像 Python 中的字典一样进行操作。其实在默认情况下，在客户端的 Cookie 中保存用户会话，使用设置的 SECRET_KEY 加密签名。如果修改了 Cookie 中的内容，签名和会话也会随之失效。有关 Flask 的 Cookie 和 Session 的知识，已经在本书前面的章节中进行了讲解。

3.2.2 实现重定向和会话处理

在下面的实例中，演示了在 Flask Web 程序中实现重定向和会话处理的过程。
源码路径：daima\3\3-2\biaodan02
1）首先编写程序文件 biaodan02. py 创建一个简单的 Web 表单，在视图函数 index ( )中实现重定向和用户会话处理。因为已经将登录信息保存在用户会话 session['name'] 中，所以即使在第 1 行和第 2 行代码中使用@ app. route 实现了两次请求处理，在这两次请求之间也可以记住输入的登录信息。文件 biaodan02. py 的主要实现代码如下所示。

```
@app.route('/', methods = ['GET', 'POST'])
@app.route('/', methods = ['GET', 'POST'])
def index():
    form = NameForm()
    if form.validate_on_submit():
        session['name'] = form.name.data
        return redirect(url_for('index'))
    return render_template('index.html', form=form, name=session.get('name'))

if __name__ == '__main__':
    app.run()
```

- 函数 form. validate_on_submit()：验证表单中的数据是否合法。
- 函数 redirect()：如果验证的表单数据合法，则生成 HTTP 重定向响应。函数 redirect() 的参数是重定向的 URL，因为在上面代码中使用的重定向 URL 是程序的根地址'/'，所以可以将重定向响应写成 redirect('/')。
- 函数 render_function()：使用 session. get('name') 从会话中直接读取参数 name 的值。具体操作方法和普通的字典操作一样，只需使用 get() 即可获取字典中某个 key（键）对应的值。如果要获取的键不存在，get() 会返回默认值 None。

注意：建议读者使用函数 url_for() 生成 URL，因为 url_for() 可以保证 URL 和定义的 route 路由相互兼容，并且在修改路由名字后继续可用。在上述代码中，因为处理根地址的视图函数是 index()，所以传递给函数 url_for() 的名字是 index。

2）模板主页文件 index. html 的具体实现代码如下所示。

```
{% extends "base.html" %}
{% import "bootstrap/wtf.html" as wtf %}

{% block title %}人生苦短{% endblock %}

{% block page_content %}
<div class="page-header">
    <h1>欢迎登录, {% if name %}{{ name }}{% else %}出错了!{% endif %}!</h1>
</div>
{{wtf.quick_form(form) }}
{% endblock %}
```

执行后在表单中可以输入信息，例如输入"python 大侠"并单击"提交"按钮后的效果如图 3-4 所示。如果刷新页面，依然会在页面中显示刚刚在表单中输入的"python 大侠"。

图 3-4　执行效果

3.3　Flask 闪现提示

在 Flask 框架中，方法 flash() 的功能是实现消息闪现提示效果。Flask 官方对闪现的解释是对用户请求做出无刷新反馈的响应，这类似于 Ajax 无刷新效果。在本节的内容中，将详细讲解在 Flask Web 程序中实现闪现提示的方法。

3.3.1　Flash 基础

在本章上一个实例中，当用户通过表单发送完请求后，有时需要通过提示让用户知道状态发生了变化，例如提示在表单中输入的用户名或密码格式不合法等。在现实中的一个典型例子是，如果用户提交了错误的登录信息，服务器会返回含有错误提示的响应，并在表单上面显示一个提示消息，提示用户的用户名或密码错误。

为了提高程序的美观性和用户体验，Flask 提供了函数 flash( ) 实现闪现提示效果，会在发送给客户端的下一个响应中显示一个消息。例如在下面的实例中，演示了在 Flask Web 程序中使用 flash( ) 函数实现闪现提示效果的过程。

源码路径：daima\3\3-3\jianyi. py

编写程序文件 jianyi. py，首先引入 flash 和 get_flashed_message 方法，然后定义两个方法，一个用于记录 flash，一个用于显示 flash。文件 jianyi. py 的主要实现代码如下所示。

```
@app.route("/add")
def addFlash():
    flash("这是一个无刷新闪现")
    return "added a flash"

@app.route("/get/")
def getFlash():
msgs = get_flashed_messages()
msgStr = ""
    for msg inmsgs:
msgStr += msg+","
    return msgStr

if __name__ == '__main__':
    app.run()
```

运行程序，在浏览器中输入"http://127.0.0.1:5000/add"后会显示设置的返回信息"添加了一个闪现"，如图 3-5 所示。此时已经记录了一个值为"这是一个无刷新闪现"的 flash，然后在浏览器中输入"http://127.0.0.1:5000/get"后会获取并显示这个 flash，如图 3-6 所示。

图 3-5　设置的闪现信息　　　　　　　图 3-6　显示获取的 flash

由此可见，现在已经获取到了值为"这是一个无刷新闪现"的 flash。这个 flash 只存在于两次相邻的请求中，也就是说如果再次刷新一个/get 重新发起一个请求时，不会再获取到这个值为"这是一个无刷新闪现"的 flash 了。例如接下来刷新页面 http://127.0.0.1:5000/get，会发现得到一个一片空白的执行效果，如图 3-7 所示。

图 3-7　一片空白的执行效果

注意：在 Flask 框架中，flash( ) 只是一个记录消息的方法，在某一个请求中记录消息，在下一个请求中获取消息，然后做相应的处理。也就是说 flash 只存在于两个相邻的请求中"闪现"，这说明只调用 flash( ) 函数并不能显示提示信息，还需要借助于模板来渲染这些消息。

3.3.2 使用模板渲染 flash( )函数的闪现提示信息

在下面的实例中，演示了在 Flask Web 程序中使用模板文件渲染 flash( )函数的闪现提示信息的过程。

源码路径：daima\3\3-3\biaodan03. py

1）首先编写程序文件 biaodan03. py 创建一个简单的 Web 表单，在视图函数 index( )中通过函数调用模板实现闪现提示功能。文件 biaodan03. py 的主要实现代码如下所示。

```
@app.route('/', methods = ['GET', 'POST'])
@app.route('/', methods = ['GET', 'POST'])
def index():
    form = NameForm()
    if form.validate_on_submit():
        old_name = session.get('name')
        if old_name is not None and old_name != form.name.data:
            flash('你刚刚修改了用户名!')
        session['name'] = form.name.data
        return redirect(url_for('index'))
    return render_template('index.html',
        form = form, name = session.get('name'))
```

在上述代码中，每当在表单中提交用户名后，都会比较提交的用户名和存储在 Session 用户会话中的名字。如果两者相同则不会显示任何提示信息，如果不同则会调用函数 flash( )，在发送给客户端的下一个响应中显示提示消息"你刚刚修改了用户名!"。

2）因为只调用 flash( )函数并不会显示提示信息，还需要借助模板来渲染这些消息。建议在基模板中渲染 flash 消息，因为这样所有页面都能使用这些消息。在下面的模板文件 templates/base. html 中，使用函数 get_flashed_messages( )在模板中渲染获取的提示消息"你刚刚修改了用户名!"，主要实现代码如下所示。

```
{% block content % }
<div class="container">
{% for message in get_flashed_messages() % }
<div class="alert alert-warning">
<button type="button" class="close" data-dismiss="alert">& 次;</button>
{{ message }}
</div>
```

执行后的初始效果如图 3-8 所示，此时在表单上方显示的用户名是"aaa"。如果再次在表单中输入"aaa"并提交，不会显示设置的闪现提示信息。但是如果再次在表单中输入不是"aaa"的用户名并提交，就会显示设置的闪现提示信息"你刚刚修改了用户名!"。例如输入用户名"bbb"并提交后的效果如图 3-9 所示。

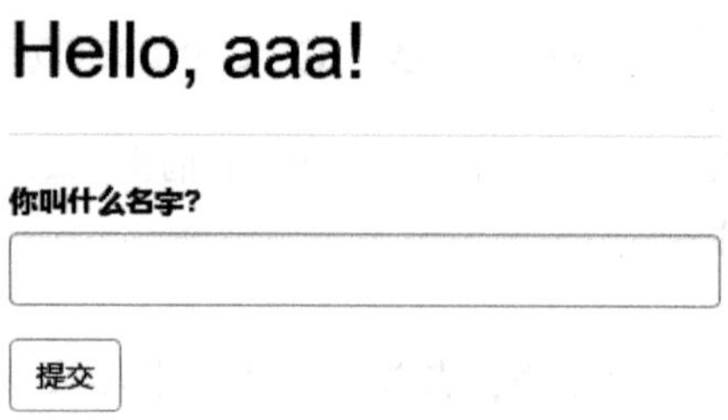

图 3-8 执行效果

图 3-9 显示闪现提示信息

3.4　文件上传

在 Flask Web 程序中，实现文件上传系统的方法非常简单，与传递 GET 或 POST 参数十分相似。基本流程如下所示。

1）将在客户端上传的文件保存在 flask. request. files 对象中。

2）使用 flask. request. files 对象获取上传来的文件名和文件对象。

3）调用文件对象中的方法 save( )将文件保存到指定的目录中。

3.4.1　简易文件上传程序

在下面的实例中，演示了在 Flask 框架中实现文件上传的过程。

源码路径：daima\3\3-4\up

1）编写实例文件 flask5. py，定义一个实现文件上传功能的函数 upload( )，能够同时处理 GET 请求和 POST 请求。其中将 GET 请求返回到上传页面，获得 POST 请求时获取上传文件，并保存到当前的目录下。文件 flask5. py 的具体实现代码如下所示。

```
import flask                                         # 导入 flask 模块
app = flask.Flask(__name__)                          # 实例化类 Flask
# URL 映射操作,设置处理 GET 请求和 POST 请求
@app.route('/upload',methods = ['GET','POST'])
def upload():                                         # 定义文件上传函数 upload()
    if flask.request.method == 'GET':                # 如果是 GET 请求
        return flask.render_template('upload.html')   # 返回上传页面
    else:                                            # 如果是 POST 请求
        file = flask.request.files['file']           # 获取文件对象
        if file:                                     # 如果文件不为空
            file.save(file.filename)                 # 保存上传的文件
            return '上传成功!'                        # 打印显示提示信息
if __name__ == '__main__':
app.run(debug = True)
```

2）模板文件 upload. html 实现一个文件上传表单界面，具体实现代码如下所示。

```
<form method ='post'enctype ='multipart/form-data'>
<input type ='file' name ='file' />
<input type = 'submit' value='点击我上传'/>
</form>
```

当在浏览器中输入"http://127. 0. 0. 1:5000/upload"运行时，显示一个文件上传表单界面，效果如图 3-10 所示。单击"浏览"按钮可以选择一个要上传的文件，单击"上传"按钮后会上传这个文件，并显示上传成功的提示，执行效果如图 3-11 所示。

图 3-10　执行效果

图 3-11　显示上传成功提示

3.4.2 查看上传的图片

在下面的实例中，演示了在 Flask Web 程序中上传图片并浏览上传图片的过程。

源码路径：daima\3\3-4\fuza

1）编写程序文件 fuza.py，主要实现代码如下所示。

```python
# 新建 images 文件夹,UPLOAD_PATH 就是 images 的路径
UPLOAD_PATH = os.path.join(os.path.dirname(__file__),'images')

@app.route('/upload/',methods = ['GET','POST'])
def settings():
    if request.method == 'GET':
        return render_template('upload.html')
    else:
desc = request.form.get('desc')
        avatar = request.files.get('avatar')
        # 对文件名进行包装
        filename = secure_filename(avatar.filename)
        avatar.save(os.path.join(UPLOAD_PATH,filename))
        print(desc)
        return '文件上传成功'

# 访问上传的文件
# 浏览器访问 "http://127.0.0.1:5000/images/django.jpg/" 就可以查看文件了
@app.route('/images/<filename>/',methods = ['GET','POST'])
def get_image(filename):
    return send_from_directory(UPLOAD_PATH,filename)

@app.route('/')
def hello_world():
    return 'Hello World!'

if __name__ == '__main__':
    app.run(debug = True)
```

- 方法 settings()：调用模板文件 upload.html 显示上传表单，然后获取表单中的上传信息，并将上传文件保存到 images 目录中。
- 方法 get_image：浏览显示上传的图片。

2）在模板文件 upload.html 中实现一个上传表单界面，具体实现代码如下所示。

```html
<form action="" method="post" enctype="multipart/form-data">
    <table>
        <tbody>
            <tr>
                <td>头像:</td>
                <td><input type="file" name="avatar"></td>
            </tr>
            <tr>
                <td>描述:</td>
                <td><input type="text" name="desc"></td>
            </tr>
            <tr>
                <td><input type="submit" value="提交"></td>
            </tr>
        </tbody>
    </table>
</form>
```

执行程序，输入"http://127.0.0.1:5000/upload/"后会显示一个上传表单，可以上传普通的文本文件和图片文件，如图 3-12 所示。如果上传的是图片文件，则可以通过"http://127.0.0.1:5000/images/文件名"的方式浏览这幅图片。

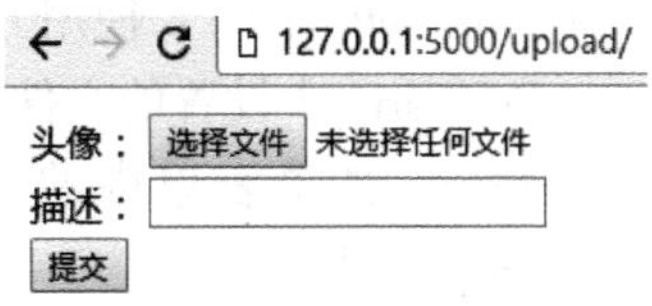

图 3-12　上传表单界面

3.4.3　使用 Flask-WTF 实现文件上传

通过使用 Flask-WTF 扩展，可以利用其内置的表单元素快速实现文件上传系统。在下面的实例中，演示了在 Flask Web 程序中实现文件上传系统的过程，使用 Flask-WTF 验证过滤上传文件的格式。

　　源码路径：daima\3\3-4\yanzheng

1）编写文件 forms.py，使用 Flask-WTF 中的表单元素设置允许上传文件的格式，具体实现代码如下所示。

```python
class UploadForm(Form):
    avatar =FileField(validators=[FileRequired(),FileAllowed(['jpg','png','gif'])])
    desc = StringField(validators=[InputRequired()])
```

2）编写程序文件 upload_file_demo.py，主要实现代码如下所示。

```python
# 新建 images 文件夹,UPLOAD_PATH 就是 images 的路径
UPLOAD_PATH = os.path.join(os.path.dirname(__file__), 'images')

@app.route('/upload/', methods=['GET', 'POST'])
def settings():
    if request.method == 'GET':
        return render_template('upload.html')
    else:
        # 文件是从 request,files 里面获取,这里使用 CombinedMultiDict 把 form 和 file 的
数据组合起来,一起验证
        form =UploadForm(CombinedMultiDict([request.form, request.files]))
        if form.validate():
            desc = request.form.get('desc')
            avatar = request.files.get('avatar')
            # 对文件名进行包装
            filename = secure_filename(avatar.filename)
            avatar.save(os.path.join(UPLOAD_PATH, filename))
            print(desc)
            return '文件上传成功'
        else:
            print(form.errors)
            return "fail"

# 访问上传的文件,浏览器访问"http://127.0.0.1:5000/images/django.jpg/"就可以查看文件了
@app.route('/images/<filename>/', methods=['GET', 'POST'])
def get_image(filename):
    return send_from_directory(UPLOAD_PATH, filename)

@app.route('/')
def hello_world():
    return 'Hello World!'
```

● UPLOAD_PATH：保存上传文件的路径。

- 方法 settings(): 使用方法 render_template 渲染模板文件, 获取上传表单。获取在 UploadForm 中设置的文件类型, 使用 CombinedMultiDict 将表单中的 form 和 file 的数据进行验证。如果表单中的数据符合在 UploadForm 中设置的要求, 则将上传文件保存到 images 目录中。
- 方法 get_image: 浏览显示上传的图片。

执行程序, 输入 "http://127.0.0.1:5000/upload/" 后会显示一个上传表单, 只能上传 jpg、png 和 gif 这 3 种格式的图片文件, 如图 3-13 所示。如果上传的文件类型符合要求, 则可以通过 "http://127.0.0.1:5000/images/文件名" 的方式浏览这幅图片。

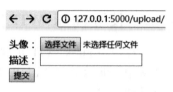

图 3-13　上传表单界面

3.4.4　使用 Flask-Uploads 扩展上传文件

在现实应用中, 可以使用 Flask-Uploads 扩展快速实现文件上传功能。在使用 Flask-Uploads 扩展之前先使用如下命令安装。

```
pip install flask-uploads
```

在 Flask-Uploads 扩展中, 通过类 UploadSet 配置文件上传参数, 主要包含如下所示的 3 个参数。

- name: 文件上传配置集合的名称, 默认为 files。
- extensions: 上传文件类型, 默认为 DEFAULTS = TEXT + DOCUMENTS + IMAGES + DATA。
- default_dest: 上传文件的默认存储路径, 可以通过 app.config['UPLOADS_DEFAULT_DEST'] 进行设置。

通过类 UploadSet 配置好上述文件上传参数后, 调用方法 configure_uploads() 扫描上传配置选项, 并将配置参数应用到当前 Flask 应用程序中, 这样便可以使用 Flask-Uploads 扩展的功能。在下面的实例中, 演示了使用 Flask-Uploads 扩展上传文件的过程。

　　源码路径: daima\3\3-4\untitled

1) 编写文件 photolog.py, 设置上传文件的保存路径和上传文件的类型, 然后分别设置上传表单界面是/upload, 上传成功后通过/photo/<name>显示这幅照片的详细信息。文件 photolog.py 的具体实现代码如下所示。

```
from flask_uploads import UploadSet, IMAGES, configure_uploads, ALL
from flask import request, Flask, redirect, url_for, render_template
import os

app = Flask(__name__)
app.config['UPLOADED_PHOTO_DEST'] = os.path.dirname(os.path.abspath(__file__))
app.config['UPLOADED_PHOTO_ALLOW'] = IMAGES
def dest(name):
    return '{}/{}'.format(app.config.UPLOADED_PHOTO_DEST, name)
photos = UploadSet('PHOTO')

configure_uploads(app, photos)
@app.route('/upload', methods=['POST', 'GET'])
def upload():
    if request.method == 'POST' and 'photo' in request.files:
        filename = photos.save(request.files['photo'])
```

```
        return redirect(url_for('show', name=filename))
    return render_template('upload.html')

@app.route('/photo/<name>')
def show(name):
    if name is None:
        print('出错了!')
    url = photos.url(name)
    return render_template('show.html', url=url, name=name)

if __name__ == '__main__':
app.run()
```

2）编写模板文件 upload. html 实现上传表单界面，具体实现代码如下所示。

```
<form method=POST enctype=multipart/form-data action="{{ url_for('upload') }}">
    <input type=file name=photo>
    <input type=submit>V</form>
```

3）在成功上传某一幅图片文件后，使用模板文件 show. html 显示这幅图片，具体实现代码如下所示。

```
<img src={{ url }}>
```

在 浏 览 器 中 输 入 " http://127. 0. 0. 1：5000/
upload" 后显示上传表单界面，如图 3-14 所示。

图 3-14　上传表单界面

3.5　登录验证

在开发动态 Web 程序的过程中，经常需要开发登录验证系统。在本节的内
容中，将详细讲解在 Flask Web 程序中开发登录验证系统的过程。

3.5.1　验证两次密码是否相同

在下面的实例中，演示了在 Flask Web 表单程序中验证两次密码是否相同的过程。

源码路径：daima\3\3-5\yanzheng

1）编写文件 yanzheng. py 实现一个简单的用户登录的逻辑处理，具体实现流程如下所示。

● 路由处理两种请求方式：GET 和 POST，然后判断请求方式。

● 获取请求的参数（从表单中读取数据）。

● 判断两次输入的密码是否相同。

● 如果在表单中输入的数据合法，则返回成功提示。

文件 yanzheng. py 的主要实现代码如下所示。

```
@app.route('/', methods=['GET','POST'])
def index():
    # request:请求对象 --> 获取请求方式、数据
    # 判断请求方式
    if request.method == 'POST':
        # 获取请求的参数 request(通过 input 中的 name 值)
        username = request.form.get('username')
        password = request.form.get('password')
        password2 = request.form.get('password2')
        print(username,password,password2)
        # 判断参数是否填写 & 密码是否相同(u 是为了解决编码问题)
```

```
        if not all([username,password,password2]):
            # print('参数不完整')
            flash(u'参数不完整')
        elif password != password2:
            # print('密码不一致')
            flash(u'密码不一致')
        else:
            return  'success'
    return render_template('form.html')

if __name__ == '__main__':
    app.run(debug=True)
```

2）在模板文件 form. html 中遍历 flash 消息，具体实现代码如下所示。

```
<form method="post">
    <lable>用户名:</lable><input type="text" name="username"><br>
    <lable>输入密码:</lable><input type="password" name="password"><br>
    <label>确认密码:</label><input type="password" name="password2"><br>
    <input type="submit" value="提交"><br>
</form>
{# 使用遍历获取闪现的消息 #}
{% for message in get_flashed_messages() %}
    {{ message }}
{% endfor %}
```

执行后不但能够验证在文本框中输入的数据是否合法，而且也可以验证两次输入的密码是否一致。例如输入用户名而两次密码不一致时的执行效果如图 3-15 所示。

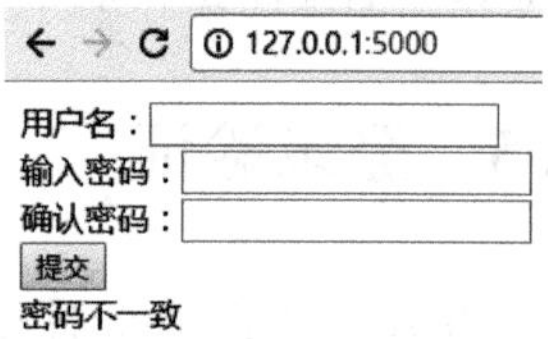

图 3-15　执行效果

3.5.2　注册验证和登录验证

在下面的实例中将分别实现一个简单的会员注册系统和登录系统，这两个系统是独立的，并没有使用数据库保存数据。

源码路径：daima\3\3-5\WTF

1. 用户注册验证

1）编写文件 register. py，通过 RegisterForm 分别验证各注册表单中数据的合法性，如果所有的数据合法，通过 register( )显示用户提交的注册数据。文件 register. py 的主要实现代码如下所示。

```
class RegisterForm(Form):
    name = simple.StringField(
        label='用户名',
        validators=[
            validators.DataRequired()
        ],
        widget=widgets.TextInput(), render_kw={'class': 'form-control'},default='alex'
    )
    pwd = simple.PasswordField(
        label='密码',
        validators=[
            validators.DataRequired(message='密码不能为空')
        ],
        widget=widgets.PasswordInput(),
        render_kw={'class': 'form-control'}
    )
```

```python
    pwd_confirm = simple.PasswordField(
        label='重复密码',
        validators=[
            validators.DataRequired(message='重复密码不能为空'),
            validators.EqualTo('pwd', message="两次密码输入不一致")
        ],
        widget=widgets.PasswordInput(),
        render_kw={'class': 'form-control'}
    )
    email = html5.EmailField(
        label='邮箱',
        validators=[
            validators.DataRequired(message='邮箱不能为空'),
            validators.Email(message='邮箱格式错误')
        ],
        widget=widgets.TextInput(input_type='email'),
        render_kw={'class': 'form-control'}
    )

    gender = core.RadioField(
        label='性别',
        choices=(
            (1, '男'),
            (2, '女'),
        ),
        coerce=int
    )
    city = core.SelectField(
        label='城市',
        choices=(
            ('bj', '北京'),
            ('sh', '上海'),
        )
    )

    hobby = core.SelectMultipleField(
        label='爱好',
        choices=(
            (1, '篮球'),
            (2, '足球'),
        ),
        coerce=int
    )
    favor = core.SelectMultipleField(
        label='喜好',
        choices=(
            (1, '篮球'),
            (2, '足球'),
        ),
        widget=widgets.ListWidget(prefix_label=False),
        option_widget=widgets.CheckboxInput(),
        coerce=int,
        default=[1, 2]
    )
    def __init__(self, *args, **kwargs):
        super(RegisterForm, self).__init__(*args, **kwargs)
        self.favor.choices = ((1, '篮球'), (2, '足球'), (3, '羽毛球'))
    def validate_pwd_confirm(self, field):
        """
        自定义 pwd_confirm 字段规则。例如:与 pwd 字段是否一致
```

```
        """
        # 在开始初始化时,self.data 中已经有所有的值

        if field.data != self.data['pwd']:
            # raise validators.ValidationError("密码不一致") # 继续后续验证
            raise validators.StopValidation("密码不一致")  # 不再继续后续验证

@app.route('/register', methods = ['GET', 'POST'])
def register():
    if request.method == 'GET':
        form = RegisterForm(data = {'gender': 1})
        return render_template('register.html', form = form)
    else:
        form = RegisterForm(formdata = request.form)
        if form.validate():
            print('用户提交数据通过格式验证,提交的值为:', form.data)
        else:
            print(form.errors)
        return render_template('register.html', form = form)
```

2）注册页面模板文件 register.html 的具体实现代码如下所示。

```
<form method = "post" novalidate style = "padding:0  50px">
    {% for item in form % }
    <p>{{item.label}}: {{item}} {{item.errors[0] }}</p>
    {% endfor % }
    <input type = "submit" value = "提交">
</form>
```

在浏览器输入"http://127.0.0.1:5000/register"后会显示一个注册表单，注册数据合法后会在控制台显示注册信息。执行效果如图 3-16 所示。

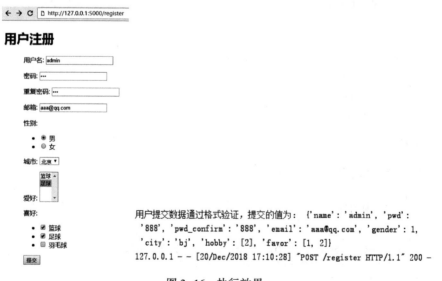

图 3-16　执行效果

2. 用户登录验证

1）编写文件 login.py，通过 LoginForm 验证登录表单数据的合法性，包括用户名和密码。如果所有的数据合法，通过 login( )在控制台显示成功提示信息和用户提交的登录数据。文件 login.py 的主要实现代码如下所示。

```
class LoginForm(Form):
    name = simple.StringField(
        label='用户名',
        validators=[
            validators.DataRequired(message='用户名不能为空'),
            validators.Length(min=6, max=18, message='用户名长度必须大于%(min)d且
小于%(max)d')
        ],
        widget=widgets.TextInput(),
        render_kw={'class':'form-control'}
    )
    pwd = simple.PasswordField(
        label='密码',
        validators=[
            validators.DataRequired(message='密码不能为空'),
            validators.Length(min=8, message='用户名长度必须大于%(min)d'),
            validators.Regexp(regex="^(?=.*[a-z])(?=.*[A-Z])(?=.*\d)(?=.*[$
@$!%*?&])[A-Za-z\d$@$!%*?&]{8,}",message='密码至少8个字符,至少1个大写字母,1个小写
字母,1个数字和1个特殊字符')
        ],
        widget=widgets.PasswordInput(),
        render_kw={'class':'form-control'}
    )

@app.route('/login', methods=['GET', 'POST'])
def login():
    if request.method == 'GET':
        form = LoginForm()
        return render_template('login.html', form=form)
    else:
        form = LoginForm(formdata=request.form)
        if form.validate():
            print('用户提交数据通过格式验证,提交的值为:', form.data)
        else:
            print(form.errors)
        return render_template('login.html', form=form)
```

2）模板文件 login. html 的具体实现代码如下所示。

```
<form method="post">
    <p>{{form.name.label}} {{form.name}} {{form.name.errors[0]}}</p>
    <!--<input type="password" name="pwd">-->
    <p>{{form.pwd.label}} {{form.pwd}} {{form.pwd.errors[0]}}</p>
    <input type="submit" value="提交">
</form>
```

在浏览器输入"http://127.0.0.1:5000/login"后会显示一个登录表单,如果登录数据不合法则会显示对应的提示信息,如果合法则会在控制台显示登录信息。执行效果如图3-17所示。

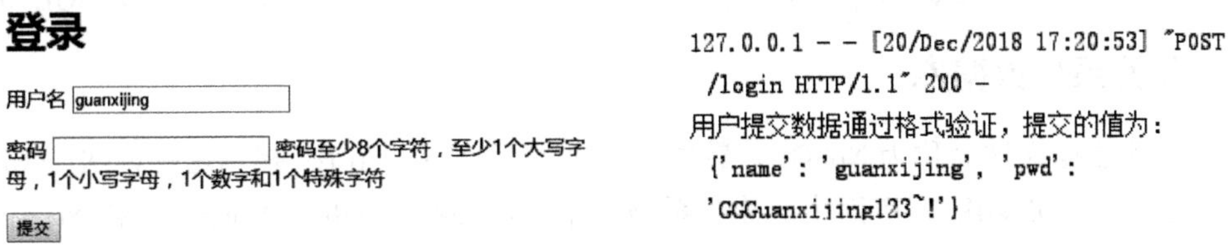

登录

用户名 guanxijing

密码 [_____] 密码至少8个字符,至少1个大写字母,1个小写字母,1个数字和1个特殊字符

提交

```
127.0.0.1 - - [20/Dec/2018 17:20:53] "POST
/login HTTP/1.1" 200 -
用户提交数据通过格式验证,提交的值为:
{'name': 'guanxijing', 'pwd':
'GGGuanxijing123~!'}
```

图 3-17　执行效果

第4章
Flask 数据库操作

在现实项目中，绝大多数的动态 Web 技术都是通过数据库实现的。数据库负责存储动态 Web 中显示的内容，通过程序查询、修改和删除数据库中的数据，以便管理在 Web 中显示的内容。在本章的内容中，将详细讲解使用数据库技术开发动态 Flask Web 程序的知识。

4.1 关系型数据库和非关系型数据库

常用的数据库可以分为关系型数据库（SQL 数据库）和非关系型数据库（NoSQL 数据库）。在本节的内容中，将简要介绍 SQL 数据库和 NoSQL 数据库的知识。

4.1.1 关系型数据库

关系型数据库是指采用了关系模型来组织数据的数据库。简单来说，在关系型数据库中使用一个二维表格模型来存储各种类型的数据。关系型数据库的优点如下所示。

- 容易理解：通过二维表格结构表示数据，更加适合人们的学习和理解。
- 使用方便：可以使用 SQL 语言管理数据库中的数据。
- 易于维护：市面中关系型数据库产品大多数是可视化的，提供了完整的可视化管理方案。

在使用关系型数据库时，需要将数据保存在表中，通过表模拟程序中不同的实体。例如，在订单管理程序的数据库中可能有表 customers、products 和 orders。表的列数是固定的，行数是可变的。通过列定义表所表示的实体的数据属性。例如，有一个名为 customers 的表用于表示客户信息，在表中可能有 name、address、phone 等列，表中的行定义各列对应的真实数据。在表中有个特殊的列，称为主键，主键的值表示表中各行的唯一标识符。在表中还存在被称为外键的列，用于引用同一个表或不同表中某行的主键。行之间的这种联系称为关系，这是关系型数据库模型的根本。

市面中主要的关系型数据库产品有：Oracle、DB2、SQL Server、Access 和 MySQL 等。

4.1.2 非关系型数据库

非关系型数据库被简称为 NoSQL，最早在 1998 年由 Carlo Strozzi 提出这一说法，NoSQL 名字的含义是没有 SQL 功能。市面中的非关系型数据库产品有：redis、MongoDB 和 Neo4j 等。

（1）高性能并发读写

NoSQL 数据库使用 key-value 格式存储数据，这类数据库的特点是具有极高的并发读写性能。

（2）快速访问

NoSQL 数据库的最大特点是可以在海量的数据中快速查询数据，访问速度也比关系型数据库快。

（3）面向可扩展性的分布式数据库

NoSQL 数据库具有较强的可扩展性，可以适当地增加新结构和更新数据结构。

注意：在开发中小型 Web 程序时，关系型数据库和非关系型数据库的性能相当。但是在开发大型 Web 程序时，非关系型数据库的性能要优于关系型数据库，特别是大数据相关项目的数据存储。

4.2　Python 语言的数据库框架

在现实应用中，主流对数据库产品都提供了 Python 语言的对应接口，开发者可以在 Python 程序中直接使用这些数据库。如果这些接口无法满足需求，还可以使用数据库抽象层代码包，例如 SQLAlchemy 和 MongoEngine。在本节的内容中，将通过一个具体实例的实现过程，详细讲解在 Flask Web 程序中使用 Python 数据库接口操作数据的知识。

4.2.1　程序文件

本实例将实现一个简单的会员注册登录系统，将会员注册的信息保存到 SQLite3 数据库中。在表单中输入登录信息后，会将输入信息和数据库中保存的信息进行比对，如果一致则登录成功，否则提示"登录失败"。

Python 程序文件 flask6. py 的具体实现代码如下所示。

源码路径：daima\4\4-2\user

```
DBNAME = 'test.db'

app = flask.Flask(__name__)
app.secret_key = 'dfadff#$#5dgfddgssgfgsfgr4$T^% ^'

@app.before_request
def before_request():
    g.db = connect(DBNAME)
@app.teardown_request
def teardown_request(e):
    db =getattr(g,'db',None)
    if db:
        db.close()
    g.db.close()

@app.route('/')
def index():
    if 'username' in session:
        return "你好," + session['username'] + '<p><a href="/logout">注销</a></p>'
    else:
        return '<a href="/login">登录</a>,<a href="/signup">注册</a>'

@app.route('/signup',methods=['GET','POST'])
def signup():
    if request.method == 'GET':
        return render_template('signup.html')
```

```
            else:
                name = 'name' in request.form and request.form['name']
                passwd = 'passwd' in request.form and request.form['passwd']
                if name and passwd:
                    cur = g.db.cursor()
                    cur.execute('insert into user (name,passwd) values (?,?)',(name,passwd))
                    cur.connection.commit()
                    cur.close()
                    session['username'] = name
                    return redirect(url_for('index'))
                else:
                    return redirect(url_for('signup'))

@app.route('/login',methods = ['GET','POST'])
def login():
    if request.method == 'GET':
        return render_template('login.html')
    else:
        name = 'name' in request.form and request.form['name']
        passwd = 'passwd' in request.form and request.form['passwd']
        if name and passwd:
            cur = g.db.cursor()
            cur.execute('select * from user where name = ?',(name,))
            res = cur.fetchone()
            if res and res[1] == passwd:
                session['username'] = name
                return redirect(url_for('index'))
            else:
                return '登录失败!'
        else:
            return '参数不全!'
@app.route('/logout')
def logout():
    session.pop('username',None)
    return redirect(url_for('index'))

def init_db():
    if not os.path.exists(DBNAME):
        cur = connect(DBNAME).cursor()
        cur.execute('create table user (name text,passwd text)')
        cur.connection.commit()
        print('数据库初始化完成!')

if __name__ == '__main__':
    init_db()
    app.run(debug = True)
```

4.2.2　模板文件

本实例的功能用到了模板技术，其中用户注册功能的实现模板是 signup. html，具体实现代码如下所示。

```
<form method='post'>
<input type='text' name='name' placeholder='用户名' />
<input type='password' name='passwd' placeholder='密码' />
<input type='submit' value='注册' />
</form>
```

用户登录功能的实现模板是 login. html，具体实现代码如下所示。

```
<form method='post'>
<input type='text' name='name' placeholder='用户名' />
<input type='password' name='passwd' placeholder='密码' />
<input type='submit' value='登录' />
</form>
```

执行后将显示注册和登录链接，如图 4-1 所示。单击"注册"链接后，来到注册表单界面，如图 4-2 所示。

图 4-1　注册和登录链接　　　　　　　　图 4-2　注册表单界面

单击"登录"链接后，来到登录表单界面，如图 4-3 所示。登录成功后显示"你好，XXX"之类的提示信息，并显示"注销"链接。执行效果如图 4-4 所示。

图 4-3　登录表单界面　　　　　　　　图 4-4　登录成功界面

4.3　使用 Flask-SQLAlchemy 管理数据库

SQLAlchemy 是一个功能强大的关系型数据库框架，不但提供了高层 ORM 功能，而且也提供了使用数据库原生 SQL 的低层功能。在 Flask Web 程序中，使用 Flask-SQLAlchemy 扩展可以简化使用 SQLAlchemy 的步骤，提高开发效率。在本节的内容中，将详细讲解在 Flask Web 中使用 Flask-SQLAlchemy 的知识。

4.3.1　Flask-SQLAlchemy 基础

在使用 Flask-SQLAlchemy 之前，需要先使用如下 pip 命令进行安装。

```
pip install flask-sqlalchemy
```

在使用 Flask-SQLAlchemy 扩展时，需要使用 URL 设置要操作的数据库，使用 Flask-SQLAlchemy 连接主流数据库的语法如下。

● MySQL：

```
mysql://username:password@hostname/database
```

● Postgres：

```
postgresql://username:password@hostname/database
```

● SQLite（Unix）：

```
sqlite:////absolute/path/to/database
```

- SQLite（Windows）：

```
sqlite:///c:/absolute/path/to/database
```

对上述 URL 连接的具体说明如下。

- hostname：表示数据库服务器所在的主机，可以是本地主机（localhost），也可以是远程服务器。
- database：表示要连接的数据库名称。
- username 和 password：表示连接数据库的用户名和密码。

在 Flask Web 程序中，必须将连接数据库的 URL 保存到 Flask 配置对象的 SQLALCHEMY_DATABASE_URI 键中。在配置对象中可以将 SQLALCHEMY_COMMIT_ON_TEARDOWN 键的值设置为 True，这样在访问请求结束后会自动提交数据库中的变化。

注意：*因为 SQLite 数据库是一个轻量级产品，不需要使用服务器，所以在使用时无须设置 URL 中的 hostname、username 和 password 参数。URL 中的参数 database 是在硬盘的具体保存路径。*

4.3.2　定义模型

在软件开发领域中，将在程序中使用的持久化实体称为模型。在 Python 的 ORM 中，一个模型对应一个 Python 类，类中的各个属性分别对应数据库表中的列，这一点和 Django 框架中的 Models 类似。假如在程序中需要用到两个数据库表 rank 和 users，那么可以在 Python 程序中定义模型 Rank 和 User，例如下面的演示代码。

```python
class Rank(db.Model):
    __tablename__ = 'rank'
    id = db.Column(db.Integer, primary_key=True)
    name = db.Column(db.String(64), unique=True)
    users = db.relationship('User',backref='Rank', lazy='dynamic')

    def __repr__(self):
        return '<Rank % r>' % self.name
class User(db.Model):
    __tablename__ = 'users'
    id = db.Column(db.Integer, primary_key=True)
    username = db.Column(db.String(64), unique=True, index=True)
    Rank_id = db.Column(db.Integer, db.ForeignKey('Ranks.id'))

    def __repr__(self):
        return '<User % r>' % self.username
```

1）类变量__tablename__：用于定义在数据库中使用的数据库表的名字。如果没有定义__tablename__的名字，SQLAlchemy 会使用一个没有遵守使用复数形式进行命名约定的默认名字。

2）类变量 id、name、users：都是该模型中的属性，对应数据表中的属性成员。

3）db. Column：在类 db. Column 的构造函数中，其中第一个参数表示数据库列和模型属性的类型，在下面列出了一些常用的列类型以及在模型中使用的 Python 类型。

- Integer：表示 int 整数类型，一般是 32 位。
- SmallInteger：表示取值范围小的 int 整数类型，一般是 16 位。
- BigInteger：表示不限制精度的整数类型 int 或 long。
- Float：表示 float 浮点数类型。

- Numeric：表示 Decimal 类型。
- String：表示 str 变长字符串类型。
- Text：表示 str 变长字符串类型，但是和上面的 String 类型相比，此类型对较长或不限长度的字符串做了优化。
- Unicode：表示变长 Unicode 字符串类型。
- UnicodeText：表示变长 Unicode 字符串类型，但是和上面的 Unicode 类型相比，对较长或不限长度的字符串做了优化。
- Boolean：表示 bool 布尔值类型。
- Date：表示 datetime. date 日期类型。
- Time：表示 datetime. time 时间类型。
- DateTime：表示 datetime. datetime 日期和时间类型。
- Interval：表示 datetime. timedelta 时间间隔类型。
- Enum：表示一组字符串类型。
- PickleType：可以是任何 Python 对象类型，自动使用 Pickle 序列化保存的数据。
- LargeBinary：表示二进制文件类型。

另外，在 db. Column 中还包含了其余的参数，功能是指定属性的配置选项。下面列出了一些经常用到的选项。

- unique：如果将其属性设为 True，表示不允许在当前列中出现重复的值，反之为 False。
- index：如果将其属性设为 True，表示为当前列创建提升查询效率的索引，反之为 False。
- nullable：如果将其属性设为 True，表示当前列中可以使用空值，反之为 False。
- default：为当前列设置一个默认值。

注意：Flask-SQLAlchemy 规定，应为每个模型定义主键，这个主键通常被命名为 id。

4.3.3 关系

在 Flask Web 程序中，可以使用关系型数据库把不同表中的行联系起来。图 4-5 所示的关系图中，展示了用户和角色之间的一种关系。因为一个角色可属于多个用户，而每个用户只能有一个角色，所以在图中展示的只是角色到用户的一对多关系。

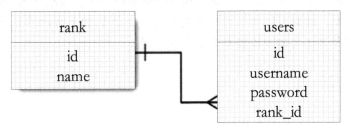

图 4-5 关系图

在下面的演示代码中，展示了图 4-5 中的一对多关系在模型类中的表示方法。

```
class Rank(db.Model):
# ...
users = db.relationship('User',backref='rank')
class User(db.Model):
# ...
Rank_id = db.Column(db.Integer, db.ForeignKey('rank.id'))
```

在图 4-5 所示的关系中，添加到模型 User 中的列 rank_id 被定义为外键，就是通过这个外键建立起了关系。传递给 db. ForeignKey( ) 方法的参数是 rank. id，表示此列显示的是表 Rank 中每一行数据的 id 值。

上面的方法 db. relationship( ) 有两个参数，具体说明如下所示。

- 参数 User：在定义类 Rank 的实例对象后，可以使用属性 users 表示与角色相关联的用户组成的列表。函数 db. relationship( ) 的第一个参数是 User，用于表示这个关系的另一端属于哪个模型。
- 参数 backref：在模型 User 中使用 Rank 属性定义反向关系，可以使用属性 Rank 代替 Rank_id 来访问 Rank 模型，此时获取的是模型对象，而不是外键的值。

在大多数情况下，函数 db. relationship( ) 可以独立找到关系中的外键，但是有时无法确定把哪一列作为外键。举个例子，假如在模型 User 中将两个或两个以上的列定义为模型 Rank 的外键，那么 SQLAlchemy 就无法确定应该使用哪一列作为外键，此时需要为函数 db. relationship( ) 提供额外的参数来设置使用哪个外键。

4.4 使用 Flask-SQLAlchemy 操作数据库

完成数据库关系图的配置工作后，接下来就可以随时使用这个数据库了。在本节的内容中，将详细介绍在 Python shell 中使用 Flask-SQLAlchemy 操作数据库的知识。

4.4.1 新建表

在 Flask-SQLAlchemy 中，可以通过方法 db. create_all( ) 根据模型类创建数据库。

```
python hello.py shell
>>> from hello import db
>>> db.create_all()
```

如果此时查看程序目录，会发现新建了一个名为 data. sqlite 的数据库文件。这是一个 SQLite 数据库文件，数据库名字是在 Flask 配置文件或配置变量中指定的。如果在数据库 data. sqlite 中已经存在了数据库表，那么方法 db. create_all( ) 不会重新创建或者更新这个表。但是如果希望在修改模型后把改动内容更新到现有的数据库中，方法 db. create_all( ) 的这一特性会带来很大的弊端。此时可以考虑另一种解决方案，例如如下所示的先删除旧表再重新创建新表的方法，但是这样会销毁数据库中原有的数据。

```
>>> db.drop_all()
>>> db.create_all()
```

4.4.2 添加行

在使用 Flask-SQLAlchemy 扩展时，可以通过如下命令创建新的角色和用户。

```
>>> from hello import Rank, User
>>> admin_rank = Rank(name='Admin')
>>> mod_rank = Rank(name='Moderator')
>>> user_rank = Rank(name='User')
>>> user_john = User(username='aaa', Rank=admin_rank)
>>> user_susan = User(username='bbb', Rank=user_rank)
>>> user_david = User(username='ccc', Rank=user_rank)
```

通过上述代码添加了 3 个用户 aaa、bbb 和 ccc，其中 aaa 是管理员。在创建过程中没有明确设定这些新建对象的 id 属性, 此时这些对象只是存在 Python 中, 还没有被写入到数据库中, 所以现在还没有给新建的用户 id 赋值, 例如使用 print 打印 rank. id 值时会显示 None。

```
>>> print(admin_rank.id)
None
>>> print(mod_rank.id)
None
>>> print(user_rank.id)
None
```

接下来可以使用数据库会话管理对数据库所做的改动, 在 Flask-SQLAlchemy 中使用 db. session 表示会话。再将上面新创建的用户写入数据库之前, 需要先将对象实例添加到会话中。

```
>>> db.session.add(admin_rank)
>>> db.session.add(mod_rank)
>>> db.session.add(user_rank)
>>> db.session.add(user_john)
>>> db.session.add(user_susan)
>>> db.session.add(user_david)
```

接下来使用方法 commit( ) 提交会话。

```
>>> db.session.commit()
```

此时已经把新建的用户对象写入数据库中, 如果这时再次打印输出 rank. id 的值, 会发现现在它们已经被赋值了。

```
>>> print(admin_rank.id)
1
>>> print(mod_rank.id)
2
>>> print(user_rank.id)
3
```

注意: 数据库会话的好处是能保证数据库的一致性, 提交操作使用原子方式把会话中的对象全部写入数据库。如果在写入会话的过程中发生错误, 那么整个会话都会失效。如果始终把相关改动放在会话中提交, 就可以避免因部分更新导致的数据库不一致性。

4.4.3　修改行

在使用 Flask-SQLAlchemy 扩展时, 可以修改某个对象的模型, 可以通过在数据库会话中调用 add( ) 实现。接下来继续在之前的 shell 命令行界面中进行操作, 例如在下面的例子中, 把 Admin 角色重命名为 Admin123。

```
>>> admin_rank.name = 'Admin123'
>>> db.session.add(admin_rank)
>>> db.session.commit()
```

4.4.4　删除行

在使用 Flask-SQLAlchemy 扩展时, 可以使用方法 delete( ) 删除数据库中名为 Moderator 的角色。

```
>>> db.session.delete(mod_rank)
>>> db.session.commit()
```

注意: 删除与插入和更新一样, 提交数据库会话后才会执行。

4.4.5　查询行

在使用 Flask-SQLAlchemy 扩展时，可以使用模型类的 query 对象查询数据库中的数据，例如下面的代码可以分别获取对应表 Rank 和 User 中的所有数据。

```
>>>Rank.query.all()
[<Rank u'Admin123'>, <Rank u'User'>]
>>> User.query.all()
[, ,
```

在 query 对象中可以使用配置过滤器实现更精确的数据库查询，例如在下面的代码中，查找了数据库中所有角色为 User 的用户。

```
>>> User.query.filter_by(Rank=user_rank).all()
[<User u'susan'>, <User u'david'>]
```

通过下面的演示代码，可以生成 SQLAlchemy 查询的原生 SQL 查询语句。

```
>>> str(User.query.filter_by(Rank=user_rank))
'SELECT users.id AS users_id, users.username AS users_username,
users.rank_id AS users_rank_id FROM users WHERE :param_1 = users.rank_id'
```

通过下面的演示代码，加载一个名为 User 的用户角色。

```
>>> user_Rank = Rank.query.filter_by(name='User').first()
```

在 query 对象中使用 filter_by() 等过滤器方法，可以查询到一个更精确的 query 对象。在 Flask Web 程序中，可以一次性调用多个过滤器实现复杂的查询功能。具体来说，在 Flask-SQLAlchemy 的 query 对象中可以调用如下所示的过滤器。

- filter()：把过滤器添加到原始查询上，返回一个新的查询。
- filter_by()：把指定值的过滤器添加到原始查询上，返回一个新的查询。
- limit()：使用指定的值来限制原始查询返回的结果数量，返回一个新的查询。
- offset()：偏移原始查询返回的结果，返回一个新的查询。
- order_by()：根据指定条件对原始查询结果进行排序，返回一个新的查询。
- group_by()：根据指定条件对原始查询的结果进行分组，返回一个新的查询。

在 Flask-SQLAlchemy 的查询语句中使用过滤器后，可以调用方法 all() 查询并显示能够以列表的形式返回的结果。在 Flask-SQLAlchemy 中，除了可以使用方法 all() 外，还可以在查询操作中使用如下所示的方法。

- all()：以列表的形式返回所有的查询结果。
- first()：返回查询结果中的第一个值，如果没有查询结果则返回 None。
- first_or_404()：返回查询结果中的第一个值，如果没有查询结果则终止请求，并返回 404 错误指示。
- get()：返回指定主键对应的行信息，如果没有对应的行则返回 None。
- get_or_404()：返回指定主键对应的行信息，如果没有对应的行则终止请求，并返回 404 错误提示。
- count()：返回查询结果的数量。
- paginate()：返回一个 Paginate 对象，它包含指定范围内的结果。

例如在下面的例子中，分别从关系的两端查询角色和用户之间的一对多关系。

```
>>> users = user_rank.users
>>> users
```

```
[<User u'aaa'>, <User u'bbb'>]
>>> users[0].rank
<Rank u'User'>
```

在上述代码中执行 user_rank. users 表达式时，隐式查询会调用 all( ) 方法返回一个用户列表。因为 query 对象是隐式查询，所以无法设置更精确的查询过滤器。针对上述演示过程，可以修改关系中的设置参数，例如在如下所示的代码中添加新的设置参数 lazy = 'dynamic'，这样可以禁止自动执行查询功能。

```
class Rank(db.Model):
# ...
users = db.relationship('User',backref ='rank', lazy='dynamic')
# ...
```

这样在配置关系之后，user_rank. users 会返回一个尚未执行的查询，因此可以在上面添加过滤器，代码如下所示。

```
>>> user_rank.users.order_by(User.username).all()
[<User u'aaa'>, <User u'bbb'>]
>>> user_rank.users.count()
2
```

4.4.6 在视图函数中操作数据库

在使用 Flask-SQLAlchemy 扩展时，可以在视图函数中使用本章前面介绍的数据库操作方法。例如在下面的实例中，展示了实现首页路由功能的方法，能够把在表单中输入的 username 写入数据库中。

```
@app.route('/', methods = ['GET', 'POST'])
def index():
    form =NameForm()
    if form.validate_on_submit():
        user = User.query.filter_by(username=form.name.data).first()
        if user is None:
            user = User(username = form.name.data)
            db.session.add(user)
            session['known'] = False
        else:
            session['known'] = True
        session['name'] = form.name.data
        form.name.data = ''
        return redirect(url_for('index'))
return render_template('index.html',
    form = form, name = session.get('name'),
    known = session.get('known', False))
```

在用户输入名字并提交表单后，会使用方法 filter_by( ) 在数据库中过滤查询提交的名字。使用 session 将变量 known 写入用户会话中，在 URL 重定向后可以把数据传给模板，用于显示自定义的欢迎消息。读者需要注意，要想正常运行上述程序，必须在 Python 命令行中创建数据库表。例如下面是上述视图代码对应的模板文件实现，使用参数 known 在欢迎消息中加入了第二行，从而可以对已知用户和新用户显示不同的内容。

```
{% extends "base.html" % }
{% import "bootstrap/wtf.html" as wtf % }
{% block title % }人生苦短{% endblock % }
{% block page_content % }
```

```
<div class = "page-header">
    <h1>Hello, {% if name % }{{ name }}{% else % }Stranger{% endif % }!</h1>
    {% if not known % }
    <p>初次见面!</p>
    {% else % }
    <p>很高兴见到你!</p>
    {% endif % }
</div>
{{wtf.quick_form(form) }}
{% endblock % }
```

4.4.7 使用 Flask-SQLAlchemy 实现一个简易登录系统

在下面的实例中，演示了使用 Flask-SQLAlchemy 扩展库实现一个简易登录系统的过程。

源码路径：daima\4\4-4\sql

1）首先看程序文件 hello. py，具体实现流程如下所示。

① 配置数据库，其中对象 db 是 Flask-SQLAlchemy 类的实例，表示程序使用的数据库，同时还获得了 Flask-SQLAlchemy 提供的所有功能，具体代码如下所示。

```
basedir = os.path.abspath(os.path.dirname(__file__))

app = Flask(__name__)
app.config['SECRET_KEY'] = 'hard to guess string'
app.config['SQLALCHEMY_DATABASE_URI'] = \
    'sqlite:///' + os.path.join(basedir, 'data.sqlite')
app.config['SQLALCHEMY_COMMIT_ON_TEARDOWN'] = True
app.config['SQLALCHEMY_TRACK_MODIFICATIONS'] = False

manager = Manager(app)
bootstrap = Bootstrap(app)
moment = Moment(app)
db = SQLAlchemy(app)
```

② 定义 Rank 和 User 模型，Flask-SQLAlchemy 创建的数据库实例为模型提供了一个基类以及一系列辅助类和辅助函数，可用于定义模型的结构。本实例中的数据库表 Ranks 和 users 可以分别定义为模型 Rank 和 User，具体代码如下所示。

```
class Rank(db.Model):
    __tablename__ = 'Ranks'
    id = db.Column(db.Integer, primary_key=True)
    name = db.Column(db.String(64), unique=True)
    users = db.relationship('User', backref='Rank', lazy='dynamic')
    def __repr__(self):
        return '<Rank % r>'% self.name

class User(db.Model):
    __tablename__ = 'users'
    id = db.Column(db.Integer, primary_key=True)
    username = db.Column(db.String(64), unique=True, index=True)
    Rank_id = db.Column(db.Integer, db.ForeignKey('Ranks.id'))

    def __repr__(self):
        return '<User % r>'% self.username
```

2）模板文件 index. html 非常简单，能够获取用户的登录信息并显示账户信息，具体实现代码如下所示。

```
<div class="page-header">
    <h1>Hello, {% if name % }{{ name }}{% else % }Stranger{% endif % }!</h1>
</div>
```

在浏览器中输入"http://127.0.0.1:5000/"后的执行
效果如图4-6所示。在表单中随便输入一个名字，例如输入
"aaa"并单击"提交"按钮后，会在表单上面显示对用户
"aaa"的欢迎信息，如图4-7所示。

如果在表单中输入另外一个名字，例如输入"bbb"，单击
"提交"按钮后会显示对用户"bbb"的欢迎信息。并在上方显
示"看来你改了名字!"的文本提示，如图4-8所示。

Hello, Stranger!

你叫什么名字？

| aaa | × |

提交

图 4-6　初始执行效果

Hello, aaa!

你叫什么名字？

| aaa | × |

提交

图 4-7　显示对用户"aaa"的欢迎信息

看来你改了名字! ×

Hello, bbb!

请输入名字？

| aaa | × |

图 4-8　修改名字时的提示信息

4.4.8　使用 Flask-SQLAlchemy 实现小型 BBS 系统

在下面的实例中，演示了使用 Flask-SQLAlchemy 扩展库实现 BBS 系统的过程。本实例不
但实现了会员注册和登录验证功能，而且还实现了发布 BBS 信息功能。

源码路径：daima\4\4-4\myBlog

1）首先看程序文件 123. py，使用 Flask-SQLAlchemy 根据类的代码创建数据库表，主要实现代
码如下所示。

```python
from flask import Flask
from flask_sqlalchemy import SQLAlchemy

app = Flask(__name__)
# url 的格式为"数据库的协议://用户名:密码@ip 地址:端口号(默认可以不写)/数据库名"
app.config["SQLALCHEMY_DATABASE_URI"] = "mysql://root:66688888@localhost/bloguser"
# 动态追踪数据库的修改,性能不好,且未来版本中会移除.因此目前只是为了解决控制台的提示才写的
app.config["SQLALCHEMY_TRACK_MODIFICATIONS"] = False
# 创建数据库的操作对象
db = SQLAlchemy(app)

class Category(db.Model):
    __tablename__ = 'b_category'
    id = db.Column(db.Integer, primary_key=True, autoincrement=True)
    title = db.Column(db.String(20), unique=True)
    content = db.Column(db.String(100))

    def __init__(self, title, content):
        self.title = title
        self.content = content

    def __repr__(self):
        return '<Category % r>' % self.title
```

69

```
class User(db.Model):
    __tablename__ = 'b_user'
    id = db.Column(db.Integer, primary_key=True, autoincrement=True)
    username = db.Column(db.String(10), unique=True)
    password = db.Column(db.String(16))

    def __init__(self, username, password):
        self.username = username
        self.password = password

    def __repr__(self):
        return '<User % r>' % self.username

@app.route('/')
def hello_world():
    return 'Hello World!'

if __name__ == '__main__':
    # 删除所有的表
    db.drop_all()
    # 创建表
    db.create_all()
```

执行后会在数据库 bloguser 中分别创建表 Category 和 User，并在表中分别创建对应的字段。

2）在文件 blog_message. py 中实现 URL 路径导航功能，每个页面的具体说明如下所示。

① 链接 "/" 实现系统主页视图，查询数据库内的所有 categorys 信息并显示出来，具体的实现代码如下所示。

```
@app.route('/')
def show_entries():
categorys = Category.query.all()        # 查询,并实例化
    print(categorys)
    return render_template('show_entries.html', entries=categorys)
```

② 链接 "/add_entry" 实现发布 BBS 信息功能视图，能够向数据库中添加新的 BBS 信息，具体的实现代码如下所示。

```
@app.route('/add_entry', methods=['POST'])
def add_entry():
    title = request.form['title']
    content = request.form['text']
    # 连接数据库
    category = Category(title, content)   # 实例化文本对象
    db.session.add(category)
    db.session.commit()
    flash('New entry was successfully posted')
    return redirect(url_for('show_entries'))
```

③ 链接 "/login" 实现用户登录表单视图，获取表单中的用户名和密码，然后验证在数据库中是否存在，具体的实现代码如下所示。

```
@app.route('/login', methods=['POST','GET'])
def login():
    error = None
    if request.method == "POST":
        username = request.form['username']
        password = request.form['password']
```

```
        user = User.query.filter_by(username=username).first()
        passwd = User.query.filter_by(password=password).first()

        if user is None:
            error = 'Invalid username'
        elif passwd is None:
            error = 'Invalid password'
        else:
            session['logged_in'] = True
            flash('You were logged in')
            return redirect((url_for('show_entries')))
    return render_template('login.html', error=error)
```

④ 链接 "/go2regist" 跳转到用户注册界面的模板文件 regist. html，具体的实现代码如下所示。

```
@app.route('/go2regist')
def go2regist():
    return render_template('regist.html')
```

⑤ 链接 "/regist" 跳转到用户注册验证界面视图，验证用户输入的注册数据是否合法，如果合法则将注册信息添加到数据库中，具体的实现代码如下所示。

```
@app.route('/regist', methods=['POST', 'GET'])
def regist():
    if request.method == 'POST':
        username = request.form['username']
        password = request.form['password']

        if username is None or password is None:
            error = 'username and password is empty!'
            return render_template('login.html', error=error)

        else:
            try:
                user = User(username, password)
                db.session.add(user)
                db.session.commit()
                flash('Youregist successfully!')
                return redirect(url_for('login'))
            except:
                flash('error')
                return redirect(url_for('login'))
```

⑥ 链接 "/logout" 实现用户注销功能，具体的实现代码如下所示。

```
@app.route('/logout')
def logout():
    session.pop('logged_in', None)
    flash('You were logged out')
    return redirect(url_for('show_entries'))
```

在浏览器中输入 "http://127.0.0.1:8000/" 来到系统主页，如图 4-9 所示。

用户登录界面如图 4-10 所示，用户注册界面如图 4-11 所示。

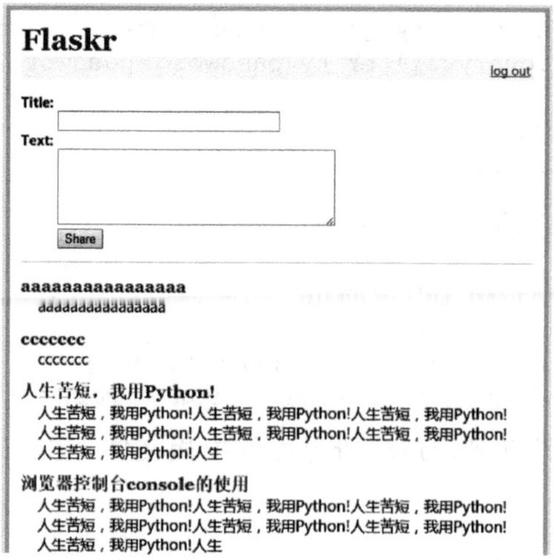

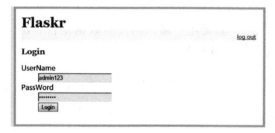

图 4-9 系统主页

图 4-10 用户登录界面 　　　　图 4-11 用户注册界面

4.5 将数据库操作集成到 Python shell

如果在每次启动 shell 会话命令时都需要导入数据库实例和模型，那么就会大大降低开发效率。为了避免发生重复导入的情况，可以将 Flask-Script 中的 shell 命令集成到一个对象中。在下面的内容中，将详细讲解将数据库操作集成到 Python shell 的知识。

如果想把 Flask 对象导入列表中，需要为 Python 的 shell 命令注册回调函数 make_context()，例如通过下面的代码为 shell 命令添加了一个上下文。

```
from flask.ext.script import Shell
def make_shell_context():
return dict(app=app, db=db, User=User, Rank=rank)
manager.add_command("shell", Shell(make_context=make_shell_context))
```

通过上述代码，函数 make_shell_context()注册了程序、数据库实例和模型，现在这些对象可以直接导入 shell，代码如下所示。

```
python hello.py shell
>>> app
<Flask 'app'>
>>> db
<SQLAlchemy engine='sqlite:////home/flask/data.sqlite'>
>>> User
<class 'app.User'>
```

注意：如果从 GitHub 中复制了某个程序的 Git 库，那么可以通过执行如下命令获取程序的当前版本。

```
git checkout 5c
```

4.6　使用 Flask-Migrate 实现数据库迁移

在程序开发过程中，经常需要对数据库的表结构进行修改，而每一次修改，都可能会影响到已经完成的程序。通过数据库迁移可以用一种非常优雅的方式来完成数据库的更新，极大地方便我们的开发。常用的数据库迁移框架有 SQLAlchemy 提供的 Alembic 和 Flask 专用的 Flask-Migrate 扩展。Flask-Migrate 扩展对 Alembic 实现了轻量级包装，并集成到 Flask-Script 中，所有操作都通过 Flask-Script 命令来完成。在本节的内容中，将详细讲解使用 Flask-Migrate 实现数据库迁移的过程。

4.6.1　创建 Virtualenv 虚拟环境

虚拟环境是一个将不同项目所需求的依赖分别放在独立的地方的一个工具，它给这些工程创建虚拟的 Python 环境。它解决了"项目 X 依赖于版本 1.x，而项目 Y 需要版本 4.x"的两难问题，而且使全局 site-packages 目录保持干净和可管理。

Virtualenv 是一个创建独立的 Python 环境的工具。通过使用 Virtualenv 可以创建一个包含所有必要的可执行文件的文件夹。安装 Virtualenv 的命令如下所示。

```
pip install virtualenv
```

通过下面的命令为一个工程创建一个虚拟环境。

```
$cd my_project_dir
$virtualenv venu     # venu 为虚拟环境的目录名,目录名可以自定义
```

通过上述 virtualenv venu 命令会在当前的目录中创建一个文件夹，在里面包含了 Python 的可执行文件，以及 pip 库的一份拷贝，这样就可以在虚拟目录中安装其他包了。虚拟环境的名字（此例中是 venu）可以是任意的，如果省略名字将会把文件均放在当前目录。

4.6.2　创建迁移仓库

在使用 Virtualenv 创建虚拟环境目录后，定位来到虚拟目录，然后使用如下命令安装 Flask-Migrate。

```
(venu)pip install flask-migrate
```

下面是初始化 Flask-Migrate 扩展的演示代码。

```
from flask.ext.migrate import Migrate,MigrateCommand
# ...
migrate = Migrate(app, db)
manager.add_command('db',MigrateCommand)
```

为了导出数据库迁移命令，在 Flask-Migrate 中提供了类 MigrateCommand，可以附加到 Flask-Script 的 manager 对象上。在上述代码中，类 MigrateCommand 使用 db 命令实现附加功能。

在维护数据库迁移之前，需要使用子命令 init 创建迁移仓库，代码如下所示。

```
(venu)$python hello.py db init
Creating directory /home/flask/flasky/migrations...done
Creating directory /home/flask/flasky/migrations/versions...done
```

```
Generating /home/flask/flasky/migrations/alembic.ini...done
Generating /home/flask/flasky/migrations/env.py...done
Generating /home/flask/flasky/migrations/env.pyc...done
Generating /home/flask/flasky/migrations/README...done
Generating /home\flask/flasky/migrations/script.py.mako...done
Please edit configuration/connection/logging settings in
'/home/flask/flasky/migrations/alembic.ini' before proceeding.
```

通过上述命令会创建文件夹 migrations，所有的迁移脚本都存放在里面。在数据库迁移仓库中的文件，需要和程序的其他文件一起纳入到版本控制中。

4.6.3 创建迁移脚本

在 Alembic 中，使用迁移脚本表示数据库迁移。在脚本中有两个函数，分别是 upgrade( ) 和 downgrade( )。其中函数 upgrade( ) 的功能是把迁移中的改动应用到数据库中，函数 downgrade( ) 的功能是将改动删除。因为 Alembic 具有添加和删除改动的功能，所以可以将数据库重设到修改记录中的任意位置点。

可以使用 revision 命令手动创建 Alembic 迁移，也可使用 migrate 命令自动创建。手动创建的迁移只是一个骨架，函数 upgrade( ) 和 downgrade( ) 都是空的，开发者要使用 Alembic 提供的 Operations 对象指令实现具体操作。自动创建的迁移会根据模型定义和数据库的当前状态之间的差异生成 upgrade( ) 和 downgrade( ) 函数的内容。

注意：因为有可能会漏掉一些细节，所以不能保证自动创建的迁移总是正确的。在使用自动生成迁移脚本后，一定要仔细检查所有操作，避免遗漏细节。

4.6.4 更新数据库

检查并修改好迁移脚本后，可以使用 db upgrade 命令把迁移应用到数据库中，代码如下所示。

```
(venu)$python hello.py db upgrade
INFO [alembic.migration] Contextimpl SQLiteImpl.
INFO [alembic.migration] Will assume non-transactional DDL.
INFO [alembic.migration] Running upgrade None -> 1bc594146bb5, initial migration
```

对于第一个迁移来说，其具体作用和调用 db. create_all( ) 方法一样。但是在后续的迁移中，upgrade 命令能够把改动应用到数据库中，而且不影响其中保存的数据。

在下面的实例中，演示了使用 Flask-Migrate 和 Flask-Script 实现数据库迁移的过程。

源码路径：daima\4\4-6

1）在项目中新建配置文件 config. py，将相关的数据库、连接等信息写入配置文件。文件 config. py 的具体实现代码如下所示。

```
DB_USER = 'root'
DB_PASSWORD = '66688888'
DB_HOST = 'localhost'
DB_DB = 'test'
DEBUG = True
SQLALCHEMY_TRACK_MODIFICATIONS = False
SQLALCHEMY_DATABASE_URI = 'mysql://' + DB_USER + ':' + DB_PASSWORD + '@' + DB_HOST + '/' + DB_DB
```

2）因为在数据库迁移和接口实现的过程中都会用到数据模型，所以建议把数据模型单独抽取出来，作为单独文件，以备后续复用。新建文件 model. py，定义 SQLAlchemy 实例及数据模型。文件 model. py 的具体实现代码如下所示。

```
from flask_sqlalchemy import SQLAlchemy
db = SQLAlchemy()
class User(db.Model):
    user_id = db.Column(db.Integer, primary_key=True)
    user_name = db.Column(db.String(60),nullable=False)
    user_password = db.Column(db.String(30),nullable=False)
    user_nickname = db.Column(db.String(50))
    user_email = db.Column(db.String(30),nullable=False)
```

通过上述代码，定义一个用户表数据模型 User，里面的每个属性和数据库表 uesr 中的列一一对应。

3）新建数据库迁移配置文件 db. py，使用 Flask-Script 整合 Flask-Migrate，添加自定义操作命令 db 来实现数据库迁移。文件 db. py 的具体实现代码如下所示。

```
app = Flask(__name__)
app.config.from_object('config')

migrate = Migrate(app, db)
manager = Manager(app)
manager.add_command('db',MigrateCommand)

if __name__ == '__main__':
    manager.run()
```

4）使用如下命令行实现数据库迁移。

```
python db.py db init
python db.py db migrate
python db.py db upgrade
```

运行上面的命令后，可以看到数据库 test 中新建了一个 user 表，表结构就是数据模型 model. py 中定义的数据结构，如图 4-12 所示。

图 4-12　在数据库 test 中自动新建表 user

4.7　使用 CouchDB 数据库

Apache CouchDB 数据库类似于 redis 和 MongoDB，是一个典型的 NoSQL 数据库。在 Flask Web 程序中，可以使用 Flask-CouchDB 扩展快速建立和 CouchDB 数据库的连接与操作。在本节的内容中，将详细讲解使用 Flask-CouchDB 扩展操作 CouchDB 数据库的知识。

4.7.1　搭建开发环境

1）在使用 CouchDB 数据库之前需要安装 CouchDB，读者可登录 CouchDB 官网 http://

couchdb. apache. org/# download 进行下载，如图 4-13 所示。

图 4-13 CouchDB 官网

2）读者可以根据自己计算机的系统选择下载的版本，例如成功下载 Windows 系统版本安装文件后，会得到一个 ".msi" 格式的安装文件。双击这个文件，按照默认设置即可安装 CouchDB。

3）安装完成后，CouchDB 本地数据库服务器的访问地址是 "http://127.0.0.1:5984"。在浏览器中输入 "http://127.0.0.1:5984/_utils/" 后显示当前本地 CouchDB 服务器中的数据库信息，如图 4-14 所示。

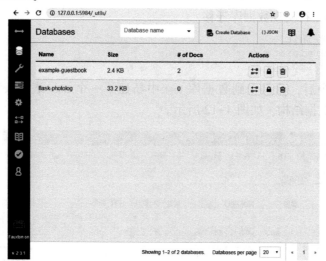

图 4-14 本地 CouchDB 服务器

4）然后通过如下命令安装 Flask-CouchDB。

```
pip install flask_couchdb
```

4.7.2 图书发布系统

在下面的实例中，演示了使用 Flask 和 Flask-CouchDB 开发一个简易图书发布系统的过程。

源码路径：daima\4\4-7\kuo——flask

1）编写文件 photolog. py，具体实现流程如下所示。

① 设置应用程序的名字，配置 CouchDB 数据库的连接参数，具体实现代码如下所示。

```
app = Flask(__name__)

COUCHDB_SERVER = 'http://127.0.0.1:5984/'
COUCHDB_DATABASE = 'example-guestbook'
SECRET_KEY = 'set this to something secret'

app.config.from_object(__name__)
```

② 实现数据库 Model 模型，设置数据库表中的每个成员类型，具体实现代码如下所示。

```
class Signature(Document):
    doc_type = 'signature'

    message = TextField()
    author = TextField()
    time = DateTimeField(default=datetime.datetime.now)

    all = ViewField('guestbook', '''
        function (doc) {
            if (doc.doc_type == 'signature') {
                emit(doc.time, doc);
            };
        }''', descending=True)
manager = CouchDBManager()
manager.add_document(Signature)
manager.setup(app)
```

③ 定义 views 视图，设置首页指向的模板文件 display.html，具体实现代码如下所示。

```
@app.route('/')
def display():
    page = paginate(Signature.all(), 5, request.args.get('start'))
    return render_template('display.html', page=page)
```

④ 获取表单中的信息，验证表单中的数据不能为空，将表单中的合法数据添加到 CouchDB 数据库中，具体实现代码如下所示。

```
@app.route('/', methods=['POST'])
def post():
    message = request.form.get('message')
    author = request.form.get('author')
    if not message or not author:
        flash("You must fill in both a message and an author")
    else:
        signature = Signature(message=message, author=author)
        signature.store()
        flash("Signature stored")
    return redirect(url_for('display'))
```

2）编写模板文件 display.html，显示一个发布图书信息的表单，并在表单下方显示数据库中已经存在的图书信息。display.html 的具体实现代码如下所示。

```
<form method=post action="{{ url_for('post') }}">
    <dl>
        <dt><label for=author>书名</label>
        <dd><input type=text name=author>

        <dt><label for=message>简介</label>
        <dd><textarea name=message rows=10 cols=40></textarea>
    </dl>
    <p><input type=submit value=发布>
</form>
<h2>图书列表</h2>
```

77

```
<ul>
{% - for signature in page.items % }
    <li><p>{{ signature.message }}
        <p><strong>{{ signature.author }}</strong>
            on {{ signature.time.strftime('% A, % B % d at % I:% M:% S % p') }}
{% -endfor % }
</ul>
<p>
    {% if page.prev % }<a href ="{{ url_for('display', start =page.prev) }}">&laquo; 上一个
</a>{% endif % }
    {% if page.next % }<a href ="{{ url_for('display', start =page.next) }}">下一个 &raquo;
</a>{% endif % }
```

执行后将显示一个图书发布表单，在下方显示数据库中已经存在的图书信息，如图 4-15 所示。在 CouchDB 数据库中会保存已经发布的图书信息，如图 4-16 所示。

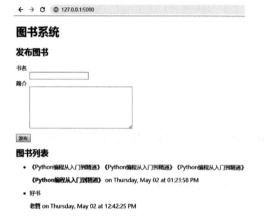

图 4-15　发布图书表单　　　　　　　　　　图 4-16　数据库中保存的图书信息

注意：读者运行时可能会出现如下错误提示。

```
AttributeError:'collections.defaultdict' object has no attribute 'itervalues'
```

这是因为安装的 Flask-CouchDB 版本比较旧，只需打开本地 Python 库安装目录中的文件"site-packages\flaskext\couchdb. py"，将其中如下所示的代码。

```
.itervalues()
```

修改为如下代码即可。

```
m.values()
```

4.7.3　文件上传系统

在下面的实例中，使用 Flask-Uploads 和 CouchDB 数据库实现了一个文件上传系统。
源码路径：daima\4\4-7\up
1）编写文件 photolog. py，具体实现流程如下所示。
① 实现系统配置，设置密钥、上传目录、用户名和密码等信息，具体实现代码如下所示。

```
DEBUG = False
SECRET_KEY = ('\xa3 \xb6 \x15 \xe3E \xc4 \x8c \xbaT \x14 \xd1:'
            '\xafc \x9c |. \xc0H \x8d \xf2 \xe5 \xbd \xd5)
UPLOADED_PHOTOS_DEST = '/tmp/photolog'
ADMIN_USERNAME = 'admin'
ADMIN_PASSWORD = 'admin'
```

② 设置 CouchDB 数据库的链接地址和数据库名，具体实现代码如下所示。

```
COUCHDB_SERVER = 'http://127.0.0.1:5984/'
COUCHDB_DATABASE = 'flask-photolog'
```

③ 定义数据 Model 模型，设置数据库表 Post 和其中的列，具体实现代码如下所示。

```
class Post(Document):
    doc_type = 'post'
    title =TextField()
    filename =TextField()
    caption =TextField()
    published =DateTimeField(default =datetime.datetime.utcnow)
    @property
    def imgsrc(self):
        return uploaded_photos.url(self.filename)

    all =ViewField('photolog', '''\
        function (doc) {
            if (doc.doc_type == 'post')
                emit(doc.published, doc);
        }''', descending =True)
manager.add_document(Post)
manager.setup(app)
```

④ 设置函数 to_index() 对应主页，使用函数 login_handle() 判断用户是否已经登录，具体实现代码如下所示。

```
def to_index():
    return redirect(url_for('index'))
@app.before_request
def login_handle():
    g.logged_in = bool(session.get('logged_in'))
```

⑤ 实现 URL 链接对应的 Views 视图，其中函数 index() 对应主界面模板文件 index.html，具体实现代码如下所示。

```
@app.route('/')
def index():
    posts = Post.all()
    return render_template('index.html', posts =posts)
```

⑥ 函数 new() 对应上传图片模板文件 new.html，能够获取上传表单中的数据信息，并将这些数据添加到 CouchDB 数据库中，具体实现代码如下所示。

```
@app.route('/new', methods = ['GET', 'POST'])
def new():
    if request.method == 'POST':
        photo = request.files.get('photo')
        title = request.form.get('title')
        caption = request.form.get('caption')
        if not (photo and title and caption):
            flash("You must fill in all the fields")
        else:
            try:
                filename = uploaded_photos.save(photo)
            except UploadNotAllowed:
                flash("The upload was not allowed")
            else:
                post = Post(title=title, caption = caption, filename=filename)
                post.id = unique_id()
```

```
            post.store()
            flash("Post successful")
            return to_index()
    return render_template('new.html')
```

⑦ 函数 login( )对应登录界面模板文件 login.html，能够获取并验证用户的登录信息，如果已经登录则将登录状态设置为 True，并使用 session 存储登录状态值，具体实现代码如下所示。

```
@app.route('/login', methods = ['GET', 'POST'])
def login():
    if session.get('logged_in'):
        flash("You are already logged in")
        return to_index()
    if request.method == 'POST':
        username = request.form.get('username')
        password = request.form.get('password')
        if (username == app.config['ADMIN_USERNAME'] and
            password == app.config['ADMIN_PASSWORD']):
            session['logged_in'] = True
            flash("Successfully logged in")
            return to_index()
        else:
            flash("Those credentials were incorrect")
    return render_template('login.html')
```

⑧ 函数 logout( )用于注销用户的登录信息，具体实现代码如下所示。

```
@app.route('/logout')
def logout():
    if session.get('logged_in'):
        session['logged_in'] = False
        flash("Successfully logged out")
    else:
        flash("You weren't logged in to begin with")
    return to_index()
```

2）在浏览器输入"http://127.0.0.1:5000/login"后会显示登录表单界面，如图 4-17 所示。设置的用户名和密码都是 aaa。

图 4-17　登录表单界面

3）用户登录后，在浏览器输入"http://127.0.0.1:5000/new"后会显示文件上传界面，在此可以选择要上传的图片，如图 4-18 所示。上传后的图片信息保存在 CouchDB 数据库中。

图 4-18 文件上传界面

4）如果已经上传了多幅图片，在浏览器输入"http://127.0.0.1:5000/"后会在系统主页显示已经上传的图片，如图 4-19 所示。

图 4-19 系统主页

4.8 Virtualenv+Flask+MySQL+SQLAlchemy 信息发布系统

在本节内容中，将通过一个信息发布系统的具体实现过程，详细讲解使用 Flask 技术实现动态 Web 项目的方法。读者可以在此实例的基础上进行升级，可以将其改造为 BBS 论坛系统或新闻系统。

源码路径：daima\4\4-8

4.8.1 使用 Virtualenv 创建虚拟环境

本实例是一个小型的信息发布系统，是 BBS 论坛的浓缩版，采用 Python+Flask+MySQL 进行开发，前端用的是 Bootstrap 框架，界面比较简单。用户可以发布问题信息，也可以在发布的问题后面进行留言。本实例主要的功能包括：新用户注册、用户登录、首页界面、发布问题、查询问题、问题评论和头像显示等功能。

为了避免本项目污染 Python 环境，建议读者在 Virtualenv 创建的虚拟环境下运行本项目。具体流程如下所示。

1）使用如下所示的命令安装 Virtualenv。

```
pip install virtualenv
```

使用 CD 命令进入一个准备创建虚拟 Python 环境的文件夹下面，例如本地 D 盘的 virtualenv 目录。

```
D:>cd virtualenv
D:\virtualenv>virtualenv venu
```

注意：使用 Virtualenv 创建的虚拟环境与主机的 Python 环境完全无关，在主机配置的库不能在 Virtualenv 中直接使用，需要在虚拟环境中利用 pip install 命令再次安装配置后才能使用。

2）本实例所需要的安装框架信息保存在文件中，用 CMD 命令定位到上面刚刚创建的 Virtualenv 虚拟环境中，然后运行如下所示的命令安装本实例所需要的各种库。

```
pip install -r requirements.txt
```

3）开始在 PyCharm 中使用配置好的 Virtualenv 环境，首先打开 "setting" 面板添加本地 Python 环境。在 "Project Interpreter" 中选择前面刚刚创建的虚拟环境，然后单击 "OK" 按钮，如图 4-20 所示。在此需要注意，随着时间的推移，很多库可能出现了较新的版本，可以直接在此界面中单击上箭头图标 进行升级。

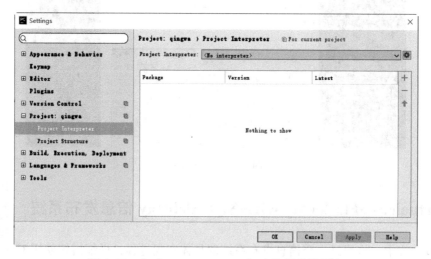

图 4-20 在 "Project Interpreter" 中选择虚拟环境

4.8.2 使用 Flask 实现数据库迁移

通过使用 Flask 中强大的 SQLAlchemy 可以轻松实现数据库迁移，具体流程如下所示。

1）在安装好 MySQL 数据库软件后首先创建一个数据库，在 MySQL 命令行中输入如下所示的命令。

```
create database db_demo8 charset urf-8;
```

通过上述命令创建了一个名为 db_demo8 的数据库。

2）使用 Flask 中的 SQLAlchemy 实现数据库的迁移，具体命令如下所示。

```
python manage.py db init       # 创建迁移的仓库
python manage.py db migrate    # 创建迁移的脚本
python manage.py db upgrade    # 更新数据库
```

如果出现 "alembic. util. exc. CommandError：Directory migrations already exists" 错误，只需执行前面的第 3 条命令行 "python manage. py db upgrade" 实现数据库更新即可。数据迁移成功后会在 MySQL 数据库中成功创建指定的数据表，如图 4-21 所示。

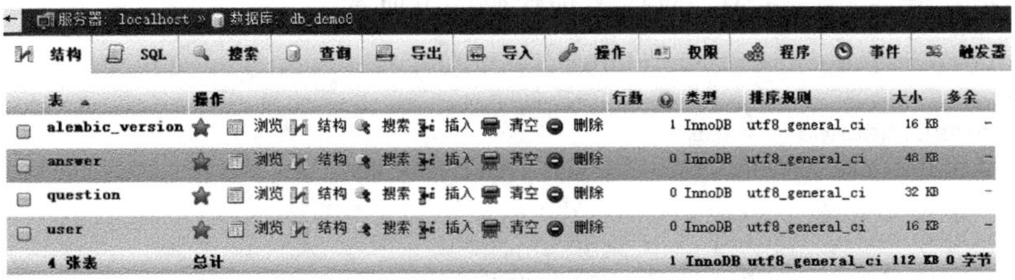

图 4-21　迁移后成功创建指定的数据表

实现数据迁移功能的代码保存在 migrations 目录下，主要功能是实现数据表的创建。例如文件 6f25708c588d_. py 的功能是创建 user 和 question 两个数据库表，主要实现代码如下所示。

```
def upgrade():
    #### Alembic 自动生成的命令！###
    op.create_table('user',
    sa.Column('id', sa.Integer(),nullable=False),
    sa.Column('telephone', sa.String(length=11),nullable=False),
    sa.Column('username', sa.String(length=50),nullable=False),
    sa.Column('password', sa.String(length=10),nullable=False),
    sa.PrimaryKeyConstraint('id')
    )
    op.create_table('question',
    sa.Column('id', sa.Integer(),nullable=False),
    sa.Column('title', sa.String(length=100),nullable=False),
    sa.Column('content', sa.Text(),nullable=False),
    sa.Column('create_time', sa.DateTime(),nullable=True),
    sa.Column('author_id', sa.Integer(),nullable=True),
    sa.ForeignKeyConstraint(['author_id'], ['user.id'], ),
    sa.PrimaryKeyConstraint('id')
    )
```

4.8.3　具体实现

1）在文件 config. py 中编写数据库连接参数，实现和指定数据库的连接，具体实现代码如下所示。

```
import os
DEBUG = True
SECRET_KEY = os.urandom(24)
SQLALCHEMY_DATABASE_URI = 'mysql+pymysql://root:66688888@localhost/db_demo8'
SQLALCHEMY_TRACK_MODIFICATIONS = True
```

在上述代码中，root 表示登录 MySQL 数据库的用户名，66688888 表示登录密码，localhost 表示服务器地址，db_demo8 表示数据库名。

2）在文件 platform. py 中实现本项目的各功能模块，具体实现流程如下所示。

① 通过函数 index( ) 加载系统主页模板，将发布的问题按照发布时间进行排序，具体实现代码如下所示。

```
@app.route('/')
def index():
    context = {
        'questions': Question.query.order_by('-create_time').all()
    }
    return render_template('index.html', * * context)
```

② 通过函数 login( ) 加载用户登录页面模板，获取用户在表单中输入的电话和密码，合法后则将登录数据存储在 session 中，具体实现代码如下所示。

```
@app.route('/login/', methods = ['GET', 'POST'])
def login():
    if request.method == 'GET':
        return render_template('login.html')
    else:
        telephone = request.form.get('telephone')
        password = request.form.get('password')
        user = User.query.filter(User.telephone == telephone, User.password ==
                            password).first()
        if user:
            session['user_id'] = user.id
            # 如果在 31 天内都不需要登录
            session.permanent = True
            return redirect(url_for('index'))
        else:
            return u'手机号码或者密码错误,请确认后再登录'
```

③ 通过函数 regist( ) 加载新用户注册页面模板，获取用户在表单中输入的注册信息，如果手机号码已经注册过则提示更换手机信息，并验证两次输入的密码是否一致。注册成功后将表单中的信息添加到数据库中，具体实现代码如下所示。

```
@app.route('/regist/', methods = ['GET', 'POST'])
def regist():
    if request.method == 'GET':
        return render_template('regist.html')
    else:
        telephone = request.form.get('telephone')
        username = request.form.get('username')
        password1 = request.form.get('password1')
        password2 = request.form.get('password2')
        # 手机号码验证,如果被注册了就不能用了
        user = User.query.filter(User.telephone == telephone).first()
        if user:
            return u'该手机号码已被注册,请更换手机'
        else:
            # password1 要和 password2 相等才可以
            if password1 != password2:
                return u'两次密码不相等,请核实后再填写'
            else:
                user=User(telephone=telephone, username=username, password=password1)
                db.session.add(user)
                db.session.commit()
```

```
# 如果注册成功,就跳转到登录的页面
return redirect(url_for('login'))
```

④ 通过函数 logout( )实现用户注销功能,首先判断用户是否登录,如果已经登录,则从 session 清空登录数据即可,具体实现代码如下所示。

```
@app.route('/logout/')
def logout():
    # session.pop('user_id')
    # del session('user_id')
    session.clear()
    return redirect(url_for('login'))
```

⑤ 通过函数 question( )加载问题发布页面模板,分别获取在表单中输入的问题标题、内容、发布者信息,并将获取的信息添加到数据库中,具体实现代码如下所示。

```
@app.route('/question/', methods=['GET', 'POST'])
@login_required
def question():
    if request.method == 'GET':
        return render_template('question.html')
    else:
        title = request.form.get('title')
        content = request.form.get('content')
        question = Question(title=title, content=content)
        user_id = session.get('user_id')
        user = User.query.filter(User.id == user_id).first()
        question.author = user
        db.session.add(question)
        db.session.commit()
        return redirect(url_for('index'))
```

⑥ 通过函数 detail( )显示某条发布的问题的详情信息,具体实现代码如下所示。

```
@app.route('/detail/<question_id>/')
def detail(question_id):
    question_model = Question.query.filter(Question.id == question_id).first()
    return render_template('detail.html', question=question_model)
```

⑦ 通过函数 add_answer( )向数据库中添加针对某条问题发布评论的信息,具体实现代码如下所示。

```
@app.route('/add_answer/', methods=['POST'])
@login_required
def add_answer():
    content = request.form.get('answer_content')
    question_id = request.form.get('question_id')
    answer = Answer(content=content)
    user_id = session['user_id']
    user = User.query.filter(User.id == user_id).first()
    answer.author = user
    question = Question.query.filter(Question.id == question_id).first()
    answer.question = question
    db.session.add(answer)
    db.session.commit()
    return redirect(url_for('detail', question_id=question_id))
```

⑧ 通过函数 search( ) 快速查找当前系统中某个关键字的信息，具体实现代码如下所示。

```
@app.route('/search/')
def search():
    q = request.args.get('q')
    # title, content
    # "或"查找方式(通过标题和内容来查找)
    # questions = Question.query.filter(or_(Question.title.contains(q),
    #                 Question.content.constraints(q))).order_by('-create_time')
    # "与"查找方式(只能通过标题来查找)
        questions = Question.query.filter (Question.title.contains (q),
Question.content.contains(q))
        return render_template('index.html', questions=questions)
```

⑨ 定义钩子函数 my_context_processor( )，具体实现代码如下所示。

```
# 钩子函数(注销)
@app.context_processor
def my_context_processor():
    user_id = session.get('user_id')
    if user_id:
        user = User.query.filter(User.id == user_id).first()
        if user:
            return {'user': user}
    return {}
```

3）模板文件 base.html 用于实现 Web 导航功能，模板文件 index.html 用于实现系统主页效果。系统主页的执行效果如图 4-22 所示。

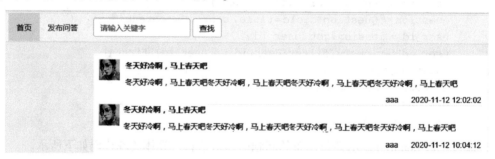

图 4-22 系统主页的执行效果

4）模板文件 detail.html 用于实现某条问题的详情效果，在主页中单击某条问题后会显示这个问题的详情页面，执行效果如图 4-23 所示。

5）模板文件 question.html 用于实现问题发布效果，执行效果如图 4-24 所示。

图 4-23 问题详情页面　　　　　　　　　　图 4-24 问题发布表单界面

6）模板文件 login.html 用于实现用户登录页面效果，执行效果如图 4-25 所示。

7）模板文件 regist.html 用于实现会员用户注册页面效果，执行效果如图 4-26 所示。

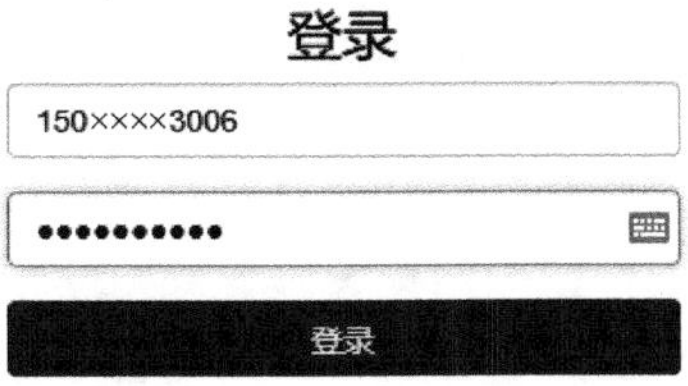

注册

| 手机号码 |
| 用户名 |
| 密码 |
| 确认密码 |

立即注册

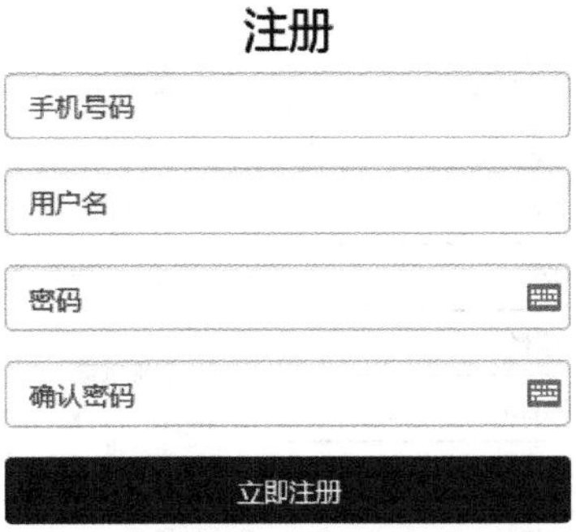

图 4-26　用户注册页面效果

登录

| 150××××3006 |
| •••••••••• |

登录

图 4-25　用户登录页面效果

4.9　流行电影展示系统

在下面的实例中，使用 Flask 框架开发了一个流行电影展示系统，电影信息来自电影资源库 TheMovieDB。为了能够及时获取最新的电影信息，本实例将以世界上知名的电影数据库分享平台 TheMovieDB（https://www.themoviedb.org/）作为信息来源，在网页中展示真实、及时和海量的影片信息。

源码路径：**daima\4\4-9\movie03**

4.9.1　TheMovieDB 简介

TheMovieDB 电影数据库分享平台是一个成立于 2008 年的电影资料查询网站，其提供高分辨率的电影海报和电影艺术图片资源，除了是一个电影数据库资源网站外，也是一个电影海报资源分享网站。TheMovieDB 提供了大量的 API 供开发者使用，开发者通过 TheMovieDB API 可以直接调用里面的数据信息显示在自己的应用程序中。TheMovieDB API 可以为多种开发语言和应用类别使用，并且为市面中的主流开发语言提供了开发实例。

4.9.2　开发流程介绍

1）登录 TheMovieDB 网站（https://www.themoviedb.org/）注册成为一名开发者会员。

2）在会员中心创建一个工程，然后申请一个合法的 API 密钥，TheMovieDB 会提供对应的范例 API 请求，如图 4-27 所示。

3）在会员中心单击"Apiary 文档"链接来到页面 http://docs.themoviedb.apiary.io/，在此可以了解通过 API 获取 TheMovieDB 各类信息的方法。例如依次单击左侧导航中的"Movies""/movie/popular"等，然后单击中间的"GET"链接，在右侧会提供一个如下所示的代码指令，如图 4-28 所示。

```
http://api.themoviedb.org/3/movie/popular
```

上述代码指令的功能是获取 TheMovieDB 信息库中流行电影的信息，当在项目中使用上述指令时，需要在指令的后面加上"?api_key＝API 密钥"，例如在本实例中通过如下指令获取了 TheMovieDB 信息库中流行电影的信息。

```
http://api.themoviedb.org/3/movie/popular?api_key=11de15b832e0eba51c3619d5d805e30d
```

在上述指令中，等号＝后面的字符串就是笔者申请的 API 密钥。如果将上述指令在浏览器中执行，会得到一个 JSON 数据文件，如图 4-29 所示。

图 4-27　TheMovieDB API 密钥

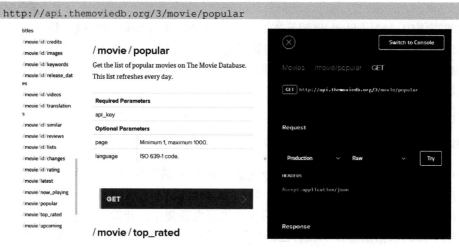

图 4-28　获取的代码指令

图 4-29　JSON 数据文件

　　上述文件显得比较混乱，可以使用在线 JSON 校验工具进行处理，校验处理后会得到如下所示的文件。

```
{
    "page":1,
    "results":[
        {
            "poster_path":"/cGOPbv9wA5gEejkUN892JrveARt.jpg",
            "adult":false,
            "overview":" Fearing the actions of a god - like Super Hero left
unchecked, Gotham City's own formidable, forceful vigilante takes on Metropolis's
most revered, modern-day savior, while the world wrestles with what sort of hero it re-
ally needs. And with Batman and Superman at war with one another, a new threat quickly
arises, putting mankind in greater danger than it's ever known before.",
            "release_date":"2016-04-23",
            "genre_ids":[
                28,
                12,
                14
            ],
            "id":209112,
            "original_title":"Batman v Superman: Dawn of Justice",
            "original_language":"en",
            "title":"Batman v Superman: Dawn of Justice",
            "backdrop_path":"/vsjBeMPZtyB7yNsYY56XYxifaQZ.jpg",
            "popularity":34.286549,
            "vote_count":3121,
            "video":false,
            "vote_average":5.52
        },
        {
            "poster_path":"/6FxOPJ9Ysilpq0IgkrMJ7PubFhq.jpg",
            "adult":false,
            "overview":"Tarzan, having acclimated to life in London, is called back
to his former home in the jungle to investigate the activities at a mining encampment.",
            "release_date":"2016-06-29",
            "genre_ids":[
                28,
                12
            ],
            "id":258489,
            "original_title":"The Legend of Tarzan",
            "original_language":"en",
            "title":"The Legend of Tarzan",
            "backdrop_path":"/75GFqrnHMKqkcNZ2wWefWXfqtMV.jpg",
            "popularity":31.72004,
            "vote_count":815,
            "video":false,
            "vote_average":4.74
        },
        {
            "poster_path":"/1FSSLTlFozwpaGlO31OoUeirBgQ.jpg",
            "adult":false,
            "overview":"The most dangerous former operative of the CIA is drawn out
of hiding to uncover hidden truths about his past.",
            "release_date":"2016-07-27",
            "genre_ids":[
                53,
                28
            ],
```

```
            "id":324668,
            "original_title":"Jason Bourne",
            "original_language":"en",
            "title":"Jason Bourne",
            "backdrop_path":"/AoT2YrJUJlg5vKE3iMOLvH1Td3m.jpg",
            "popularity":25.491857,
            "vote_count":266,
            "video":false,
            "vote_average":5.12
        },
    //后面省略大部分上述格式的代码
```

此时整个 JSON 文件的结构就非常明确了，在里面显示了每部电影的图片、介绍、名字、国别等基本信息。

4）使用 Flask 框架开发一个动态 Web 应用程序，目标是解析上述 JSON 数据文件，将流行的电影信息显示在网站中。

4.9.3 具体实现

1）在系统设置文件 config. py 中设置密钥和解析的网址。

```
class Config:
    '''
    基本设置
    '''
    MOVIE_API_BASE_URL = 'https://api.themoviedb.org/3/movie/{}?api_key={}'
    MOVIE_API_KEY = os.environ.get('')
    SECRET_KEY = os.environ.get('SECRET_KEY') or 'hard to guess string'
    UPLOADED_PHOTOS_DEST = 'app/static/photos'
```

2）在文件 request. py 中解析 http://api. themoviedb. org/的网址 URL，通过函数 get_movies( ) 获取电影列表，通过函数 get_movie( ) 获取某个电影的详细信息，通过函数 search_movie( ) 快速搜索电影。文件 request. py 的具体实现代码如下所示。

```
def configure_request(app):
    globalapi_key,base_url
    api_key = app.config['MOVIE_API_KEY']
    base_url = app.config['MOVIE_API_BASE_URL']

def get_movies(category):
    '''
    获取指定 URL 的 JSON 数据
    '''
    get_movies_url = 'https://api.themoviedb.org/3/movie/{}?api_key={}'.format
(category,api_key)

    withurllib.request.urlopen(get_movies_url,data=None) as url:
        get_movies_data = url.read()
        get_movies_response = json.loads(get_movies_data)
        movie_results = None

        if get_movies_response['results']:
            movie_results_list = get_movies_response['results']
            movie_results = process_results(movie_results_list)

    return movie_results

def process_results(movie_results):
    '''
```

```
        Function that processes the movie result and transform them to a list of Objects
        Args:
            movie_results: A list of dictionaries that contain movie details
        Returns :
            movie_list: A list of movie objects
        '''
        movie_list = []
        for movie_item in movie_results:
            id = movie_item.get('id')
            title = movie_item.get('original_title')
            overview = movie_item.get('overview')
            poster = movie_item.get('poster_path')
            vote_average = movie_item.get('vote_average')
            vote_count = movie_item.get('vote_count')
            # print(posterlink)
            if poster:
                movie_object = Movie(id,title,overview,poster,vote_average,vote_count)
                movie_list.append(movie_object)

        return movie_list

    def get_movie(id):
        get_movie_details_url = base_url.format(id,api_key)

        withurllib.request.urlopen(get_movie_details_url) as url:
            movie_details_data = url.read()
            movie_details_response = json.loads(movie_details_data)

            movie_object = None
            if movie_details_response:
                id = movie_details_response.get('id')
                title = movie_details_response.get('original_title')
                overview = movie_details_response.get('overview')
                poster = movie_details_response.get('poster_path')
                vote_average = movie_details_response.get('vote_average')
                vote_count = movie_details_response.get('vote_count')
            movie_object = Movie(id,title,overview,poster,vote_average,vote_count)

        return movie_object

    def search_movie(movie_name):
        search_movie_url = 'https://api.themoviedb.org/3/search/movie?api_key={}
&query={}'.format(api_key,movie_name)

        withurllib.request.urlopen(search_movie_url) as url:
            search_movie_data = url.read()
            search_movie_response = json.loads(search_movie_data)

            search_movie_results = None

            if search_movie_response['results']:
                search_movie_list = search_movie_response['results']
                search_movie_results = process_results(search_movie_list)

        return search_movie_results
```

3）在文件 views. py 中解析网页视图，通过函数 index（）加载显示主页电影列表信息的视
图，通过函数 movie（）显示某部电影信息的视图，通过函数 search（）加载显示搜索结果的视

图。文件 views. py 的具体实现代码如下所示。

```python
@app.route('/')
def index():
    '''
    查看返回索引页及其数据
    '''
    # 获取流行电影
    popular_movies = get_movies('popular')
    upcoming_movies = get_movies('upcoming')
    now_showing_movies = get_movies('now_playing')
    title = 'Home - Welcome to The best Movie Review Website Online'

    search_movie = request.args.get('movie_query')
    if search_movie:
        return redirect(url_for('search',movie_name=search_movie))
    else:
        return render_template('index.html', title = title, popular = popular_movies, upcoming = upcoming_movies, now_showing = now_showing_movies)

@app.route('/movie/<int:id>')
def movie(id):
    '''
    View movie page function that return s the movie details page and its data
    '''
    movie = get_movie(id)
    title = f'{movie.title}'
    reviews = Review.get_reviews(movie.id)
    return render_template('movie.html',title=title,movie=movie, reviews = reviews)

@app.route('/search/<movie_name>')
def search(movie_name):
    '''
    View function to display the search results
    '''
    movie_name_list = movie_name.split(' ')
    movie_name_format = '+'.join(movie_name_list)
    searched_movies = search_movie(movie_name_format)
    title = f'search results for {movie_name}'
    return render_template('search.html',title=title, movies = searched_movies)

@app.route('/movie/review/new/<int:id>', methods = ['GET','POST'])
def new_review(id):
    form = ReviewForm()
    movie = get_movie(id)

    if form.validate_on_submit():
        title = form.title.data
        review = form.review.data
        new_review = Review(movie.id,title,movie.image,review)
        new_review.save_review()
        return redirect(url_for('movie',id=movie.id))

    title = f'{movie.title} review'
    return render_template('new_review.html',title = title, review_form = form, movie = movie)
```

4) 在模板文件 index. html 中加载显示获取的电影列表信息，在浏览器中输入 "http://127. 0. 0. 1:5000/" 后会显示获取的流行电影列表信息，执行效果如图 4-30 所示。

图 4-30　执行效果

第5章
用户登录验证

在 Web 开发应用中，经常需要实现用户登录验证系统，这主要包括会员注册、登录验证、信息管理等功能。在本节的内容中，将详细讲解在 Flask Web 项目中实现用户登录验证系统的过程，为读者步入本书后面知识的学习打下基础。

5.1 使用 Cookie 和 Session

在 Web 项目中，通常使用会话跟踪技术来跟踪用户的整个会话过程，也就是监控记录用户的浏览访问过程。常用的会话跟踪技术有两种：Cookie 和 Session。其中 Cookie 在客户端记录用户信息，Session 在服务器端记录用户信息。在 Flask Web 程序中，通过使用 Cookie 和 Session 可以存储用户的登录信息。其中 Cookie 能够运行在客户端并存储交互状态，而 Session 能够运行在服务器端并存储交互状态。在本节的内容中，将详细讲解在 Flask Web 程序中使用 Cookie 和 Session 的知识。

5.1.1 Flask 框架中的 Cookie

在现实应用中，常见的 Cookie 和 Session 应用是会员（用户）登录。例如在京东和天猫购物时需要注册会员并登录，登录后会将用户的账号信息记录下来，这样在页面上便可以显示这名登录用户的账号信息、购物车信息、订单信息等。在具体应用中，通常使用 Cookie 保存普通用户的账号信息，使用 Session 保存后台管理员的账号信息。

在 Flask 框架中，使用 Cookie 的方式存储交互状态的数据，可以通过如下代码获取 Cookie。

```
flask.request.cookies.get('name')
```

在 Flask 框架中，可以使用 make_response 对象设置 Cookie，例如下面的代码。

```
resp = make_response (content)      # content 返回页面内容
resp.set_cookie ('username','the username')     # 设置名为 username 的 cookie
```

在下面的实例文件 flask4.py 中，演示了使用 Cookie 跟踪记录用户的过程。

源码路径：daima\5\5-1\flask4.py

```
import flask                              # 导入 flask 模块
html_txt ="""                            # 变量 html_txt 初始化,作为 GET 请求的页面
<!DOCTYPE html1>
<html1>
    <body>
```

```
        <h2>可以收到 GET 请求</h2>
        <a href='/get_xinxi'>点击我获取 Cookie 信息</a>
    </body>
</html>
"""
app = flask.Flask(__name__)            # 实例化类 Flask
@app.route('/set_xinxi/<name>')        # URL 映射到指定目录中的文件
def set_cks(name):             # 函数 set_cks()用于从 URL 中获取参数并将其存入 Cookie 中
    name = name if name else 'anonymous'
    resp = flask.make_response(html_txt)       # 构造响应对象
    resp.set_cookie('name',name)               # 设置 Cookie
    return resp
@app.route('/get_xinxi')
def get_cks():                      # 函数 get_cks()用于从 Cookie 中读取数据并显示在页面中
    name = flask.request.cookies.get('name')     # 获取 Cookie 信息
    return '获取的 Cookie 信息是:' + name      # 打印显示获取到的 Cookie 信息
if __name__ == '__main__':
    app.run(debug=True)
```

在上述实例代码中，首先定义了两个功能函数，其中第一个功能函数用于从 URL 中获取参数并将其存入 Cookie 中；第二个功能函数的功能是从 Cookie 中读取数据并显示在页面中。

当在浏览器中使用 "http://127.0.0.1:5000/set_xinxi/langchao" 浏览时，表示设置了名为 langchao 的 Cookie 信息，执行效果如图 5-1 所示。当单击 "点击我获取 Cookie 信息" 链接来到 "http://127.0.0.1:5000//get_xinxi" 时，会在新页面中显示保存在 Cookie 中 langchao 的信息，效果如图 5-2 所示。

图 5-1　执行效果

图 5-2　单击 "点击我获取 Cookie 信息" 链接后的效果

5.1.2　Flask 框架中的 Session

在 Flask 框架中，使用 Session 存储交互状态的数据。Flask 中的 Session 存储方式与其他 Web 框架有一些不同，它使用了密钥签名的方式进行了加密。因为 Flask 中的 Session 是通过加密之后放到了 Cookie 中，所以有加密就有密钥用于解密。只要用到了 Flask 的 Session 模块，就一定要配置 SECRET_KEY 这个全局宏。一般将全局宏设置为一个 24 位的字符串，可以使用 OS 模块中的方法 urandom()生成一个 24 位的随机字符串。

```
import os
app.config['SECRET_KEY'] = os.urandom(24)  # 随机产生 24 位的字符串作为 SECRET_KEY
```

但是这种方法有一个缺点，就是服务器每次启动之后这个 SECRET_KEY 的值都会变。
在现实应用中，通常有如下两种配置 Session 的方法。
（1）使用专有配置文件
1）新建一个配置文件 config.py 来配置 SECRET_KEY。

```
SECRET_KEY = 'xxx'
```

2）然后在主程序文件中添加 config.py 文件中的内容。

```
from flask import Flask,session
import config

app = Flask(_name_)
```

（2）直接在运行文件中配置

此方法无须使用专有配置文件 config. py，可以直接在运行文件中设置，具体代码如下所示。

```
from flask import Flask,session

app = Flask(_name_)
app.config['SECRET_KEY'] = 'XXXXX'
```

在 Flask Web 程序中，使用 Session 的方法如同使用字典一样，可以方便地管理 Session 的值。在下面的实例文件 session. py 中，演示了设置 Session 值的过程。

源码路径：**daima\5\5-1\session. py**

```
from flask import Flask,session
import os
app = Flask(_name_)
a pp.config['SECRET_KEY'] = os.urandom(24)

# 设置 session
@app.route('/')
def set():
    session['username'] = '火云邪神'        # 设置"字典"键值对
    return '登录成功!'
if _name_ == '_main_':
    app.run()
```

在上述代码中，创建了一个名为 username 的 Session，设置 Session 的值为 "火云邪神"。这里的 username 相当于字典中的 Key，"火云邪神"相当于字典中的 Value。在浏览器输入 "http://127. 0. 0. 1:5000/"后会显示 "登录成功!" 的提示，执行效果如图 5-3 所示。

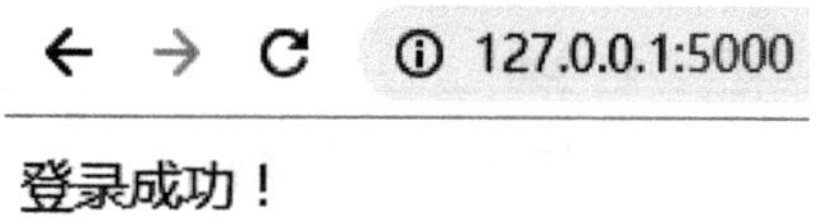

← → C   ⓘ 127.0.0.1:5000

登录成功！

图 5-3　执行效果

因为 Session 类似于字典，所以可以通过如下两种方法操作 Session。

● result = session['key']：如果内容不存在，将会显示异常。

● result = session. get('key')：如果内容不存在，将会返回 None。

在下面的实例文件 session02. py 中，演示了设置并读取 Session 值的过程。

源码路径：**daima\5\5-1\session02. py**

```
from flask import Flask,session
import os
app = Flask(_name_)
app.config['SECRET_KEY'] = os.urandom(24)
# 设置 session
@app.route('/')
def set():
    session['username'] = '火云邪神'        # 设置"字典"键值对
    return 'success'

# 读取 session
@app.route('/get')
def get():
    # session['username']
```

```
    # session.get('username')
    return session.get('username')

if __name__ == '__main__':
    app.run()
```

在上述代码中，创建了一个名为 username 的 Session，设置 Session 的值为"火云邪神"，
然后通过方法 get( )获取这个 Session 的值。在执
行后先在浏览器中输入"http://127.0.0.1：
5000/"设置 username 的值，然后在浏览器输入
"http://127.0.0.1:5000/get"后会显示 Session
的值，执行效果如图 5-4 所示。

火云邪神

图 5-4　执行效果

在下面的实例文件 session03.py 中，演示了设置、读取、删除 Session 值的过程。

源码路径：daima\5\5-1\session03.py

```
from flask import Flask,session
import os
app = Flask(__name__)
app.config['SECRET_KEY'] = os.urandom(24)
# 设置 session
@app.route('/')
def set():
    session['username'] = '火云邪神'
    return 'success'
# 读取 session
@app.route('/get/')
def get():
    return session.get('username')

# 删除 session
@app.route('/delete/')
def delete():
    print(session.get('username'))
    session.pop('username')
    print(session.get('username'))
    return '删除成功'
if __name__ == '__main__':
    app.run()
```

在上述代码中，创建了一个名为 username 的 Session，设置 Session 的值为"火云邪神"，
然后通过方法 get( )获取这个 Session 的值，最后通过方法 delete( )删除 username 的值。在执行
后先在浏览器中输入"http://127.0.0.1:5000/"设置 username 的值，然后在浏览器输入
"http://127.0.0.1:5000/get"后会显示
Session 的值，最后在浏览器中输入"http://
127.0.0.1:5000/delete/"后会删除 Session 的
值，执行效果如图 5-5 所示。

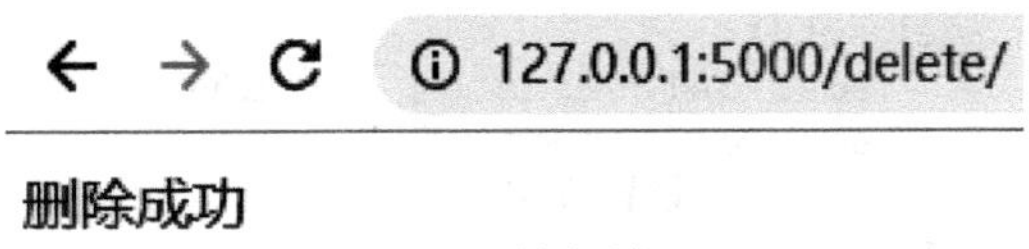

删除成功

图 5-5　执行效果

在下面的实例文件 session04.py 中，演示了清除 Session 中所有数据的过程。

源码路径：daima\5\5-1\session04.py

```
# 省略设置、读取、删除 Session 值的代码
# 清除 session 中所有数据
@app.route('/clear')
def clear():
```

```
    print(session.get('username'))
    # 清除 session 中所有数据
    session.clear
    print(session.get('username'))
    return '清除成功!'
if __name__ == '__main__':
    app.run()
```

在执行后先在浏览器中输入"http://127.0.0.1:5000/"设置 username 的值,然后在浏览器输入"http://127.0.0.1:5000/get"后会显示 Session 的值,最后在浏览器中输入"http://127.0.0.1:5000/clear"后会清除 Session 中的所有的值,执行效果如图 5-6 所示。

$$\leftarrow \quad \rightarrow \quad C \quad \textcircled{i} \quad 127.0.0.1:5000/clear$$

清除成功!

图 5-6　执行效果

在 Flask Web 程序中,可以通过如下 3 种方式设置 Session 的过期时间。

- 如果没有指定 Session 的过期时间,那么默认为 Session 在浏览器关闭后会自动失效。
- 如果将 session.permanent 的值设置为 True,那么在 Flask 下则可以将 Session 的有效期延长至一个月,具体有效期是 31 天,例如下面的代码。

```
@app.route('/')
def set():
    session['username'] = '火云邪神'
    session.permanent = True        # 设置一个月的时间有效
    return 'success'
```

- 可以在 app.config 配置文件中设置 PERMANENT_SESSION_LIFETIME,这个值的数据类型是 datetime.timedelay,这样可以设置一个具体的日期为过期时间。

在下面的实例文件 session05.py 中,演示了设置 Session 在 7 天内有效的方法。

源码路径:daima\5\5-1\session05.py

```
from flask import Flask,session
from datetime import timedelta
import os
app = Flask(__name__)
app.config['SECRET_KEY'] = os.urandom(24)
app.config['PERMANENT_SESSION_LIFETIME'] =timedelta(days=7)        # 设置在 7 天内有效

# 设置 session
@app.route('/')
def set():
    session['username'] = '火云邪神!'
    session.permanent = True
    return '设置成功!'
if __name__ == '__main__':
    app.run()
```

在上述代码中,将 PERMANENT_SESSION_LIFETIME 的值设置为 7,表示 Session 在 7 天内有效。在浏览器中输入"http://127.0.0.1:5000/"后会设置一个在 7 天内有效的 Session,执行效果如图 5-7 所示。

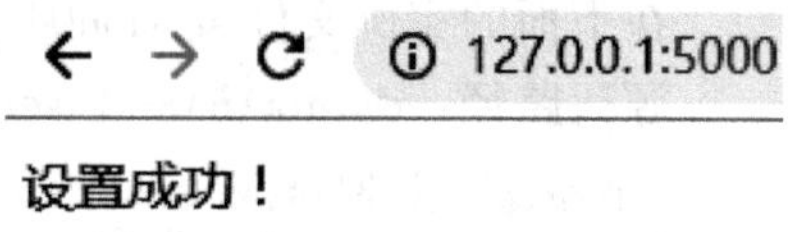

$$\leftarrow \quad \rightarrow \quad C \quad \textcircled{i} \quad 127.0.0.1:5000$$

设置成功!

图 5-7　执行效果

5.2　使用 Flask-Login 认证用户

在用户登录系统后，通常需要将登录信息保存下来，这样在浏览不同的页面时才能记录用户的状态，这一功能在 Web 程序中通常通过 Session 和 Cookie 实现。在 Flask Web 程序中，可以使用 Flask-Login 扩展来管理用户登录系统中的认证状态，并且需要依赖特定的认证机制。在本节的内容中，将详细讲解使用 Flask-Login 认证用户的知识。

5.2.1　Flask-Login 基础

在使用 Flask-Login 之前必须先安装这个扩展，安装命令如下所示。

```
pip install flask-login
```

在 Flask 项目中，使用 Flask-Login 之前需要先进行配置，具体实现代码如下所示。

```
login_manager = LoginManager()
app.config['SECRET_KEY'] = '234324234'   #随意设置
login_manager.init_app(app)
```

接下来在使用 Flask-Login 扩展时，程序中的 User 模型必须实现如下所示的方法。

- is_authenticated()：如果用户已经登录则必须返回 True，否则返回 False。
- is_active()：如果允许用户登录则必须返回 True，否则返回 False。如果要禁用用户账户，可以返回 False。
- is_anonymous()：判断是否为匿名用户，如果是匿名用户则必须返回 False。
- get_id()：必须返回用户的唯一标识符，使用 Unicode 编码字符串。

除了在模型类中直接实现上述 4 个方法外，还有一种更简单的替代方案。Flask-Login 提供了类 UserMixin，在里面包含了上述方法的默认实现，并且可以满足绝大多数项目的需求。例如下面是一个典型的 User 模型。

```
from flask.ext.login import UserMixin
class User(UserMixin, db.Model):
    __tablename__ = 'users'
    id = db.Column(db.Integer, primary_key = True)
    email = db.Column(db.String(64), unique=True, index=True)
    username = db.Column(db.String(64), unique=True, index=True)
    password_hash = db.Column(db.String(128))
    role_id = db.Column(db.Integer, db.ForeignKey('roles.id'))
```

接下来需要初始化 Flask-Login，例如下面的演示代码。

```
from flask.ext.login import LoginManager
login_manager = LoginManager()
login_manager.session_protection = 'strong'
login_manager.login_view = 'auth.login'
def create_app(config_name):
    #...
    login_manager.init_app(app)
    #...
```

在上述代码中，可以将对象 LoginManager 的属性 session_protection 设置为 None、basic 或 strong，这样可以提供不同的安全等级。当设置为 'strong' 时，Flask-Login 会记录客户端的 IP 地址和浏览器的用户代理信息，如果发现异常就退出登录。属性 login_view 用于设置登录页面的端点，因为登录路由在 auth 中定义，因此要在前面加上 auth 的名字。

最后，Flask-Login 要求程序实现一个回调函数，功能是使用指定的标识符加载用户。例如下面是这个函数的演示代码。

```
from.import login_manager
@login_manager.user_loader
def load_user(user_id):
    return User.query.get(int(user_id))
```

上述加载用户的回调函数 load_user() 的功能是接收用 Unicode 字符串形式表示的用户标识符。如果能找到用户，则这个函数必须返回用户对象，否则返回 None。

另外，为了保护 URL 路由，可以设置只让认证用户访问，此时可以使用 Flask-Login 中的 login_required 修饰器实现这一个功能。

```
from flask.ext.login import login_required
@app.route('/secret')
@login_required
def secret():
    return 'Only authenticated users are allowed!'
```

此时如果未认证的用户访问这个路由，Flask-Login 会发出拦截请求，并将用户转到登录页面。

5.2.2　简易登录验证系统

在下面的实例中，使用 Flask-Login 实现了一个简易的用户登录验证系统。

源码路径：daima\5\5-2\web

1. 数据库连接池

为了提高项目的运行效率，将使用库 DBUtils 实现 Python 数据库连接池，在使用 DBUtils 之前先需要通过如下命令进行安装。

```
pip install DBUtils
```

创建 MySQL 数据库，结构如图 5-8 所示。

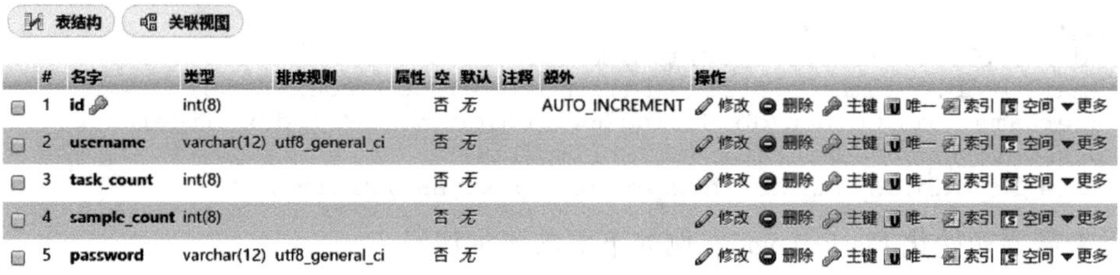

#	名字	类型	排序规则	属性	空	默认	注释	额外	操作
1	id	int(8)			否	无		AUTO_INCREMENT	修改 删除 主键 唯一 索引 空间 更多
2	username	varchar(12)	utf8_general_ci		否	无			修改 删除 主键 唯一 索引 空间 更多
3	task_count	int(8)			否	无			修改 删除 主键 唯一 索引 空间 更多
4	sample_count	int(8)			否	无			修改 删除 主键 唯一 索引 空间 更多
5	password	varchar(12)	utf8_general_ci		否	无			修改 删除 主键 唯一 索引 空间 更多

图 5-8　创建的 MySQL 数据库结构

在文件 dal. py 中使用 DBUtils 创建连接池，具体实现代码如下所示。

```
import pymysql
from DBUtils.PooledDB import PooledDB
POOL = PooledDB(
    creator=pymysql,        # 使用连接数据库的模块
    maxconnections=6,       # 连接池允许的最大连接数,0 和 None 表示不限制连接数
    mincached=2,            # 初始化时,连接池中至少创建的空闲的连接数,0 表示不创建
    maxcached=5,            # 连接池中最多闲置的连接数,0 和 None 不限制
    maxshared=3,
    # 连接池中最多共享的连接数量,0 和 None 表示全部共享
```

```
    # 但是无用,因为 pymysql 和 MySQLdb 等模块的 threadsafety 都为 1,所有值无论设置为多少,
_maxcached 永远为 0,所以永远是所有连接都共享
    blocking=True,       # 连接池中如果没有可用连接后,是否阻塞等待.True,等待;False,不等待然后报错
    maxusage=None,       # 一个连接最多被重复使用的次数,None 表示无限制
    setsession=[],       # 开始会话前执行的命令列表.如:["set datestyle to ...", "set time zone..."]
    ping=0,
    # ping MySQL 服务端,检查是否服务可用
    # 例如:0 = None = never, 1 = default = whenever it is requested, 2 = when a cursor
is created, 4 = when a query is executed, 7 = always
    host='127.0.0.1',
    port=3306,
    user='root',
    password='66688888',
    database='mytest',
    charset='utf8'
)
class SQLHelper(object):

    @staticmethod
    def fetch_one(sql,args):
        conn = POOL.connection()        # 通过连接池连接数据库
        cursor = conn.cursor()          # 创建游标
        cursor.execute(sql, args)       # 执行 sql 语句
        result = cursor.fetchone()      # 取得 sql 查询结果
        conn.close()                    # 关闭连接
        return result

    @staticmethod
    def fetch_all(self,sql,args):
        conn = POOL.connection()
        cursor = conn.cursor()
        cursor.execute(sql, args)
        result = cursor.fetchone()
        conn.close()
        return result
```

2. 实现 Model

在文件 User_model.py 中创建类 User_mod，功能是通过 SQL 语句查询结果实例化对象，并且还实现了 Flask_Login 中的 4 个方法，分别对应 4 种验证方式级别。文件 User_model.py 的具体实现代码如下所示。

```
class User_mod():
    def __init__(self):
        self.id=None
        self.username=None
        self.task_count=None
        self.sample_count=None
    def todict(self):
        return self.__dict__

# 下面这 4 个方法是 Flask_login 需要的 4 个验证方式
    def is_authenticated(self):
        return True
    def is_active(self):
        return True
    def is_anonymous(self):
        return False
    def get_id(self):
        return self.id
```

3. 登录验证和路由导航

1）首先通过模板文件 login.html 实现一个登录表单，具体实现代码如下所示。

```html
<form class = "margin - bottom - 0" action = "{{ action }}" method = "{{ method }}" id =
"{{formid }}">
    {{ form.hidden_tag() }}
    <div class = "form-group m-b-20">
        {{ form.username(class='form-control input-lg',placeholder = "用户名") }}
    </div>
    <div class = "form-group m-b-20">
        {{ form.password(class='form-control input-lg',placeholder = "密码") }}
    </div>
    <div class = "checkbox m-b-20">
        <label>
            {{ form.remember_me() }}记住我
        </label>
    </div>
    <div class = "login-buttons">
        <button type = "submit" class = "btn btn-success btn-block btn-lg">登　录</button>
    </div>
</form>
```

2）通过文件 user_dal.py 实现登录验证功能，具体实现代码如下所示。

```python
# 通过用户名及密码查询用户对象
@classmethod
def login_auth(cls,username,password):
    print('login_auth')
    result = {'isAuth':False}
    model = User_model.User_mod()   # 实例化一个对象,将查询结果逐一添加给对象的属性
    sql = "SELECT id,username,sample_count,task_count FROM User WHERE username ='%
s' AND password = '% s'" %  (username,password)
    rows = user_dal.User_Dal.query(sql)
    print('查询结果>>>',rows)
    if rows:
        result['isAuth'] = True
        model.id = rows[0]
        model.username = rows[1]
        model.sample_count = rows[2]
        model.task_count = rows[3]
    return result,model

# flask_login 回调函数执行时,需要通过用户唯一的 id 找到用户对象
@classmethod
def load_user_byid(cls,id):
    print('load_user_byid')
    sql = "SELECT id,username,sample_count,task_count FROM User WHERE id='% s'" % id
    model = User_model.User_mod()   # 实例化一个对象,将查询结果逐一添加给对象的属性
    rows = user_dal.User_Dal.query(sql)
    if rows:
        result = {'isAuth': False}
        result['isAuth'] = True
        model.id = rows[0]
        model.username = rows[1]
        model.sample_count = rows[2]
        model.task_count = rows[3]
    return model

# 具体执行 sql 语句的函数
```

```
@classmethod
def query(cls,sql,params = None):
    result = dal.SQLHelper.fetch_one(sql,params)
    return result
```

3）在文件 denglu. py 中通过 Flask 的 form 表单验证数据格式，并且分别实现登录成功和登录失败时的 URL 路径导航。文件 denglu. py 的具体实现代码如下所示。

```
app = Flask(__name__)

# 项目中设置 flask_login
login_manager = LoginManager()
login_manager.init_app(app)
app.config['SECRET_KEY'] = '234rsdf34523rwsf'
# flask_wtf 表单
class LoginForm(FlaskForm):
    username = StringField('账户名:', validators = [DataRequired(), Length(1, 30)])
    password = PasswordField('密码:', validators = [DataRequired(), Length(1, 64)])
    remember_me = BooleanField('记住密码', validators = [Optional()])

@app.route('/login',methods = ['GET','POST'])
def login():
    form = LoginForm()
    if form.validate_on_submit():
        username = form.username.data
        password = form.password.data
        result = user_dal.User_Dal.login_auth(username,password)
        model = result[1]
        if result[0]['isAuth']:
            login_user(model)
            print('登录成功')
            print(current_user.username) # 登录成功后可以用 current_user 来读取该用户
的其他属性
            return redirect('/t')
        else:
            print('登录失败')
            return render_template('login.html',formid ='loginForm',action ='/login',
method='post',form=form)
        return render_template('login.html',formid='loginForm',action ='/login',method
='post',form=form)

@login_manager.user_loader
def load_user(id):
    return user_dal.User_Dal.load_user_byid(id)

# 登录成功跳转的视图函数
@app.route('/t')
@login_required
def hello_world():
    print('登录跳转')
    return 'Hello World!'

# 随便写的另一个视图函数
@app.route('/b')
@login_required
def hello():
    print('视图函数 b')
    return 'Hello b!'
if __name__ == '__main__':
    app.run()
```

在登录验证功能中，首先通过 Flask 的 form 表单验证数据格式，然后根据输入的用户名和密码从数据库中获取用户对象，将 SQL 执行结果赋值给一个实例化的对象，并将这个对象传给 login_user，如果登录信息正确则跳转到指定 URL 导航页面。在此必须编写回调函数 load_user( )，用于返回通过 id 获取数据库的用户对象，在每次访问带有 login_required 装饰器的视图函数时都会执行回调函数 load_user( )。另外，current_user 相当于实例化的用户对象，可以获取用户的其他属性，但是其他属性仅限于用 SQL 语句查到的字段并添加给实例化对象的属性。

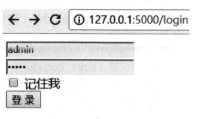

运行程序，在浏览器中输入 "http://127.0.0.1: 5000/login" 后显示登录表单界面，如图 5-9 所示。输入在数据库中保存的合法数据后便可以成功登录。

图 5-9　登录表单界面

5.3　用户注册、登录验证系统

在本节的实例中，将通过一个具体实例的实现过程，详细讲解使用 Flask 框架开发一个用户注册和登录验证系统的过程。

源码路径：daima\5\5-3\flask-register-login

5.3.1　使用 WTForms 处理表单

编写文件 forms.py，功能是使用 Flask 扩展 WTForms 来处理表单，其中类 LoginForm 用于获取登录表单中的数据并进行验证，类 RegisterForm 用于获取注册表单中的数据并进行验证。文件 forms.py 的主要实现代码如下所示。

```
class LoginForm(Form):
    email = StringField("邮箱", validators = [validators.Length(min = 7, max = 50),
validators.DataRequired(message = "数据非法!")])
    password = PasswordField("密码", validators = [validators.DataRequired(message
= "数据非法!")])

class RegisterForm(Form):
    name = StringField("账号", validators = [validators.Length(min = 3, max = 25),
validators.DataRequired(message = "数据非法!")])
    username = StringField("名字", validators = [validators.Length(min = 3, max =
25), validators.DataRequired(message = "数据非法!")])
    email = StringField("邮箱", validators = [validators.Email(message = "数据非法!")])
    password = PasswordField("密码", validators = [
    validators.DataRequired(message = "数据非法!"),
    validators.EqualTo(fieldname = "confirm", message = "数据非法!")
    ])
    confirm = PasswordField("确认密码", validators = [validators.DataRequired(message = "
数据非法!")])
```

5.3.2　主程序文件

编写文件 app.py，具体实现流程如下所示。

1）分别设置要连接的数据库文件和 SECRET_KEY，具体的实现代码如下所示。

```
app = Flask(__name__)
app.config['SECRET_KEY'] = 'linuxdegilgnulinux'
```

```
app.config['SQLALCHEMY_DATABASE_URI'] = 'sqlite:////data.db'
db = SQLAlchemy(app)
```

2）定义类 User 用于创建数据库表 User，分别设置数据库表的各个字段，具体的实现代码如下所示。

```
class User(db.Model):
    id = db.Column(db.Integer, primary_key=True)
    name = db.Column(db.String(15), unique=True)
    username = db.Column(db.String(15), unique=True)
    email = db.Column(db.String(50), unique=True)
    password = db.Column(db.String(25), unique=True)
```

3）实现路径导航功能，分别指向主页、注册页面和登录验证页面，具体的实现代码如下所示。

```
@app.route('/')
    def home():
    return render_template('index.html')

@app.route('/login/', methods = ['GET', 'POST'])
def login():
    form = LoginForm(request.form)
    if request.method == 'POST' and form.validate:
        user = User.query.filter_by(email = form.email.data).first()
        if user:
            if check_password_hash(user.password, form.password.data):
                flash("Başarıyla Giriş Yaptınız", "success")

                session['logged_in'] = True
                session['email'] = user.email

                return redirect(url_for('home'))
            else:
                flash("Kullanıcı Adı veya Parola Yanlış", "danger")
                return redirect(url_for('login'))

    return render_template('login.html', form = form)

@app.route('/register/', methods = ['GET', 'POST'])
def register():
    form = RegisterForm(request.form)
    if request.method == 'POST' and form.validate():
        hashed_password = generate_password_hash(form.password.data, method='sha256')
        new_user = User(name = form.name.data, username = form.username.data,
email = form.email.data, password = hashed_password)
        db.session.add(new_user)
        db.session.commit()
        flash('Başarılı bir şekilde kayıt oldunuz', 'success')
        return redirect(url_for('login'))
    else:
        return render_template('register.html', form = form)
```

5.3.3　模板文件

文件 index.html 实现主页界面，文件 login.html 实现登录表单界面，文件 register.html 实现注册表单界面。如果在浏览器中输入"http://127.0.0.1:5000/register/"显示注册表单界面，输入"http://127.0.0.1:5000/login/"显示登录表单界面，执行效果如图 5-10 所示。

a)   b)

图 5-10   执行效果

a）注册表单界面   b）登录表单界面

5.4   使用 Werkzeug 实现散列密码

在本节的内容中，将详细讲解使用 Werkzeug 实现散列密码的知识。

5.4.1   Werkzeug 基础

在本书前面的内容中曾经讲解过，Flask 框架主要依赖两个外部库：Werkzeug 和 Jinja2。其中 Werkzeug 是一个 WSGI（在 Web 应用和多种服务器之间的标准 Python 接口）工具集。在下面的实例中，演示了使用 Werkzeug 创建一个 WSGI 服务器的过程。

源码路径：daima\5\5-4\WerkzeugEX

实例文件 123.py 的具体实现代码如下所示。

```python
class Shortly(object):
    def dispatch_request(self, request):
        return Response('HelloWerkzeug!')

    def wsgi_app(self, environ, start_response):
        request = Request(environ)
        response = self.dispatch_request(request)
        return response(environ, start_response)

    def __call__(self, environ, start_response):
        return self.wsgi_app(environ, start_response)

def create_app(with_static=True):
    app = Shortly()
    if with_static:
        app.wsgi_app = SharedDataMiddleware(app.wsgi_app, {
            '/static': os.path.join(os.path.dirname(__file__), 'static')
        })
    return app

if __name__ == '__main__':
    app = create_app()
    run_simple('127.0.0.1', 6666, app, use_debugger=True, use_reloader=True)
```

在 Flask Web 程序中，可以使用 Werkzeug 加密用户的密码。通过使用库 Werkzeug 中的 security 模块，可以很方便地实现密码散列值的计算功能。只需要如下两个函数即可实现这一功能，分别用在注册用户和验证用户阶段。

- generate_password_hash(password，method = pbkdf2：sha1，salt_length = 8)：功能是将原始密码作为输入，以字符串形式输出密码的散列值，输出的值可保存在用户数据库中。method 和 salt_length 的默认值就能满足大多数应用的需求。
- check_password_hash(hash，password)：功能是检查给出的 hash 密码与明文密码是否相符，参数 hash 是从数据库中取回的密码散列值，password 是用户输入的密码。如果返回值为 True 则表明密码正确。

5.4.2　图书借阅管理系统

在下面的内容中，将通过一个图书借阅管理系统的实现过程，详细讲解使用 Flask +Werkzeug+SQLite3 开发一个动态 Web 项目的过程。这是一个典型的管理项目，读者可以此项目为基础，开发出自己需要的管理类系统。本项目使用的是 SQLite3 数据库，Python 程序文件是 book. py。

源码路径：daima\5\5-4\jiami

1. 数据库设置

在文件 book. py 中，通过如下代码实现和数据库操作设置相关的功能。

```python
DATABASE = 'book.db'
DEBUG = True
SECRET_KEY = 'development key'
def get_db():
    top = _app_ctx_stack.top
    if nothasattr(top, 'sqlite_db'):
        top.sqlite_db = sqlite3.connect(app.config['DATABASE'])
        top.sqlite_db.row_factory = sqlite3.Row
    return top.sqlite_db


@app.teardown_appcontext
def close_database(exception):
    top = _app_ctx_stack.top
    if hasattr(top, 'sqlite_db'):
        top.sqlite_db.close()


def init_db():
    with app.app_context():
        db = get_db()
        with app.open_resource('book.sql', mode='r') as f:
            db.cursor().executescript(f.read())
        db.commit()

def query_db(query, args=(), one=False):
    cur = get_db().execute(query, args)
    rv = cur.fetchall()
    return (rv[0] if rv else None) if one else rv
```

2. 登录验证管理

1) 验证用户输入的用户名和密码是否正确，如果正确则通过 session 存储用户信息，并将此用户设置为登录状态。

2) 通过函数 manager_login( ) 判断是否为管理员登录，只要输入的用户名和密码与app. config 中设置的相同，则说明是管理员登录系统。

3）通过函数 reader_login( )判断输入的登录信息是否合法，如果非法则显示提示信息。

4）通过函数 register( )实现注册功能，首先判断用户是否在表单中输入合法的用户名和密码数据，如果合法则将表单中的数据插入到数据库中。在程序文件 book.py 中通过如下代码实现上述功能。

```python
@app.route('/register', methods = ['GET', 'POST'])
def register():
    error = None
    if request.method == 'POST':
        if not request.form['username']:
            error = 'You have to enter a username'
        elif not request.form['password']:
            error = 'You have to enter a password'
        elif request.form['password'] != request.form['password2']:
            error = 'The two passwords do not match'
        elif get_user_id(request.form['username']) is not None:
            error = 'The username is already taken'
        else:
            db = get_db()
            db.execute("'insert into users (user_name, pwd, college, num, email) \
                values (?, ?, ?, ?, ?) '", [request.form['username'], generate_password_hash(
                request.form['password']), request.form['college'], request.form['number'],
                                request.form['email']])
            db.commit()
            return redirect(url_for('reader_login'))
    return render_template('register.html', error = error)

@app.route('/logout')
```

5）通过函数 logout( )实现注销功能，在程序文件 book.py 中通过如下代码实现上述功能。

```python
def logout():
    session.pop('user_id', None)
    return redirect(url_for('index'))
```

3. 安全检查页面跳转管理

1）通过函数 manager_judge( )实现安全检查，在程序文件 book.py 中通过如下代码实现该功能。

```python
# 添加简单的安全性检查
def manager_judge():
    if not session['user_id']:
        error = 'Invalid manager, please login'
        return render_template('manager_login.html', error = error)

def reader_judge():
    if not session['user_id']:
        error = 'Invalid reader, please login'
        return render_template('reader_login.html', error = error)
```

2）通过函数 manager_books( )获取系统内的所有图书信息，并将页面跳转到模板文件 manager.html，通过函数 reader( )将页面跳转到模板文件 reader.html，通过函数 manager( )将页面跳转到模板文件 manager.html。

4. 后台用户管理

1）通过函数 manager_users( )获取系统数据库中的所有用户信息，在程序文件 book.py 中通过如下代码实现该功能。

```
def manager_users():
    manager_judge()
    users = query_db("'select * from users'", [])
    return render_template('manager_users.html', users = users)
```

2）通过函数 manger_user_modify()修改系统数据库中某个指定 id 号的用户信息。

3）通过函数 manger_user_delete()删除系统数据库中某个指定 id 号的用户信息。

在程序文件 book.py 中通过如下代码实现上述功能。

```
@app.route('/manager/user/deleter/<id>', methods = ['GET', 'POST'])
def manger_user_delete(id):
    manager_judge()
    db = get_db()
    db.execute("'delete from users where user_id = ?'", [id])
    db.commit()
    return redirect(url_for('manager_users'))
```

5. 图书管理

1）通过函数 manager_books_add()向数据库中添加新的图书信息。

2）通过函数 manager_books_delete()在数据库中删除指定 id 号的图书信息。

3）通过函数 manager_book()在数据库中查询指定 id 号的图书信息，并查询这本图书是否处于借出状态。

4）通过函数 manager_modify()在数据库中修改指定 id 号的图书信息。

6. 前台用户管理

1）通过函数 reader_query()在系统数据库中快速查询指定关键字的图书信息，分别通过书名和图书作者两种 SQL 语句进行查询。

2）通过函数 reader_book()在前台向用户展示某本图书的详细信息，分别通过图书查询 SQL 语句、图书借阅 SQL 语句和统计 SQL 语句进行查询。

3）通过函数 reader_history()展示当前用户借阅图书的历史记录信息。

读者登录界面的执行效果如图 5-11 所示，图书详情页面的执行效果如图 5-12 所示。

图 5-11　读者登录界面 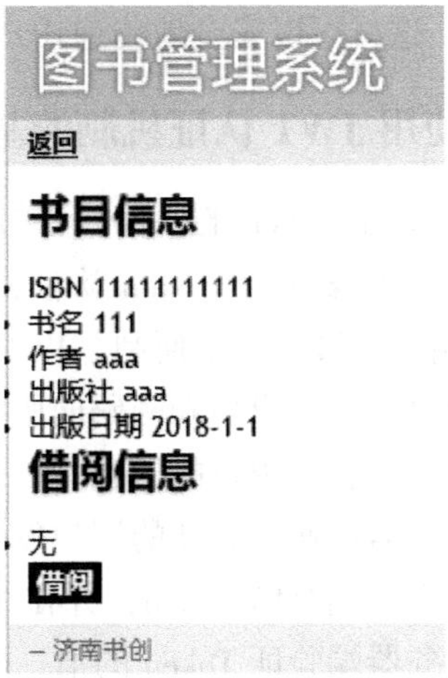　　　　图 5-12　图书详情页面

图书查询页面的执行效果如图 5-13 所示。

后台图书管理页面的执行效果如图 5-14 所示。

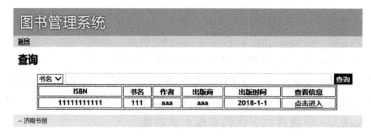

图书管理系统
返回
查询
书名
查询
ISBN
书名
作者
出版商
出版时间
查看信息
11111111111
111
aaa
aaa
2018-1-1
点击进入
– 济南书创

图 5-13　图书查询页面

图书管理系统
返回 | 添加 | 删除
图书管理
ISBN
书名
作者
出版商
出版时间
查看信息
111111
Python从入门到精通
浪潮
人民邮电
2018-1-1
点击进入
11111111111
111
aaa
aaa
2018-1-1
点击进入
9787208061644
追风筝的人
胡赛尼
上海人民出版社
2006-5-1
点击进入
9787549529322
看见,
柴静
广西师范大学出版社
2013-01-01
点击进入
9787020068425
再见，哥伦布
菲利普·罗斯
人民文学出版社
2009-6-3
点击进入
– 济南书创

图 5-14　后台图书管理页面

5.5　使用 PyJWT 提高用户信息的安全性

JWT 是 JSON Web Token 的缩写，它是为了在网络应用环境间传递声明而执行的一种基于 JSON 的开放标准（RFC 7519）。JWT 传递的 Token 非常安全，通常被用来在身份提供者和服务提供者间传递被认证的用户身份信息。在 Python 程序中，可以使用第三方库 PyJWT 实现 JWT 功能，这样可以安全地传递用户的账户信息。

5.5.1　使用 JWT 认证机制的基本流程

JWT 是基于 Token 的一种认证机制，它不需要在服务器端保留用户的认证信息或者会话信息。这就意味着使用 Token 认证机制的应用程序，不需要考虑用户在哪一台服务器登录，这就为应用的扩展提供了便利。JWT 认证机制的基本流程如下所示。

1）用户使用用户名和密码向服务器发出登录请求。

2）服务器验证用户的信息。

3）服务器向通过验证的用户发送一个 Token。

4）在客户端存储 Token，并在每次发出请求时附送这个 Token 值。

5）服务器端验证 Token 的值，并返回数据。

在 Python 程序中，可以使用 PyJWT 编码和解码 JWT。

5.5.2　用户注册、登录验证系统

在下面的实例中，使用 Flask+PyJWT+Auth 实现了一个用户注册和登录验证系统。本项目

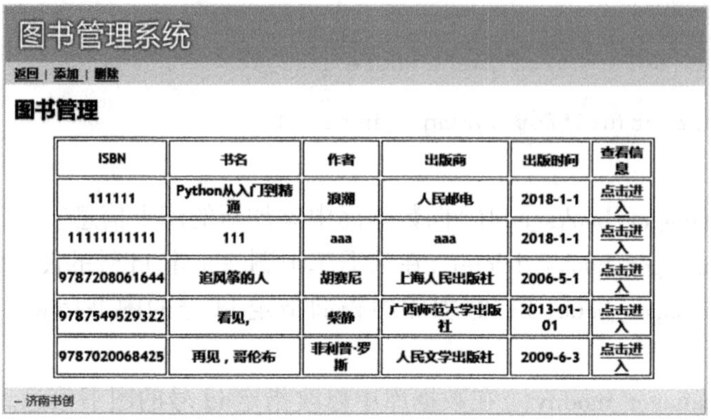

的基本功能描述如下所示。

- 分别实现用户注册、登录验证和获取用户信息的功能，整个程序分为用户和认证两个模块，项目的目录结构如图 5-15 所示。
- 用户在注册时需要输入用户名（username）、邮箱（email）和密码（password），其中用户名和邮箱是唯一的。如果用户信息在数据库中已经存在则会注册失败，用户注册成功后返回用户的信息。
- 使用用户名（username）和密码（password）进行登录，登录成功时返回 Token，每登录一次都会更新一次 Token。

图 5-15　项目的目录结构

- 要想获取用户信息，需要在请求 header 中传入验证参数和 Token，系统会验证这个 Token 的有效性并给出响应。

本项目的具体实现流程如下所示。

源码路径：daima\5\5-5\pyjwt-auth

（1）系统配置

在配置文件 config. py 设置连接 MySQL 数据库的参数，主要实现代码如下所示。

```
DB_USER = 'root'
DB_PASSWORD = '66688888'
DB_HOST = 'localhost'
DB_DB = 'flask-pyjwt-auth'

SECRET_KEY = "my blog"
SQLALCHEMY_TRACK_MODIFICATIONS = False
SQLALCHEMY_DATABASE_URI = 'mysql://' + DB_USER + ':' + DB_PASSWORD + '@' + DB_HOST + '/' + DB_DB
```

（2）程序初始化

编写文件 __init__. py 实现程序的初始化，设置全局 HTTP 访问的配置请求头是 Access-Control-Allow-Origin，并且设置允许所有跨域请求。文件 __init__. py 的主要实现代码如下所示。

```
def create_app(config_filename):
    app = Flask(__name__)
    app.config.from_object(config_filename)

    # 发生 CORS 跨域共享:发生在视图函数处理之后,响应返回客户端之前
    @app.after_request
    def after_request(response):
        response.headers.add('Access-Control-Allow-Origin','*')
        if request.method == 'OPTIONS':
            response.headers['Access-Control-Allow-Methods'] = 'DELETE, GET, POST, PUT'
            headers = request.headers.get('Access-Control-Request-Headers')
            if headers:
                response.headers['Access-Control-Allow-Headers'] = headers
    return response
```

（3）数据迁移

编写文件 db. py 实现数据迁移功能，主要实现代码如下所示。

```
app.config.from_object('app.config')
from app.users.model import db
db.init_app(app)
migrate = Migrate(app, db)
manager = Manager(app)
manager.add_command('db',MigrateCommand)
if __name__ == '__main__':
    manager.run()
```

（4）公共文件

编写公共文件 common.py，定义两个方法分别处理请求成功和失败时返回的 JSON 数据，具体实现代码如下所示。

```
def trueReturn(data, msg):
    return {
        "status": True,
        "data": data,
        "msg": msg
    }
def falseReturn(data, msg):
    return {
        "status": False,
        "data": data,
        "msg": msg
    }
```

（5）用户的数据库模型

编写文件 model.py 实现用户的数据库模型，在数据库中创建表 Users 来存储用户的信息，并分别实现用户的添加、修改和密码生成功能。其中重点注意方法 set_password() 和方法 check_password()，它们分别用来加密用户注册时填写的密码（将加密后的密码写入数据库）和在用户登录时检查用户密码是否正确。文件 model.py 的主要实现代码如下所示。

```
class Users(db.Model):
    id = db.Column(db.Integer, primary_key=True)
    email = db.Column(db.String(250), unique=True,nullable=False)
    username = db.Column(db.String(250), unique=True,nullable=False)
    password = db.Column(db.String(250))
    login_time = db.Column(db.Integer)
    def __init__(self, id, username, password, email):
        self.id = id
        self.username = username
        self.password = password
        self.email = email
    def __str__(self):
        return "Users(id='%s')" % self.id

    def set_password(self, password):
        return generate_password_hash(password)
    def check_password(self, hash, password):
        return check_password_hash(hash, password)
    def get(self, id):
        return self.query.filter_by(id=id).first()
    def add(self, user):
        db.session.add(user)
        return session_commit()

    def update(self):
        return session_commit()
```

```
def session_commit():
    try:
        db.session.commit()
    except SQLAlchemyError as e:
        db.session.rollback()
        reason = str(e)
        return reason
```

（6）用户接口

编写文件 api. py 实现和用户操作相关的接口功能，根据发出的 URL 请求执行对应的方法。具体实现流程如下所示。

- 首先从 auth 模块中导入 Auth 类。
- 为了实现用户登录验证功能，调用类 Auth 中的方法 authenticate( )执行用户认证。如果认证通过则返回 Token，否则返回错误信息。
- 为了获取用户的信息，首先要进行用户鉴权，只有拥有权限的用户才能拿到用户信息。

文件 api. py 的主要实现代码如下所示。

```
def init_api(app):
    @app.route('/register', methods = ['POST'])
    def register():
        """
        用户注册,返回 json
        """
        email = request.form.get('email')
        username = request.form.get('username')
        password = request.form.get('password')
        # 最后一条记录及其 ID
        lastUserRecord = Users.query.order_by('-id').first()
        if (lastUserRecord is None):
            newRecordId = 1
        else:
            newRecordId = lastUserRecord.id + 1
        user = Users(id=newRecordId, email=email, username=username, password=Us-
ers.set_password(Users, password))
        Users.add(Users, user)
        userInfo = Users.get(Users, user.id)
        if userInfo:
            return User = {
                'id': userInfo.id,
                'username': userInfo.username,
                'email': userInfo.email,
                'login_time': userInfo.login_time
            }
            return jsonify(common.trueReturn(return User, "用户注册成功"))
        else:
            return jsonify(common.falseReturn('', '用户注册失败'))

    @app.route('/login', methods = ['POST'])
    def login():
        username = request.form.get('username')
        password = request.form.get('password')
        if (not username or not password):
            return jsonify(common.falseReturn('', '用户名和密码不能为空'))
        else:
            return Auth.authenticate(Auth, username, password)
    @app.route('/user', methods = ['GET'])
    def get():
        """
```

```
        获取用户信息
        """
        result = Auth.identify(Auth, request)
        if (result['status'] and result['data']):
            user = Users.get(Users, result['data'])
            return User = {
                'id': user.id,
                'username': user.username,
                'email': user.email,
                'login_time': user.login_time
            }
            result = common.trueReturn(return User, "请求成功")
        return jsonify(result)
```

(7) 授权认证处理

编写文件 auths.py 实现用户授权认证功能，分别实现 Token 的生成、解析以及用户的认证和权限鉴定功能。文件 auths.py 的主要实现代码如下所示。

```
class Auth():
    @staticmethod
    def encode_auth_token(user_id, login_time):
        """
        生成认证 Token
        :param user_id: int:param login_time: int(timestamp):return : string
        """
        try:
            payload = {
                'exp': datetime.datetime.utcnow()+datetime.timedelta(days=0, sec-
onds=10),
                'iat': datetime.datetime.utcnow(),
                'iss': 'ken',
                'data': {
                    'id': user_id,
                    'login_time': login_time
                }
            }
            return jwt.encode(
                payload,
                config.SECRET_KEY,
                algorithm='HS256'
            )
        except Exception as e:
            return e

    @staticmethod
    def decode_auth_token(auth_token):
        """
        验证 Token
        :param auth_token::return : integer |string
        """
        try:
            # payload = jwt.decode(auth_token, app.config.get('SECRET_KEY'), leeway
=datetime.timedelta(seconds=10))
            # 取消过期时间验证
            payload = jwt.decode(auth_token, config.SECRET_KEY, options={'verify_exp': False})
            if ('data' in payload and 'id' in payload['data']):
                return payload
            else:
                raise jwt.InvalidTokenError
        except jwt.ExpiredSignatureError:
            return 'Token 过期'
```

```
        except jwt.InvalidTokenError:
            return '无效 Token'
    def authenticate(self, username, password):
        """
        用户登录,登录成功返回 Token,将登录时间写入数据库;登录失败返回失败原因
        :param password:
        :return :json
        """
        userInfo = Users.query.filter_by(username=username).first()
        if (userInfo is None):
            return jsonify(common.falseReturn('', '找不到用户'))
        else:
            if (Users.check_password(Users, userInfo.password, password)):
                login_time = int(time.time())
                userInfo.login_time = login_time
                Users.update(Users)
                token = self.encode_auth_token(userInfo.id, login_time)
                return jsonify(common.trueReturn(token.decode(), '登录成功'))
            else:
                return jsonify(common.falseReturn('', '密码不正确'))
    def identify(self, request):
        """
        用户鉴权:return : list
        """
        auth_header = request.headers.get('Authorization')
        if (auth_header):
            auth_tokenArr = auth_header.split(" ")
            if (not auth_tokenArr or auth_tokenArr[0]!='JWT' or len(auth_tokenArr)!= 2):
                result = common.falseReturn('', '请传递正确的验证头信息')
            else:
                auth_token = auth_tokenArr[1]
                payload = self.decode_auth_token(auth_token)
                if notisinstance(payload, str):
                    user = Users.get(Users, payload['data']['id'])
                    if (user is None):
                        result = common.falseReturn('', '找不到该用户信息')
                    else:
                        if (user.login_time == payload['data']['login_time']):
                            result = common.trueReturn(user.id, '请求成功')
                        else:
                            result = common.falseReturn('', 'Token 已更改,请重新登录获取')
                else:
                    result = common.falseReturn('', payload)
        else:
            result = common.falseReturn('', '没有提供认证 token')
        return result
```

在上述代码中主要包含如下 4 个方法。

1）方法 encode_auth_token()：用于生成认证 Token。

要生成 Token 需要用到 PyJWT 的 jwt. encode()方法，这个方法可以传入 3 个参数，示例如下所示。

```
jwt.encode(payload, config.SECRET_KEY, algorithm='HS256')
```

上面代码的 jwt. encode()方法中传入了 3 个参数：第一个是 payload，这是认证依据的主要信息；第二个是密钥，这里是读取配置文件中的 SECRET_KEY 配置变量；第三个是生成 Token 的算法。

参数 payload 是认证的依据，也是后续解析 Token 后定位用户的依据，需要包含用户的特

定信息，如本例注册了 data 声明，data 声明中包括了用户 ID 和用户登录时间两个参数，在用户鉴权方法中，解析 Token 完成后要利用这个用户 ID 来查找并返回用户信息给用户。这里的 data 声明是我们自己加的，PyJWT 内置注册了以下几个声明。

- exp：过期时间，这个过期时间是按当地时间确定的，所以设置时要使用 UTC 时间。
- nbf：表示当前时间在 nbf 的时间之前，则 Token 不被接受。
- iss：Token 签发者。
- aud：Token 接收者。
- iat：发行时间。

2）方法 decode_auth_token()：用于实现 Token 验证。这里的 Token 验证主要包括过期时间验证和声明验证。使用 PyJWT 的 jwt.decode()方法解析 Token，得到 payload，示例如下所示。

```
jwt.decode(auth_token, config.SECRET_KEY, options = {'verify_exp': False})
```

上面代码中的参数 options 设置不验证过期时间，如果不设置这个选项，Token 将在原 payload 中设置的过期时间后过期。经过上面的方法解析后，得到的 payload 可以跟原来生成的 payload 进行比较来验证 Token 的有效性。

3）方法 authenticate()：用于实现用户登录验证功能。如果通过验证，先把登录时间写入用户记录，再调用上面第一个方法生成 Token，返回给用户（用户登录成功后，据此 Token 来获取用户信息或其他操作）。

4）方法 identify()：用于用户权限鉴定功能。当用户有了 Token 后，用户可以用 Token 去执行一些需要 Token 才能执行的操作。这个用户鉴权方法就是进一步检查用户的 Token，如果完全符合条件则返回用户需要的信息或执行用户的操作。

注意：用户鉴权的操作首先判断一个用户是否正确传递 Token，这里使用 header 的方式来传递，并要求 header 传值字段名为 Authorization，字段值以 JWT 开头，并与 Token 用空格隔开。用户按正确的方式传递 Token 后，再调用 decode_auth_token()方法来解析 Token，如果解析正确，获取解析出来的用户信息（user_id）并到数据库中查找详细信息返回给用户。

（8）RESTClient 测试

笔者没有为本项目编写模板文件，而是使用火狐浏览器的 RESTClient 插件进行测试。RESTClient 是一个典型的 HTTP 接口测试工具，是一个完全开源的项目。

运行本项目，打开火狐浏览器并安装 RESTClient 后，在网址栏中输入新用户注册的 URL 地址"http://127.0.0.1:5000/register"，将"请求方法"选项设置为"POST"，将"HTTP 头字段"设置为"Content-Type：application/x-www-form-urlencoded"，然后在正文中设置注册用户的信息，如下所示。

```
username=guanxijing&password=1234567&email=GUAN@126.COM
```

上面的信息表示注册的用户名是"guanxijing"，密码是"1234567"，邮箱地址是"GUAN@126.COM"，单击右上角的"发送"按钮后实现新用户注册功能，并返回注册是否成功的提示信息，如图 5-16 所示。此时会在 MySQL 数据库中添加刚才注册的用户信息，并且用户密码是加密的，如图 5-17 所示。

同样的道理，可以测试用户登录验证功能。在网址栏中输入新用户注册的 URL 地址"http://127.0.0.1:5000/login"，将"请求方法"选项设置为"POST"，将"HTTP 头字段"设置为"Content-Type：application/x-www-form-urlencoded"，然后在正文中设置注册用户的

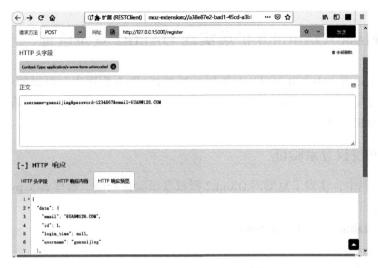

图 5-16 测试新用户注册功能

图 5-17 注册信息被添加到 MySQL 数据库中

信息如下所示。

```
username=guanxijing&password=1234567
```

上面的信息表示使用用户名"guanxijing"和密码"1234567"进行登录，单击右上角的"发送"按钮后实现登录验证功能，并返回登录是否成功的提示信息，如图 5-18 所示。

图 5-18 测试用户登录验证功能

5.6 使用 Flask-OAuthlib 扩展实现 OAuth2 登录验证

Flask-OAuthlib 是 OAuthlib 的 Flask 扩展，在 Flask Web 程序中，可以使用 Flask-OAuthlib 扩展实现 OAuth2（开放授权标准的最新版本）登录验证功能。在本节的内容中，将详细讲解使用 Flask-OAuthlib 扩展的知识。

5.6.1 豆瓣网授权登录验证

在下面的实例中，实现了豆瓣网 OAuth2 授权登录验证功能。程序 app.py 的具体实现代码如下所示。

源码路径：daima\5\5-6\douban

```python
app = Flask(__name__)
app.debug = True
app.secret_key = 'development'
oauth = OAuth(app)
douban = oauth.remote_app(
    'douban',
    consumer_key='0cfc3c5d9f873b1826f4b518de95b148',
    consumer_secret='3e209e4f9ecf6a4a',
    base_url='https://api.douban.com/',
    request_token_url=None,
    request_token_params={'scope': 'douban_basic_common,shuo_basic_r'},
    access_token_url='https://www.douban.com/service/auth2/token',
    authorize_url='https://www.douban.com/service/auth2/auth',
    access_token_method='POST',
)
@app.route('/')
def index():
    if 'douban_token' in session:
        resp = douban.get('shuo/v2/statuses/home_timeline')
        return jsonify(status=resp.status, data=resp.data)
    return redirect(url_for('login'))

@app.route('/login')
def login():
    return douban.authorize(callback=url_for('authorized', _external=True))
@app.route('/logout')
def logout():
    session.pop('douban_token', None)
    return redirect(url_for('index'))
@app.route('/login/authorized')
def authorized():
    resp = douban.authorized_response()
    if resp is None:
        return 'Access denied: reason=%s error=%s' % (
            request.args['error_reason'],
            request.args['error_description']
        )
    session['douban_token'] = (resp['access_token'], '')
    return redirect(url_for('index'))

@douban.tokengetter
```

```
def get_douban_oauth_token():
    return session.get('douban_token')

if __name__ == '__main__':
    app.run()
```

在上述代码中，通过豆瓣网官方开发者平台获取
一个 API 账号和密钥，然后获得豆瓣网的登录验证授
权接口。设置了三个 URL：/login、/login/authorized
和/logout，分别表示登录界面、验证处理和退出 3 个
功能。在浏览器中输入 "http://127.0.0.1:5000" 后
会显示豆瓣网用户授权登录表单界面，输入合法的豆
瓣网账号后可以登录豆瓣网，执行效果如图 5-19
所示。

图 5-19　执行效果

5.6.2　QQ 授权登录验证

在日常生活登录论坛、博客等第三方网站时，有
时可以通过自己的 QQ 账号登录这些网站，这样可以
节省注册成为网站会员的时间。这个功能是通过腾讯
公司推出的移动应用接入服务实现的，读者可以登录腾讯互联官网 https://connect.qq.com/
index.html 了解具体信息，如图 5-20 所示。

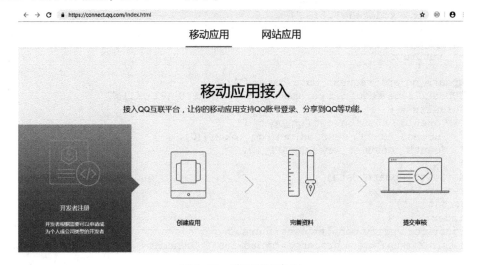

图 5-20　腾讯互联官网

在下面的实例中，演示了在 Flask Web 程序中实现 OAuth2 授权登录验证功能的方法，可
以使用 QQ 账号登录 Web 程序。

源码路径：daima\5\5-6\qq

1）访问腾讯互联网站 http://connect.qq.com/index.html 注册成为开发者，并新建一个应
用程序，然后为这个应用申请验证授权。应用申请成功之后，获得 QQ_APP_ID 和 QQ_APP_
KEY 信息。

2）编写 Flask Web 程序 aa.py，使用申请到的 QQ_APP_ID 和 QQ_APP_KEY 授权本 Flask
Web 程序使用 QQ 账户登录功能。文件 aa.py 的主要实现代码如下所示。

```python
    QQ_APP_ID = os.getenv('QQ_APP_ID', '填写你申请的 QQ_APP_ID')
    QQ_APP_KEY = os.getenv('QQ_APP_KEY', '填写你申请的 QQ_APP_KEY')
app = Flask(__name__)
app.debug = True
app.secret_key = 'development'
oauth = OAuth(app)
qq = oauth.remote_app(
    'qq',
    consumer_key=QQ_APP_ID,
    consumer_secret=QQ_APP_KEY,
    base_url='https://graph.qq.com',
    request_token_url=None,
    request_token_params={'scope': 'get_user_info'},
    access_token_url='/oauth2.0/token',
    authorize_url='/oauth2.0/authorize',
)
def json_to_dict(x):
    '''OAuthResponse class can't parse the JSON data with content-type-
    text/html and because of a rubbishapi, we can't just tell flask-oauthlib to
treat it as json.'''
    if x.find(b'callback') > -1:
        # the rubbishapi (https://graph.qq.com/oauth2.0/authorize) is handled
here as special case
        pos_lb = x.find(b'{')
        pos_rb = x.find(b'}')
        x = x[pos_lb:pos_rb + 1]

    try:
        if type(x) != str:  # Py3k
            x = x.decode('utf-8')
        return json.loads(x, encoding='utf-8')
    except:
        return x

def update_qq_api_request_data(data={}):
    '''Update some required parameters forOAuth2.0 API calls'''
    defaults = {
        'openid': session.get('qq_openid'),
        'access_token': session.get('qq_token')[0],
        'oauth_consumer_key': QQ_APP_ID,
    }
    defaults.update(data)
    return defaults
@app.route('/')
def index():
    '''just for verify website owner here.'''
    return Markup('''<meta property="qc:admins" ''' '''content= "   2265267541506316110063757
" />''')
@app.route('/user_info')
def get_user_info():
    if 'qq_token' in session:
        data = update_qq_api_request_data()
    resp = qq.get('/user/get_user_info', data=data)
        return jsonify(status=resp.status, data=json_to_dict(resp.data))
    return redirect(url_for('login'))

@app.route('/login')
def login():
    return qq.authorize(callback=url_for('authorized', _external=True))

@app.route('/logout')
```

```
def logout():
    session.pop('qq_token', None)
    return redirect(url_for('get_user_info'))

@app.route('/login/authorized')
def authorized():
    resp = qq.authorized_response()
    if resp is None:
        return 'Access denied: reason=%s error=%s' % (
            request.args['error_reason'],
            request.args['error_description']
        )
    session['qq_token'] = (resp['access_token'], '')
    resp = qq.get('/oauth2.0/me', {'access_token': session['qq_token'][0]})
    resp = json_to_dict(resp.data)
    if isinstance(resp, dict):
        session['qq_openid'] = resp.get('openid')

    return redirect(url_for('get_user_info'))

@qq.tokengetter
def get_qq_oauth_token():
    return session.get('qq_token')
def convert_keys_to_string(dictionary):
    '''Recursively converts dictionary keys to strings.'''
    if not isinstance(dictionary, dict):
        return dictionary
    return dict((str(k), convert_keys_to_string(v)) for k, v in dictionary.items())
def change_qq_header(uri, headers, body):
    return uri, headers, body
qq.pre_request = change_qq_header
if __name__ == '__main__':
    app.run()
```

在浏览器中访问/login，会跳转到 QQ 的授权验证网页；QQ 验证通过之后，会跳转到/login/authorized 并获取 access_token；在得到 access_token 之后，通过 access_token 获取 openid，access_token 和 openid 是后期调用其他 API 的必要参数。在浏览器中访问/user_info，会获取并显示登录用户的基本信息。

第6章
收发电子邮件

自从互联网诞生那一刻起，人们日常交互的方式又多了一种新的渠道。从此以后，人们的交流变得更加迅速快捷，更具有实时性。一时之间，很多网络通信产品出现在人们面前，例如 QQ 和电子邮件等，其中电子邮件更是深受人们的追捧。使用 Python 语言可以开发出功能强大的邮件系统，在本章的内容中，将通过具体实例来讲解使用 Flask 开发邮件系统的过程。

6.1 使用 Python 内置模块收发邮件

在计算机应用中，使用 POP3 协议可以登录电子邮件服务器收取邮件。在 Python 程序中，内置模块 poplib 提供了对 POP3 邮件协议的支持。在本节的内容中，将详细讲解使用 Python 内置模块收发电子邮件的知识。

6.1.1 使用内置模块 poplib

现在市面中大多数邮箱软件都提供了 POP3 收取邮件的方式，例如 Outlook 的电子邮件客户端就是如此。开发者可以使用 Python 语言中的 poplib 模块开发出一个支持 POP3 邮件协议的客户端脚本程序。要想使用 Python 获取某个邮箱中邮件主题和发件人的信息，首先应该知道自己所使用的邮箱的 POP3 服务器地址和端口。一般来说，邮箱服务器的地址格式如下。

```
pop. 主机名 . 域名
```

而端口的默认值是 110，例如 126 邮箱的 POP3 服务器地址为 pop. 126. com，端口为默认值 110。例如在下面的实例代码中，演示了使用 poplib 库获取指定邮箱中的最新两封邮件的主题和发件人的方法。实例文件 pop. py 的具体实现代码如下所示。

源码路径：daima\6\6-1\pop. py

```
from poplib import POP3                         # 导入内置邮件处理模块
import re,email,email.header                    # 导入内置文件处理模块
from p_email import mypass                      # 导入内置模块
def jie(msg_src,names):                         # 定义解码邮件内容函数 jie()
    msg = email.message_from_bytes(msg_src)
    result = {}                                 # 变量初始化
    for name in names:                          # 遍历 name
        content = msg.get(name)                 # 获取 name
        info = email.header.decode_header(content) # 定义变量 info
```

```
        if info[0][1]:
            if info[0][1].find('unknown-') == -1:      # 如果是已知编码
                result[name] = info[0][0].decode(info[0][1])
            else:                                       # 如果是未知编码
                try:                                    # 异常处理
                    result[name] = info[0][0].decode('gbk')
                except:
                    result[name] = info[0][0].decode('utf-8')
        else:
            result[name] = info[0][0]                   # 获取解码结果
    return result                                       # 返回解码结果
if __name__ == "__main__":
    pp = POP3("pop.sina.com")                           # 实例化邮箱服务器类
    pp.user('guanxijing820111@sina.com')                # 传入邮箱地址
    pp.pass_(mypass)                                    # 密码设置
    total,totalnum = pp.stat()                          # 获取邮箱的状态
    print(total,totalnum)                               # 打印显示统计信息
    for i in range(total-2,total):                      # 遍历获取最近的两封邮件
        hinfo,msgs,octet = pp.top(i+1,0)                # 返回 bytes 类型的内容
        b=b''
        for msg inmsgs:                                 # 遍历 msg
            b += msg+b'\n'
        items = jie(b,['subject','from'])               # 调用函数 jie()返回邮件主题
        print(items['subject'],'\nFrom:',items['from']) # 调用函数 jie()返回发件人的信息
        print()                                         # 打印空行
    pp.close()                                          # 关闭连接
```

在上述实例代码中，函数 jie() 的功能是使用 email 包来解码邮件头，用 POP3 对象的方法连接 POP3 服务器并获取邮箱中的邮件总数。在程序中获取最近的两封邮件的邮件头，然后传递给函数 jie() 进行分析，并返回邮件的主题和发件人的信息。执行效果如图 6-1 所示。

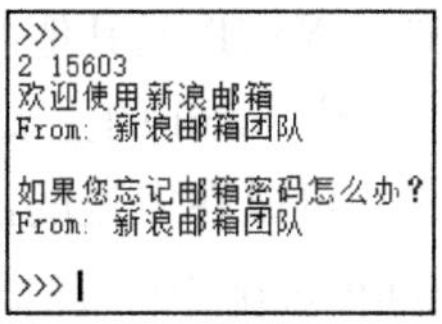

图 6-1　执行效果

6.1.2　开发 SMTP 邮件协议程序

当使用 Python 语言发送电子邮件时，需要找到所使用邮箱的 SMTP 服务器的地址和端口。例如新浪邮箱，其 SMTP 服务器的地址为 smtp. sina. com，端口为默认值 25。在 Python 程序中，可以使用内置模块 smtplib 调用 SMTP 收发邮件。

例如在下面的实例文件 sm. py 中，演示了向指定邮箱发送邮件的过程。为了防止邮件被反垃圾邮件软件丢弃，我们设置在登录认证后再发送。实例文件 sm. py 的具体实现代码如下所示。

源码路径：daima\6\6-1\sm. py

```
import smtplib,email                                    # 导入内置模块
from p_email import mypass                               # 导入内置模块
# 使用 email 模块构建一封邮件
chst = email.charset.Charset(input_charset='utf-8')
header = ("From:% s\nTo:% s\nSubject:% s \n\n"           # 邮件主题
    % ("guanxijing820111@sina.com",                     # 邮箱地址
        "好人" ,                                         # 收件人
        chst.header_encode("Python smtplib 测试!")))    # 邮件头
body = "你好!"                                          # 邮件内容
email_con = header.encode('utf-8') + body.encode('utf-8')
                                                        # 构建邮件完整内容,对中文进行编码处理
```

```
smtp = smtplib.SMTP("smtp.sina.com")                                    # 邮件服务器
smtp.login("guanxijing820111@sina.com",mypass)                          # 使用用户名和密码登录邮箱
# 开始发送邮件
smtp.sendmail("guanxijing820111@sina.com","371972484@qq.com",email_con)
smtp.quit()                                                             # 退出系统
```

在上述实例代码中，使用新浪邮箱 guanxijing820111@ sina. com 发送邮件，收件人的邮箱地址是 371972484@ qq. com。首先使用 email. charset. Charset ( ) 对象对邮件头进行编码，然后创建 SMTP 对象，并通过验证的方式给 371972484@ qq. com 发送一封测试邮件。因为在邮件的主体内容中含有中文字符，所以使用 encode( ) 函数进行编码。执行后的效果如图 6-2 所示。

图 6-2　执行效果

6.1.3　发送带附件功能的邮件

在 Python 程序中，内置标准库 email 的功能是管理电子邮件。具体来说，不是实现向 SMTP、NNTP 或其他服务器发送任何电子邮件的功能，而是诸如 smtplib 和 nntplib 之类的库的功能。库 email 的主要功能是解析来自内部对象模型发送来的电子邮件消息。通过使用库 email，可以在发送的消息中添加和删除子对象，可完全重新排列内容。例如在下面的实例文件 youjian. py 中，演示了使用库 email 和 smtplib 发送带附件功能邮件的过程。

源码路径：daima\6\6-1\youjian. py

```
import smtplib
from email.mime.multipart import MIMEMultipart
from email.mime.text import MIMEText
from email.mime.image import MIMEImage

sender = '* * *'
receiver = '* * *'
subject = '这是我的邮件'
smtpserver = 'smtp.163.com'
username = '* * *'
password = '* * *'

msgRoot = MIMEMultipart('related')
msgRoot['Subject'] = 'test message'

# 构造附件
att = MIMEText(open('h:\\python\\1.jpg', 'rb').read(),'base64','utf-8')
att["Content-Type"] = 'application/octet-stream'
att["Content-Disposition"] = 'attachment; filename="1.jpg"'
msgRoot.attach(att)

smtp = smtplib.SMTP()
smtp.connect('smtp.163.com')
smtp.login(username, password)
smtp.sendmail(sender, receiver,msgRoot.as_string())
smtp.quit()
```

6.2　在 Flask Web 程序中收发电子邮件

在 Flask Web 程序中，除了可以使用前面介绍的 Python 内置模块收发电子邮件外，还可以使用 Flask 专用的内置库收发电子邮件。在本节的内容中，将详细讲解在 Flask Web 程序中收发电子邮件的知识。

6.2.1　使用 Flask-Mail 扩展

使用 Flask-Mail 扩展可以方便地连接到常用的邮件传输协议（Simple Mail Transfer Protocol，SMTP）服务器，并把邮件交给这个服务器发送。如果不进行服务器配置，Flask-Mail 扩展会连接 localhost 上的端口 25，无须验证即可发送电子邮件。

可以使用如下所示的 pip 命令来安装 Flask-Mail 扩展。

```
$pip install flask-mail
```

下面列出了可用来设置 SMTP 服务器的配置。

- MAIL_SERVER：默认值是 localhost，表示电子邮件服务器的主机名或 IP 地址。
- MAIL_PORT：默认值是 25，表示电子邮件服务器的端口。
- MAIL_USE_TLS：默认值是 False，表示启用传输层安全（Transport Layer Security，TLS）协议。
- MAIL_USE_SSL：默认值是 False，表示启用安全套接层（Secure Sockets Layer，SSL）协议。
- MAIL_USERNAME：默认值是 None，表示邮件账户的用户名。
- MAIL_PASSWORD：默认值是 None，表示邮件账户的密码。

例如在下面的实例文件 123.py 中，演示了使用 Flask-Mail 扩展发送带有附件邮件的过程。实例文件 123.py 的具体实现代码如下所示。

源码路径：daima\6\6-2\123.py

```
from flask import Flask
from flask_mail import Mail, Message
import os

app = Flask(__name__)
app.config.update(
    DEBUG = True,
    MAIL_SERVER='smtp.qq.com',
    MAIL_PROT=25,
    MAIL_USE_TLS = True,
    MAIL_USE_SSL = False,
    MAIL_USERNAME = '输入发送者邮箱',
    MAIL_PASSWORD = '这里输入授权码',
    MAIL_DEBUG = True
)

mail = Mail(app)

@app.route('/')
def index():
# sender 发送者,recipients 邮件接收者
```

```
    msg = Message("Hi!This is a test ",sender='输入发送者邮箱', recipients = ['输入
接收者邮箱'])
    # msg.body 邮件正文
    msg.body = "This is a first email"
    # msg.attach 添加邮件附件
    # msg.attach("文件名","类型",读取文件)
    with app.open_resource("123.jpg",'rb') as fp:
        msg.attach("image.jpg", "image/jpg", fp.read())

    mail.send(msg)
    print("Mail sent")
    return "Sent"

if __name__ == "__main__":
    app.run()
```

在上述代码中，利用 QQ 邮箱实现了邮件发送功能。在设置时一定要登录 QQ 邮件中心开启 POP3/ SMTP 服务，如图 6-3 所示。

图 6-3　设置开启 POP3/SMTP 服务

读者一定要注意，MAIL_PASSWORD 输入的不是 QQ 邮箱的登录密码，而是在开启 POP3/SMTP 服务时得到的授权码。通过如下所示的命令运行上述程序。

```
python 123.py runserver
```

然后在浏览器中输入 "http://126.0.0.1:5000/" 后，会得到一个简单的网页并成功实现发送邮件功能，如图 6-4 所示。

图 6-4　成功收到含有附件的邮件

6.2.2　使用 SendGrid 发送邮件

SendGrid 是一个电子邮件服务平台，可以帮助市场营销人员跟踪他们的电子邮件统计数据，

致力于帮助公司管理事务性邮件，包括航运通知、简报和注册确认等。在 Python 程序中，可以使用第三方库 sendgrid 实现邮件发送功能。通过如下所示的 pip 命令可以安装 sendgrid。

```
pip install sendgrid
```

安装成功后需要登录 SendGrid 的官方网站申请自己的 API 密钥，接下来就可以使用这个 API 密钥开发自己的邮件发送程序。例如在下面的实例中，演示了在 Flask Web 程序中使用 SendGrid 发送邮件的过程。

1）编写程序文件 mailPage. py 获取表单中的参数值，根据在表单中输入的邮件信息来发送邮件。文件 mailPage. py 的具体实现代码如下所示。

源码路径：daima\6\6-2\youjian03\mailPage. py

```python
from flask import Flask,render_template,request
import send2

app = Flask(__name__)

@app.route("/")
def my_form(name=None):
    return render_template("mailForm.html",name=name)

@app.route("/",methods=['POST'])
def my_form_post():
    if request.method=='POST':
        myMailId = request.form.get("myMailId")
        otherMailIds  = request.form.get("otherMailIds").strip().split(',')
        sub = request.form.get("sub")
        body = request.form.get("body")
        send2.mailSend(myMailId,otherMailIds,sub,body)
        return "mail sent!!!"

if __name__=="__main__":
    app.run()
```

2）在程序文件 send2. py 中调用申请的 APIKey，并根据从表单中获取的信息实现邮件发送功能。文件 send2. py 的具体实现代码如下所示。

源码路径：daima\6\6-2\youjian03\send2. py

```python
import sendgrid
import os

def mailSend(mailId,emailList,sub,body):

    sg = sendgrid.SendGridAPIClient(apikey='这里写你的 APIKEY')
    for toMailId in emailList:
        data = {
        "personalizations": [
            {
            "to": [
                {
                "email":toMailId
                }
            ],
            "subject": sub
            }
        ],
        "from": {
            "email":mailId
        },
```

127

```
        "content": [
            {
            "type": "text/plain",
            "value": body
            }
        ]
        }
        response = sg.client.mail.send.post(request_body=data)
        print(response.status_code)
        print(response.body)
        print(response.headers)
```

3）在模板文件 mailForm.html 中创建一个邮件发送表单，要求分别输入发件人的邮箱地址、接收者的邮箱地址、邮件主题和邮件内容。

执行后会显示一个邮件发送表单，分别输入发件人的邮箱地址、接收者的邮箱地址、邮件主题和邮件内容，单击"send"按钮后即可实现邮件发送功能，执行效果如图 6-5 所示。

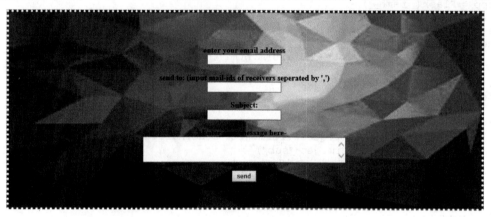

图 6-5 邮件发送表单

6.2.3 异步发送电子邮件

如果不使用异步方式发送电子邮件，在发送电子邮件时会停滞几秒钟，在这个过程中浏览器就像无响应一样。为了在处理请求的过程中避免不必要的延迟，可以把发送电子邮件的函数移到后台线程中，使用多线程异步方式实现发送邮件功能。例如在下面的实例中，演示了使用 Flask-WTF 扩展异步发送电子邮件的过程。

源码路径：daima\6\6-2\yibu

实例文件 yibu.py 的具体实现代码如下所示。

```
import threading
from flask import Flask
from flask_mail import Mail, Message

app = Flask(__name__)
app.config.update(
    # EMAIL SETTINGS
    MAIL_SERVER='smtp.qq.com',
    MAIL_PORT=465,
    MAIL_USE_SSL=True,
    #下面写的是账号
    MAIL_USERNAME = '371972484@qq.com',
```

```
    #下面的密码是授权码
    MAIL_PASSWORD = ''
    )
mail = Mail(app)

@app.route('/')
def index():
    send_mail()
    print('email send!!')
    return "Sent"

def send_async_email(app, msg):
    with app.app_context():
        mail.send(msg)

def send_mail():
    # sender-发件人邮箱,recipients-收件人邮箱
    msg = Message("这是邮件内容!",sender='371972484@qq.com',recipients =
['729017304@qq.com'])
    msg.body = "邮件内容!"
    # Flask 附件处理
    # msg.attach 添加邮件附件
    # msg.attach("文件名","类型",读取文件)
    #     with app.open_resource("F:\2281393651481.jpg") as fp:
    #         msg.attach("image.jpg","image/jpg", fp.read())
    thr = threading.Thread(target =send_async_email, args = [app,msg])  # 创建线程
    thr.start()

if __name__ == "__main__":
    app.run()
```

执行后会实现异步发送邮件功能，接收到的邮件如图 6-6 所示。

　　注意：在现实应用中，如果 Web 服务器一直阻塞，此时发送电子邮件到一个服务器的速度是缓慢的，甚至暂时处于脱机状态，严重影响了用户体验。通过使用多线程异步的方式发送电子邮件，可以避免在处理请求过程中不必要的延迟，将发送电子邮件的函数移到后台线程中，能够使整个程序的运行会更加流畅。

Hi!This is acesh ☆

发件人：好人 <371972484@qq.com>　国
时　间：2018年12月26日(星期三) 下午2:43
收件人：那一夜 <729017304@qq.com>

This is a first email

图 6-6　接收到的邮件

6.2.4　使用库 envelopes 发送邮件

库 envelopes 是 Python 处理邮件的一个第三方模块，是对 Python 内置模块 email 和 smtplib 的封装。如果是 Linux 系统，直接使用如下命令即可安装 envelopes。

```
pip install envelopes
```

如果是 Windows 系统，需要先下载 envelopes 的源码文件压缩包，解压之后使用如下命令安装。

```
python setup.py install
```

在下面的实例文件 envelopes01. py 中，演示了使用库 envelopes 向指定邮箱发送邮件的过程。
源码路径：daima\6\6-2\envelopes01. py

```
from envelopes import Envelope,GMailSMTP

envelope = Envelope(                              # 实例化 Envelope
```

```
        from_addr = (u'from@example.com', u'From Example'),
                                    # 发件人信息.前面是发件邮箱,后面是发件人
        to_addr = (u'to@example.com', u'To Example'),  # 发送多人可以直接(u'user1@exam-
ple.com', u'user2@example.com')
        subject = u'Envelopes demo',          # 必选参数,邮件标题
        html_body = u'<h1>活着之上</h1>'       # 可选参数,带 HTML 的邮件正文
        text_body = u"I'm a helicopter!",     # 可选参数,文本格式的邮件正文
        cc_addr = u'boss1@example.com',       # 可选参数,抄送人,也可以是列表形式
        bcc_addr = u'boss2@example.com',      # 可选参数,隐藏抄送人,也可以是列表形式
        headers = u",                         # 可选参数,邮件头部内容,字典形式
        charset = u",                         # 可选参数,邮件字符集
    )
    envelope.add_attachment('/Users/bilbo/Pictures/helicopter.jpg')  # 增加附件,注意
文件是完整路径,也可以加入多个附件

    # Send the envelope using an ad-hoc connection...
    envelope.send('smtp.163.com', login='from@example.com',
            password='password', tls=True)   # 发送邮件,分别是 smtp 服务器、登录邮箱、登录

    # 或者使用共享 Gmail 连接发送邮件
    gmail = GMailSMTP('from@example.com', 'password')
    gmail.send(envelope)
```

在下面的实例文件 envelopes02. py 中,演示了使用库 envelopes 构建 Flask Web 邮件发送程序的过程。

源码路径:daima\6\6-2\envelopes02. py

```python
from envelopes import Envelope, SMTP
import envelopes.connstack
from flask import Flask,jsonify
import os

app = Flask(__name__)
app.config['DEBUG'] = True
conn = SMTP('126.0.0.1', 1025)

@app.before_request
def app_before_request():
    envelopes.connstack.push_connection(conn)

@app.after_request
def app_after_request(response):
    envelopes.connstack.pop_connection()
    return response

@app.route('/mail', methods = ['POST'])
def post_mail():
    envelope = Envelope(
        from_addr='%s@localhost' % os.getlogin(),
        to_addr='%s@localhost' % os.getlogin(),
        subject='Envelopes in Flask demo',
        text_body = "I'm a helicopter!"
    )

    smtp = envelopes.connstack.get_current_connection()
    smtp.send(envelope)
    return jsonify(dict(status='ok'))

if __name__ == '__main__':
    app.run()
```

6.3 利用邮箱会员找回密码

在现实应用中，经常用到找回密码功能，例如找回自己的 QQ 密码和微信密码。在本节的内容中，将实现一个完整的用户注册和登录验证系统，并通过邮箱实现了找回密码功能。

源码路径：daima\6\6-3\email_verify

6.3.1 系统配置

在配置文件 config. py 中设置使用的数据库名和发送邮件的邮箱信息，主要实现代码如下所示。

```
class Config(object):
    SECRET_KEY=os.environ.get('SECRET_KEY') or 'you-will-never-guess'
    SQLALCHEMY_DATABASE_URI = os.environ.get('DATABASE_URL') or \
        'sqlite:///' + os.path.join(basedir, 'app.db')
    SQLALCHEMY_TRACK_MODIFICATIONS = False

    #下面设置邮箱服务器变量
    MAIL_SERVER = 'smtp.qq.com'
    MAIL_PORT = int(25)
    MAIL_USE_TLS = True
    MAIL_USERNAME = '371972484@qq.com'
    MAIL_PASSWORD = ''
    ADMINS = ['371972484@qq.com']
```

6.3.2 数据库模型

在文件 models. py 中创建数据库模型类，在数据库中创建表 user，并分别设置表 user 中的字段属性。文件 models. py 的主要实现代码如下所示。

```
class User(UserMixin, db.Model):
    id = db.Column(db.Integer, primary_key=True)
    username = db.Column(db.String(64), index=True, unique=True)
    email = db.Column(db.String(120), index=True, unique=True)
    password_hash = db.Column(db.String(128))

    def set_password(self, password):
        self.password_hash = generate_password_hash(password)

    def check_password(self, password):
        return check_password_hash(self.password_hash, password)

    def get_reset_password_token(self, expires_in=600):
        return jwt.encode(
            {'reset_password': self.id, 'exp': time() + expires_in},
            app.config['SECRET_KEY'], algorithm='HS256').decode('utf-8')

    @staticmethod
    def verify_reset_password_token(token):
        try:
            id = jwt.decode(token, app.config['SECRET_KEY'], algorithms=['HS256'])
['reset_password']
        except:
            return
        return User.query.get(id)
```

```
    def __repr__(self):
        return '<User {}>'.format(self.username)
@login.user_loader
def load_user(id):
    return User.query.get(int(id))
```

在上述代码中，运行后可能会提示下面的错误。解决方法是先使用命令 pip uninstall jwt 卸载 jwt，然后使用 pip install pyjwt 命令安装 PyJWT。

```
module 'jwt' has no attribute 'encode'
```

6.3.3 模板文件

在 templates 目录中保存了本项目所需的模板文件，其中文件 login.html 实现登录表单界面；文件 register.html 实现新用户注册表单界面；文件 reset_password_request.html 实现找回密码表单界面，在此页面中显示一个输入邮箱的表单；文件 reset_password.html 实现重设密码表单界面，在此界面的表单中可以输入新的密码。

6.3.4 表单处理

编写文件 forms.py，功能是定义不同的类获取前面模板文件中各类表单中的数据，具体对应关系如下所示。

- LoginForm：获取用户登录表单中的数据。
- RegistrationForm：获取新用户注册表单中的数据。
- CheckPasswordForm：获取密码验证表单中的数据。
- ResetPasswordRequestForm：获取忘记密码环节中输入邮箱表单中的数据。
- ResetPasswordForm：获取忘记密码环节中重设密码表单中的数据。

文件 forms.py 的主要实现代码如下所示。

```
class LoginForm(FlaskForm):
    username = StringField('Username',validators=[DataRequired()])
    password = PasswordField('Password', validators=[DataRequired()])
    remember_me = BooleanField('Remember Me')
    submit = SubmitField('Sign In')

class RegistrationForm(FlaskForm):
    username = StringField('Username',validators=[DataRequired()])
    email = StringField('Email',validators=[DataRequired(), Email()])
    password = PasswordField('Password', validators=[DataRequired()])
    password2 = PasswordField(
        'Repeat Password',validators=[DataRequired(), EqualTo('password')])
    submit = SubmitField('Register')

    def validate_username(self, username):
        user = User.query.filter_by(username=username.data).first()
        if user is not None:
            raiseValidationError('Please use a different username.')

    def validate_email(self, email):
        user = User.query.filter_by(email=email.data).first()
        if user is not None:
            raiseValidationError('Please use a different email address.')
```

```
class CheckPasswordForm(FlaskForm):
    password = StringField('Password Checker')
    submit = SubmitField('Check')

class ResetPasswordRequestForm(FlaskForm):
    email = StringField('Email',validators=[DataRequired(), Email()])
    submit = SubmitField('Request Password Reset')

class ResetPasswordForm(FlaskForm):
    password = PasswordField('Password', validators=[DataRequired()])
    password2 = PasswordField(' Repeat Password', validators = [DataRequired(),
EqualTo('password')])
    submit = SubmitField('Request Password Reset')
```

6.3.5 URL 导航

编写文件 routes. py 实现 URL 导航功能，根据用户输入的 URL 使用@ app. route 导航到对应的模板文件页面，具体实现代码如下所示。

1) 如果用户输入"/index"则来到判断输入的账户信息是否合法，如果合法则来到 index. html 页面，具体的实现代码如下所示。

```
@app.route('/index', methods=['GET', 'POST'])
def index():
    form = CheckPasswordForm()
    password_checker = None
    if form.validate_on_submit():
        if current_user.check_password(form.password.data):
            password_checker = True
        else:
            password_checker = False
    return render_template('index.html', title='Home Page', form=form, password_
checker=password_checker)
```

2) 如果用户输入"/login"则来到 login. html 页面，并判断用户输入的登录信息的合法性，具体的实现代码如下所示。

```
@app.route('/login', methods=['GET', 'POST'])
def login():
    if current_user.is_authenticated:
        return redirect(url_for('index'))
    form = LoginForm()
    if form.validate_on_submit():
        user = User.query.filter_by(username=form.username.data).first()
        if user is None or not user.check_password(form.password.data):
            flash('Invalid username or password')
            return redirect(url_for('login'))
        login_user(user, remember=form.remember_me.data)
        return redirect(url_for('index'))
    return render_template('login.html', title='Sign In', form=form)
```

3) 如果用户输入"/register"则来到注册页面 register. html，并将注册表单中的数据添加到数据库表 user 中，对应的实现代码如下所示。

```
@app.route('/register', methods=['GET', 'POST'])
def register():
    if current_user.is_authenticated:
        return redirect(url_for('index'))
    form = RegistrationForm()
    if form.validate_on_submit():
```

```
        user = User(username=form.username.data, email=form.email.data)
        user.set_password(form.password.data)
        db.session.add(user)
        db.session.commit()
        flash('Congratulations, you are now a registered user!')
        return redirect(url_for('login'))
    return render_template('register.html', title='Register', form=form)
```

4）如果用户输入"/reset_password_request"则来到忘记密码页面 reset_password_request.html，并判断用户输入的邮箱是否存在数据库中，如果存在则向这个邮箱发送邮件，具体的实现代码如下所示。

```
@app.route('/reset_password_request', methods=['GET', 'POST'])
def reset_password_request():
    if current_user.is_authenticated:
        return redirect(url_for('index'))
    form = ResetPasswordRequestForm()
    if form.validate_on_submit():
        user = User.query.filter_by(email=form.email.data).first()
        if user:
            send_password_reset_email(user)
        flash('Check your email for the instructions to reset your password')
        return redirect(url_for('login'))
    return render_template('reset_password_request.html', title='Reset Password',
form=form)
```

5）如果用户输入"/reset_password<token>"（<token>表示此用户的标识）则来到修改密码页面 reset_password.html，并将表单中的新密码数据更新到数据库中，具体的实现代码如下所示。

```
@app.route('/reset_password/<token>', methods=['GET', 'POST'])
def reset_password(token):
    if current_user.is_authenticated:
        return redirect(url_for('index'))
    user = User.verify_reset_password_token(token)
    if not User:
        return redirect(url_for('index'))
    form = ResetPasswordForm()
    if form.validate_on_submit():
        user.set_password(form.password.data)
        db.session.commit()
        flash('Your password has been reset.')
        return redirect(url_for('login'))
    return render_template('reset_password.html', form=form)
```

6.3.6　发送邮件提醒并重设密码

编写文件 email.py，分别实现忘记密码发送邮件和重设密码功能。文件 email.py 的主要实现代码如下所示。

```
def send_email(subject, sender, recipients, text_body, html_body):
    msg = Message(subject, sender=sender, recipients=recipients)
    msg.body = text_body
    msg.html = html_body
    Thread(target=send_async_email, args=(app, msg)).start()

def send_async_email(app, msg):
    with app.app_context():
        mail.send(msg)
```

```
def send_password_reset_email(user):
    token = user.get_reset_password_token()
    send_email('重设密码',
        sender=app.config['ADMINS'][0],
        recipients=[user.email],
        text_body=render_template('email/reset_password.txt',
            user=user, token=token),
        html_body=render_template('email/reset_password.html',
            user=user, token=token))
```

在上述代码中用到了一个模板文件 reset_password. html，当用户输入自己的邮箱找回密码时，系统向这个邮箱发送一封提醒邮件，这封邮件的内容就是通过这个模板实现的。模板文件 reset_password. html 的主要实现代码如下所示。

```
<p>亲爱的 {{ user.username }},</p>
<p>
    点击 <a href="{{ url_for('reset_password', token=token, _external=True) }}">这儿
</a>重新设置您的密码!
</p>
<p>或者,您可以将以下连接粘贴到浏览器的地址栏中: </p>
<p>{{ url_for('reset_password', token=token, _external=True) }}</p>
<p>如果您没有请求密码重置,请忽略此消息.</p>
<p>真诚地祝您工作顺利!</p>
```

到此为止，本实例的主要功能全部介绍完毕。在浏览器中输入"http://126.0.0.1:5000/login"后的效果如图 6-7 所示。

图 6-7　登录表单界面

注册表单界面的执行效果如图 6-8 所示。

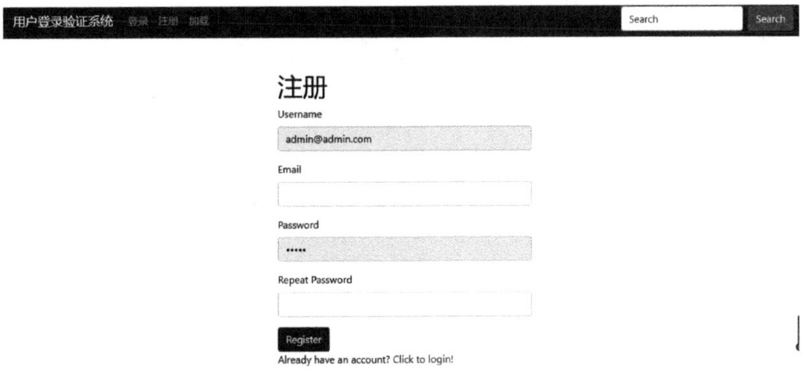

图 6-8　注册表单界面

找回密码界面的执行效果如图 6-9 所示。

135

图 6-9　找回密码界面

输入邮箱并单击"Reset Password Reset"按钮后会向邮箱发送邮件,如图 6-10 所示。

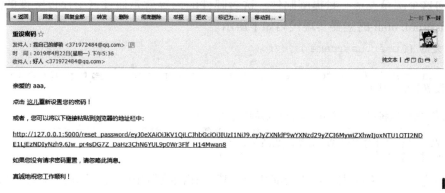

图 6-10　找回密码时发送邮件

第7章
使用 Flask-Admin 开发后台管理系统

在 Web 程序中，后台管理是动态网站项目的重要组成部分。通常只允许管理员才能登录后台，在后台可以管理整个 Web 中的内容，例如可以增加、删除或修改网站内的产品信息、新闻信息等。为了提高开发效率，可以使用 Flask-Admin 扩展快速开发出后台管理系统。在本章的内容中，将详细讲解使用 Flask-Admin 扩展开发后台管理系统的过程。

7.1 Flask-Admin 基础

Flask-Admin 是一个功能强大、简单易用的 Flask 扩展，可以帮助开发者快速开发出 Flask 后台管理程序。在本节的内容中，将详细讲解使用 Flask-Admin 扩展的基础知识。

7.1.1 安装并使用 Flask-Admin

在使用 Flask-Admin 之前，需要先通过如下命令进行安装。

```
pip install flask-admin
```

例如在下面的实例中，演示了创建一个 Flask-Admin 程序的方法。实例文件 first.py 的具体实现代码如下所示。

源码路径：daima\7\7-1\first\first.py

```
from flask import Flask
from flask_admin import Admin
app = Flask(__name__)
admin = Admin(app)
app.run()
```

通过上述代码，创建了一个简单的 Flask-Admin 程序，在浏览器中输入"http://localhost:5000/admin/"后的效果如图 7-1 所示。此时会显示一个默认的主视图链接"Home"。

在上述执行效果中，标题"Admin"是英文格式的，我们可以自定义标题。例如在下面的实例文件 first02.py 中，自定义的标题是"后台管理"。

图 7-1 执行效果

源码路径：**daima\7\7-1\first\first02. py**

```
from flask import Flask
from flask_admin import Admin

app = Flask(__name__)
admin = Admin(app, name='后台管理', template_mode='bootstrap3')
app.run()
```

此时在浏览器中输入"http://localhost：5000/admin/"后的效果如图 7-2 所示。

7.1.2 使用模板文件

在使用 Flask-Admin 创建后台管理系统时，也可以使用模板文件创建。例如在下面的实例中，演示了使用模板文件创建新的后台管理页面的方法。

图 7-2 执行效果

1）编写实例文件 first03. py，新建一个新的导航视图"管理员"。文件 first03. py 的具体实现代码如下所示。

源码路径：**daima\7\7-1\first\first03. py**

```
from flask import Flask
from flask_admin import Admin,BaseView, expose

class MyView(BaseView):
    @expose('/')
    def index(self):
        return self.render('index.html')

app = Flask(__name__)

admin = Admin(app)
admin.add_view(MyView(name='管理员'))

app.run()
```

在上述代码中，定义了继承于类 BaseView 的子类 MyView，这个子类 BaseView 表示新建的视图。在 MyView 里面新建了方法 index()，设置新建视图指向模板文件 index. html。

2）模板文件 index. html 的具体实现代码如下所示。

源码路径：**daima\7\7-1\first\templates\index. html**

```
{% extends 'admin/master.html' %}
{% block body %}
  这是新建的视图页面！
{% endblock %}
```

在上述代码中，为了保持整个项目外观样式一致性，设置模板页面继承于 admin/master. html 模板。在浏览器中输入"http://localhost：5000/admin/"后的效果如图 7-3 所示。此时会显示新建的"管理员"链接，单击导航中的"管理员"链接后，会显示模板文件 index. html 中的内容，执行效果如图 7-4 所示。

图 7-3 后台管理页面

图 7-4 单击"管理员"链接后的执行效果

138

7.1.3　添加子菜单

在使用 Flask-Admin 创建后台管理系统时，可以为导航链接添加新的子菜单。例如在下面的实例文件 first04.py 中，为自定义导航链接"管理员"设置了 3 个子菜单。

源码路径：daima\7\7-1\first\first04.py

```
from flask import Flask
from flask_admin import Admin,BaseView, expose

class MyView(BaseView):
    @expose('/')
    def index(self):
        return self.render('index.html')


app = Flask(__name__)


admin = Admin(app, name='后台管理')
admin.add_view(MyView(name='管理员 1', endpoint='test1', category='管理员'))
admin.add_view(MyView(name='管理员 2', endpoint='test2', category='管理员'))
admin.add_view(MyView(name='管理员 3', endpoint='test3', category='管理员'))
app.run()
```

在浏览器中输入"http://localhost:5000/admin/"后的执行效果如图 7-5 所示。

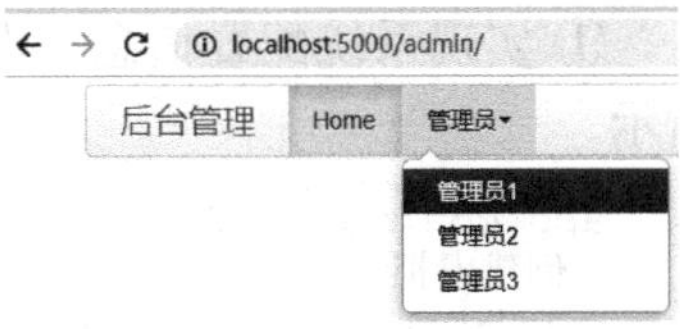

图 7-5　执行效果

7.2　数据库模型视图

在动态 Web 项目中，数据库是必不可少的功能模块。在 Flask 项目中，使用模型视图实现和数据库操作相关的功能。在使用 Flask-Admin 扩展时，只需编写很少的代码就可以为某个数据库模型实现管理视图。

7.2.1　创建基本模型视图

通过使用模型视图，可以为数据库中的每个模型增加专用的管理页面。在创建类 ModelView 实例后，可从 Flask-Admin 内置的 ORM 后端引入模型。例如下面是一个用 SQLAlchemy 实现的演示代码。

```
from flask.ext.admin.contrib.sqla import ModelView
admin = Admin(app)
admin.add_view(ModelView(User, db.session))
```

通过上述代码创建了一个名为 User 的模型管理界面，此时的导航页面效果如图 7-6 所示。

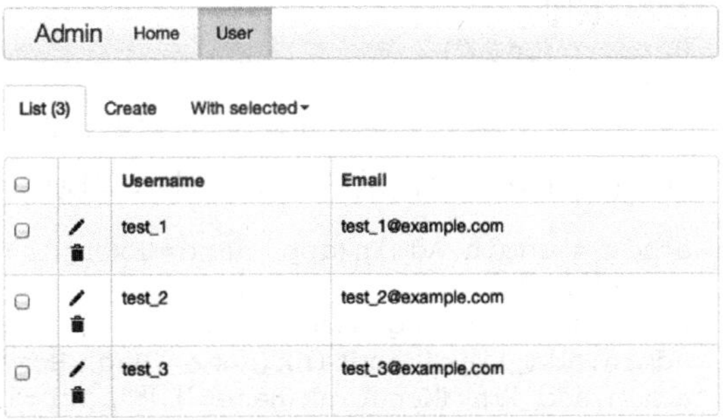

可以自定义模型视图，此时可以通过如下两种方法实现。

- 覆盖模型类 ModelView 的公有属性。
- 覆盖模型类 ModelView 的方法。

假如想禁用模型创建功能，并且只在列表视图界面中显示某些列，可以通过下

图 7-6　导航页面效果

面的演示代码实现。

```
from flask.ext.admin.contrib.sqla import ModelView
# 在此实现 Flask-SQLAlchemy 初始化
class MyView(ModelView):
    # 禁用模型创建
    can_create = False
    # 覆盖显示的字段
    column_list = ('login', 'email')
    def __init__(self, session, **kwargs):
        # 如果需要,可以传递名称和其他参数
        super(MyView, self).__init__(User, session, **kwargs)
admin = Admin(app)
admin.add_view(MyView(db.session))
```

7.2.2　Flask-Admin 使用 SQLite 数据库

在下面的实例中，使用 SQLAlchemy 创建了 SQLite 数据库模型，并且在数据库中添加了 9 条数据。通过使用 Flask-Admin 可以对数据库中的数据进行修改、添加和删除操作。

1）编写文件 app.py，具体实现流程如下所示。

源码路径：daima\7\7-2\second\app.py

① 实现系统配置信息，设置要创建的数据库名为 sample_db.sqlite，具体实现代码如下所示。

```
app.config['FLASK_ADMIN_SWATCH'] = 'cerulean'
# 创建虚拟 secret 密钥以便使用会话
app.config['SECRET_KEY'] = '123456790'
# 数据库名字
app.config['DATABASE_FILE'] = 'sample_db.sqlite'
app.config['SQLALCHEMY_DATABASE_URI'] = 'sqlite:///' + app.config['DATABASE_FILE']
app.config['SQLALCHEMY_ECHO'] = True
db = SQLAlchemy(app)
```

② 编写数据库模型类 Tag，在数据库中创建一个名为 Tag 的表，分别包含 id 和 name 两列，具体实现代码如下所示。

```
class Tag(db.Model):
    id = db.Column(db.Integer, primary_key=True)
    name = db.Column(db.Unicode(64))
    def __str__(self):
        return "{}".format(self.name)
```

③ 编写函数 index()，设置系统主页显示一行文本链接"点击这里来到管理后台"，具体实现代码如下所示。

```
# 创建视图
@app.route('/')
def index():
    return '<a href="/admin/">点击这里来到管理后台</a>'
```

④ 设置在导航中显示的文本，具体实现代码如下所示。

```
admin = admin.Admin(app, name='Example:SQLAlchemy', template_mode='bootstrap3')
# 添加导航视图
admin.add_view(sqla.ModelView(Tag, db.session))
admin.add_link(MenuLink(name='Back Home', url='/', category='Links'))
admin.add_link(MenuLink(name='百度', url='http://www.baidu.com/', category='Links'))
admin.add_link(MenuLink(name='书创文化', url='http://www.toppr.net/', category='Links'))
```

⑤ 编写方法 build_sample_db( )，调用数据库模型创建数据表，并向数据库中添加数据，具体实现代码如下所示。

```
def build_sample_db():
    db.drop_all()
    db.create_all()
    # 在数据库中添加几个数值
    tag_list = []
    for tmp in ["YELLOW","WHITE","BLUE","GREEN","RED","BLACK","BROWN","PURPLE","
ORANGE"]:
        tag = Tag()
        tag.name =tmp
        tag_list.append(tag)
        db.session.add(tag)
```

⑥ 运行程序，具体实现代码如下所示。

```
if __name__ == '__main__':
    # 如果尚不存在示例数据库,则在运行时生成一个示例数据库.
    app_dir = op.realpath(os.path.dirname(__file__))
    database_path = op.join(app_dir, app.config['DATABASE_FILE'])
    if not os.path.exists(database_path):
        build_sample_db()
    # 运行程序
    app.run(debug=True)
```

2）在模板文件 index. html 中设置要显示的内容，在浏览器中输入 "http://localhost：5000/admin/" 后会显示后台管理主页，如图 7-7 所示。单击导航中的 "Tag" 链接后会显示数据库表 Tag 中的数据，可以添加、删除和修改数据库表 Tag 中的数据，如图 7-8 所示。

图 7-7　后台管理主页

图 7-8　管理数据库表 Tag 中的数据

7.2.3　Flask-Admin 使用 MongoDB 数据库

MongoDB 是一个基于分布式文件存储的数据库，由 C++语言编写，旨在为 Web 应用提供可扩展的高性能数据存储解决方案。MongoDB 是一个介于关系型数据库和非关系型数据库之间的产品，是非关系型数据库当中功能最丰富、最像关系型数据库的产品。搭建安装 MongoDB 数据库的流程如下所示。

1）在 MongoDB 官网中提供了可用于 32 位和 64 位系统的预编译二进制包，读者可以从 MongoDB 官网下载安装包，下载地址是 https://www.mongodb.com/download-center#enterprise，MongoDB 下载页面如图 7-9 所示。

2）根据当前计算机的操作系统选择下载安装包，因为笔者是 64 位的 Windows 系统，所以选择 "Windows x64"，然后单击 "Download" 按钮。在弹出的界面中选择 "msi" 选项，如图 7-10 所示。

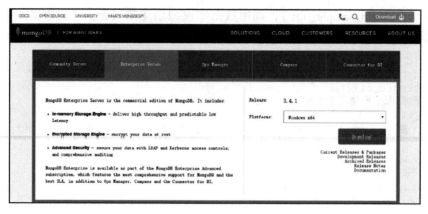

图 7-9　MongoDB 下载页面

3）下载完成后得到一个"msi"格式文件，双击这个文件，然后按照操作提示进行安装即可，安装界面如图 7-11 所示。

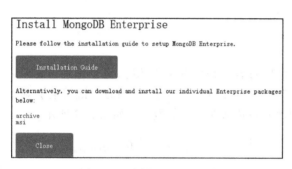

图 7-10　选择"msi"选项

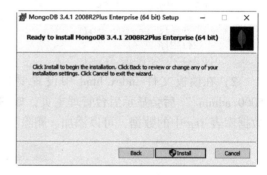

图 7-11　安装界面

在 Python 程序中使用 MongoDB 数据库时，必须首先确保安装了 pymongo 这个第三方库。如果下载的是"exe"格式的安装文件，则可以直接运行安装。如果是压缩包的安装文件，可以使用如下所示命令进行安装。

```
pip install pymongo
```

如果没有下载安装文件，可以通过如下命令进行在线安装。

```
easy_install pymongo
```

安装完成后的界面效果如图 7-12 所示。

图 7-12　安装完成后的界面效果

在下面的实例中，演示了在 Flask-Admin 中使用 MongoDB 数据库的过程。实例文件 app1.py 的主要实现代码如下所示。

源码路径：daima\7\7-2\second\app1.py

```python
app = Flask(__name__)
app.config['SECRET_KEY'] = '123456790'                          # 设置密钥
conn = pymongo.MongoClient("mongodb://localhost:27017/")        # 数据库连接
db = conn["toppr"]
class InnerForm(form.Form):
    name = fields.StringField('Name')
    test = fields.StringField('Test')

class UserForm(form.Form):
    name = fields.StringField('Name')
    email = fields.StringField('Email')
    password = fields.StringField('Password')
    inner = InlineFormField(InnerForm)
    form_list = InlineFieldList(InlineFormField(InnerForm))

class UserView(ModelView):
    column_list = ('name', 'email', 'password')
    column_sortable_list = ('name', 'email', 'password')
    form = UserForm
    column_searchable_list = ('name', 'text')

@app.route('/')
# Flask 视图
def index():
    return '<a href="/admin/">点击来到后台页面!</a>'

if __name__ == '__main__':
    # 创建后台
    admin = admin.Admin(app, name='PyMongo 数据库')
    # 添加视图
    admin.add_view(UserView(db.user, '用户'))
    # 启动应用程序
    app.run(debug=True)
```

执行后可以管理 MongoDB 数据库中的数据，如图 7-13 所示。

图 7-13　执行效果

7.3　文件管理

在 Flask-Admin 扩展中提供了文件管理功能，开发者可以方便地上传和管理文件。例如在下面的实例中，演示了在 Flask-Admin 中实现文件管理的方法。

143

源码路径：daima\7\7-3\ forms-files-images

实例文件 app. py 的具体实现流程如下所示。

1）创建 Flask 应用程序，设置使用的 bootswatch 样式，创建 Flask 密钥，具体的实现代码如下所示。

```
app = Flask(__name__, static_folder='files')
app.config['FLASK_ADMIN_SWATCH'] = 'cerulean'
app.config['SECRET_KEY'] = '123456790'
```

2）创建 SQLite 数据库，具体的实现代码如下所示。

```
app.config['DATABASE_FILE'] = 'sample_db.sqlite'
app.config['SQLALCHEMY_DATABASE_URI'] = 'sqlite:///' + app.config['DATABASE_FILE']
@app.route('/')
app.config['SQLALCHEMY_ECHO'] = True
db = SQLAlchemy(app)
```

3）设置保存文件的目录，如果不存在则创建一个，具体的实现代码如下所示。

```
file_path = op.join(op.dirname(__file__),'files')
try:
    os.mkdir(file_path)
except OSError:
    pass
```

4）创建数据库模型，设计数据库表 File，具体的实现代码如下所示。

```
class File(db.Model):
    id = db.Column(db.Integer, primary_key=True)
    name = db.Column(db.Unicode(64))
    path = db.Column(db.Unicode(128))

    def __unicode__(self):
        return self.name
```

5）创建数据库模型，设计数据库表 Image，具体的实现代码如下所示。

```
class Image(db.Model):
    id = db.Column(db.Integer, primary_key=True)
    name = db.Column(db.Unicode(64))
    path = db.Column(db.Unicode(128))
    def __unicode__(self):
        return self.name
```

6）编写函数 del_file()用于删除指定的文件，具体的实现代码如下所示。

```
@listens_for(File, 'after_delete')
def del_file(mapper, connection, target):
    if target.path:
        try:
            os.remove(op.join(file_path, target.path))
        except OSError:
            # 不在乎是否被删除,因为它不存在
            pass
```

7）编写函数 del_image()用于删除指定的图片，具体的实现代码如下所示。

```
@listens_for(Image, 'after_delete')
def del_image(mapper, connection, target):
    if target.path:
        # 删除图片
        try:
```

```
                os.remove(op.join(file_path, target.path))
        except OSError:
            pass
        # 删除缩略图
        try:
            os.remove(op.join(file_path,form.thumbgen_filename(target.path)))
        except OSError:
            pass
```

8）新建类 FileView 和 ImageView，用于重写表单字段，以便可以使用 Flask-Admin 的文件管理模块，具体的实现代码如下所示。

```
class FileView(sqla.ModelView):
    form_overrides = {
        'path': form.FileUploadField
    }
    # 将其他参数传递到 FileUploadField 构造函数的"path"参数
    form_args = {
        'path': {
            'label': 'File',
            'base_path': file_path,
            'allow_overwrite': False
        }
    }
class ImageView(sqla.ModelView):
    def _list_thumbnail(view, context, model, name):
        if not model.path:
            return "
        return Markup('<img src="% s">' % url_for('static',
                        filename=form.thumbgen_filename(model.path)))
    column_formatters = {'path': _list_thumbnail
    }
    # 另一种完全覆盖方法
    form_extra_fields = {
        'path': form.ImageUploadField('Image',base_path=file_path,thumbnail_size=
(100,100,True))
    }
```

9）创建 Flask 视图函数 index( )，主页执行后会显示链接文本"点击来到管理后台"，具体的实现代码如下所示。

```
@app.route('/')
def index():
    return '<a href="/admin/">点击来到管理后台</a>'
```

10）创建 Admin 后台程序，并添加对应的导航视图，具体的实现代码如下所示。

```
admin = Admin(app, '文件管理', template_mode='bootstrap3')
# 添加导航视图
admin.add_view(FileView(File, db.session))
admin.add_view(ImageView(Image, db.session))
```

11）编写函数 build_sample_db( )，功能是向数据库中添加一些测试数据，具体的实现代码如下所示。

```
def build_sample_db():
    """
    向数据库中添加数据
    """
    db.drop_all()
```

```
db.create_all()

images = ["Buffalo", "Elephant", "Leopard", "Lion", "Rhino"]
for name in images:
    image = Image()
    image.name = name
    image.path = name.lower() + ".jpg"
    db.session.add(image)

for i in [1, 2, 3]:
    file = File()
    file.name = "Example " + str(i)
    file.path = "example_" + str(i) + ".pdf"
    db.session.add(file)
db.session.commit()
return
```

12）启动 Flask 应用程序，具体的实现代码如下所示。

```
if __name__ == '__main__':
    app_dir = op.realpath(os.path.dirname(__file__))
    database_path = op.join(app_dir, app.config['DATABASE_FILE'])
    if not os.path.exists(database_path):
        build_sample_db()
    app.run(debug=True)
```

执行后可以在后台管理文件和图片，执行效果如图 7-14 所示。

图 7-14　执行效果

7.4　身份验证

在本章前面的实例中，使用 Flask-Admin 开发的后台管理系统是开放性的。在现实应用中，只有管理员才能进入到后台管理系统。基于此，所以很有必要为 Flask-Admin 开发的后台管理系统设置一个身份验证模块。在本节的内容中，将详细讲解为 Flask-Admin 后台管理系统实现身份认证的方法。

7.4.1　使用 Flask-Login 为后台提供身份验证功能

在开发 Flask Web 程序的过程中，可以使用 Flask-Login 扩展实现用户登录验证功能。同样的道理，也可以使用 Flask-Login 扩展为 Flask-Admin 提供登录验证功能，确保只有合法用户才能登录后台。例如在下面的实例中，演示了使用 Flask-Login 为 Flask-Admin 后台提供身份验证功能的过程。

源码路径：daima\7\7-4\auth-flask-login

1）程序文件 app.py 的具体实现流程如下所示。

① 设置系统使用的数据库的配置信息，具体实现代码如下所示。

```
app.config['DATABASE_FILE'] = 'sample_db.sqlite'
app.config['SQLALCHEMY_DATABASE_URI'] = 'sqlite:///' + app.config['DATABASE_FILE']
app.config['SQLALCHEMY_ECHO'] = True
db = SQLAlchemy(app)
```

② 创建数据模型 User，表示在数据库中创建表 User，具体实现代码如下所示。

```
class User(db.Model):
    id = db.Column(db.Integer, primary_key=True)
    first_name = db.Column(db.String(100))
    last_name = db.Column(db.String(100))
    login = db.Column(db.String(80), unique=True)
    email = db.Column(db.String(120))
    password = db.Column(db.String(64))
```

③ 定义 Flask-Login 的常用接口，分别验证是否登录、是否活动和是否为游客，具体实现
代码如下所示。

```
@property
def is_authenticated(self):
    return True
@property
def is_active(self):
    return True
@property
def is_anonymous(self):
    return False
def get_id(self):
    return self.id

# 管理接口
def __unicode__(self):
    return self.username
```

④ 为 Flask-Login 定义登录表单，验证表单中的信息是否和数据库中的信息一致。为了提
高安全性，数据库中的密码经过了 werkzeug 加密，具体实现代码如下所示。

```
class LoginForm(form.Form):
    login = fields.StringField(validators=[validators.required()])
    password = fields.PasswordField(validators=[validators.required()])

    def validate_login(self, field):
        user = self.get_user()
        if user is None:
            raise validators.ValidationError('Invalid user')
        # 将明文 pw 和 db 的散列进行比较
        if not check_password_hash(user.password, self.password.data):
        # 要比较纯文本密码,请使用下面的代码
        # if user.password != self.password.data:
            raise validators.ValidationError('Invalid password')

    def get_user(self):
        return db.session.query(User).filter_by(login=self.login.data).first()
```

⑤ 为 Flask-Login 定义注册表单，将表单中的数据添加到数据库中。为了提高安全性，向
数据库中添加经过加密后的密码，具体实现代码如下所示。

147

```
class RegistrationForm(form.Form):
    login = fields.StringField(validators=[validators.required()])
    email = fields.StringField()
    password = fields.PasswordField(validators=[validators.required()])
    def validate_login(self, field):
        if db.session.query(User).filter_by(login=self.login.data).count() > 0:
            raise validators.ValidationError('Duplicate username')
```

⑥ 初始化 Flask-Login，并载入数据库中的用户信息，具体实现代码如下所示。

```
def init_login():
    login_manager = login.LoginManager()
    login_manager.init_app(app)
    # 载入数据库中的用户信息
    @login_manager.user_loader
    def load_user(user_id):
        return db.session.query(User).get(user_id)
```

⑦ 自定义模型视图类 MyModelView，具体实现代码如下所示。

```
class MyModelView(sqla.ModelView):
    def is_accessible(self):
        return login.current_user.is_authenticated
```

⑧ 自定义处理登录验证和新用户注册功能的索引视图类，分别设置系统主页、登录表单页面、注册页面和退出页面视图对应的 URL，具体实现代码如下所示。

```
class MyAdminIndexView(admin.AdminIndexView):

    @expose('/')
    def index(self):
        if not login.current_user.is_authenticated:
            return redirect(url_for('.login_view'))
        return super(MyAdminIndexView, self).index()

    @expose('/login/', methods=('GET', 'POST'))
    def login_view(self):
        # handle user login
        form = LoginForm(request.form)
        if helpers.validate_form_on_submit(form):
            user = form.get_user()
            login.login_user(user)
        if login.current_user.is_authenticated:
            return redirect(url_for('.index'))
        link = '<p>Don\'t have an account? <a href="' + url_for('.register_view') + '">
Click here to register.</a></p>'
        self._template_args['form'] = form
        self._template_args['link'] = link
        return super(MyAdminIndexView, self).index()

    @expose('/register/', methods=('GET', 'POST'))
    def register_view(self):
        form = RegistrationForm(request.form)
        if helpers.validate_form_on_submit(form):
            user = User()
            form.populate_obj(user)
            # 以加密的形式存储用户密码
            user.password = generate_password_hash(form.password.data)
            db.session.add(user)
            db.session.commit()
            login.login_user(user)
```

```
                return redirect(url_for('.index'))
            link = '<p>已经拥有一个账户？<a href="' + url_for('.login_view') + '">点击这里登
录.</a></p>'
            self._template_args['form'] = form
            self._template_args['link'] = link
            return super(MyAdminIndexView, self).index()

        @expose('/logout/')
        def logout_view(self):
            login.logout_user()
            return redirect(url_for('.index'))
    @app.route('/')
    def index():
        return render_template('index.html')
    # 初始化 flask-login
    init_login()
    admin = admin.Admin(app, 'Example: Auth', index_view=MyAdminIndexView(), base_tem-
plate='my_master.html')
    admin.add_view(MyModelView(User, db.session))
```

⑨ 编写函数 build_sample_db()，向数据库中添加一些用户数据，具体实现代码如下所示。

```
def build_sample_db():
    """
    向数据库中添加一些用户数据
    """
    import string
    import random
    db.drop_all()
    db.create_all()
    test_user = User(login="test", password=generate_password_hash("test"))
    db.session.add(test_user)
    first_names = [
        'Harry', 'Amelia', 'Oliver', 'Jack', 'Isabella', 'Charlie','Sophie', 'Mia',
        'Jacob', 'Thomas', 'Emily', 'Lily', 'Ava', 'Isla', 'Alfie', 'Olivia', 'Jessica',
        'Riley', 'William', 'James', 'Geoffrey', 'Lisa', 'Benjamin', 'Stacey', 'Lucy'
    ]
    last_names = [
        'Brown', 'Smith', 'Patel', 'Jones', 'Williams', 'Johnson', 'Taylor', 'Thomas',
        'Roberts', 'Khan', 'Lewis', 'Jackson', 'Clarke', 'James', 'Phillips', 'Wilson',
        'Ali', 'Mason', 'Mitchell', 'Rose', 'Davis', 'Davies', 'Rodriguez', 'Cox', 'Alexander'
    ]
    for i in range(len(first_names)):
        user = User()
        user.first_name = first_names[i]
        user.last_name = last_names[i]
        user.login = user.first_name.lower()
        user.email = user.login + "@example.com"
        user.password = generate_password_hash(''.join(random.choice(string.ascii_
lowercase + string.digits) for i in range(10)))
        db.session.add(user)
    db.session.commit()
    return
```

⑩ 启动 Flask Web 程序，具体实现代码如下所示。

```
if __name__ == '__main__':
    app_dir = os.path.realpath(os.path.dirname(__file__))
    database_path = os.path.join(app_dir, app.config['DATABASE_FILE'])
    if not os.path.exists(database_path):
```

```
        build_sample_db()
    app.run(debug=True)
```

2）在模板 admin 目录下的文件 index.html 中设置显示后台主页的信息，如果用户没有登录则显示登录表单，并提供用户注册表单界面。

执行后可以注册一个会员，然后使用注册的账号登录后台管理系统，注册页面执行效果如图 7-15a 所示。后台中显示的用户密码都是经过加密后的，提高了系统的安全性。我们可以在后台添加、删除或修改用户的信息，后台管理页面执行效果如图 7-15b 所示。

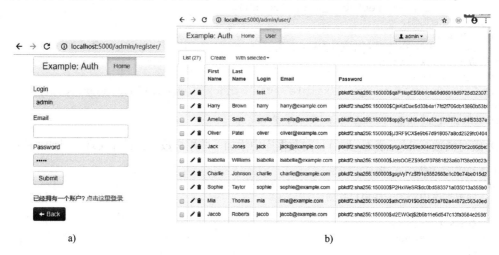

图 7-15　执行效果

a）注册页面　b）后台管理页面

7.4.2　基于 MongoDB 数据库的后台登录系统

在下面的实例中，演示了联合使用 Flask_Mongoengine、Flask_Login、Flask_Admin 框架实现后台登录验证系统的过程。

源码路径：daima\7\7-4\auth-mongoengine

1）编写程序文件 app.py，具体实现流程如下所示。

① 配置 Flask 密钥，配置 MongoDB 服务器，具体的实现代码如下所示。

```
app.config['SECRET_KEY'] = '123456790'
app.config['MONGODB_SETTINGS'] = {'DB':'test'}
db = MongoEngine()
db.init_app(app)
```

② 定义用户模型，在数据库中创建表 User，具体实现代码如下所示。

```
class User(db.Document):
    login = db.StringField(max_length=80, unique=True)
    email = db.StringField(max_length=120)
    password = db.StringField(max_length=64)
    @property
    def is_authenticated(self):
        return True
    @property
    def is_active(self):
        return True
    @property
```

```
    def is_anonymous(self):
        return False

    def get_id(self):
        return str(self.id)

    # 管理接口
    def __unicode__(self):
        return self.login
```

③ 为 Flask-Login 定义用户登录验证表单，具体实现代码如下所示。

```
class LoginForm(form.Form):
    login = fields.StringField(validators=[validators.required()])
    password = fields.PasswordField(validators=[validators.required()])
    def validate_login(self, field):
        user = self.get_user()
        if user is None:
            raise validators.ValidationError('用户名不正确!')
        if user.password != self.password.data:
            raise validators.ValidationError('密码不正确!')

    def get_user(self):
        return User.objects(login=self.login.data).first()
```

④ 为 Flask-Login 定义用户注册表单，具体实现代码如下所示。

```
class RegistrationForm(form.Form):
    login = fields.StringField(validators=[validators.required()])
    email = fields.StringField()
    password = fields.PasswordField(validators=[validators.required()])
    def validate_login(self, field):
        if User.objects(login=self.login.data):
            raise validators.ValidationError('用户名已经存在')
```

⑤ 定义函数 init_login( ) 初始化 Flask-Login，通过函数 load_user( ) 加载显示系统内的管理员信息，具体实现代码如下所示。

```
def init_login():
    login_manager = login.LoginManager()
    login_manager.setup_app(app)
    # 加载系统用户
    @login_manager.user_loader
    def load_user(user_id):
        return User.objects(id=user_id).first()
```

⑥ 自定义模型视图类 MyModelView 和 MyAdminIndexView，通过函数 is-accessible 判断用户的权限，具体实现代码如下所示。

```
class MyModelView(ModelView):
    def is_accessible(self):
        return login.current_user.is_authenticated
class MyAdminIndexView(admin.AdminIndexView):
    def is_accessible(self):
        return login.current_user.is_authenticated
```

⑦ 定义函数 index( ) 对应模板文件 index. html，具体实现代码如下所示。

```
@app.route('/')
def index():
    return render_template('index.html', user=login.current_user)
```

⑧ 定义函数 login_view( ) 对应用户登录验证页面的模板文件 form. html，对应表单中的信

息进行验证，具体实现代码如下所示。

```
@app.route('/login/', methods=('GET', 'POST'))
def login_view():
    form =LoginForm(request.form)
    if request.method == 'POST' and form.validate():
        user = form.get_user()
        login.login_user(user)
        return redirect(url_for('index'))
    return render_template('form.html', form=form)
```

⑨ 定义函数 register_view( )对应用户注册页面的模板文件 form. html，注册成功后将表单中的数据添加到数据库中，具体实现代码如下所示。

```
@app.route('/register/', methods=('GET', 'POST'))
def register_view():
    form = RegistrationForm(request.form)
    if request.method == 'POST' and form.validate():
        user = User()
        form.populate_obj(user)
        user.save()
        login.login_user(user)
        return redirect(url_for('index'))
    return render_template('form.html', form=form)
```

⑩ 定义函数 logout_view( )对应用户退出功能，具体实现代码如下所示。

```
@app.route('/logout/')
def logout_view():
    login.logout_user()
    return redirect(url_for('index'))
```

⑪ 添加管理视图，启动运行 Flask Web 程序，具体实现代码如下所示。

```
if __name__ == '__main__':
    init_login()
    admin = admin.Admin(app, 'Example: Auth-Mongo', index_view=MyAdminIndex
View())
    admin.add_view(MyModelView(User))
    app.run(debug=True)
```

2）在模板文件 index. html 中显示提示信息，如果用户登录则显示对应的用户名，如果没有登录则显示游客信息。

3）在模板文件 form. html 中显示用户注册或登录验证的表单。

执行后可以注册一个会员，然后使用注册的账号登录后台管理系统，执行效果如图 7-16 所示。

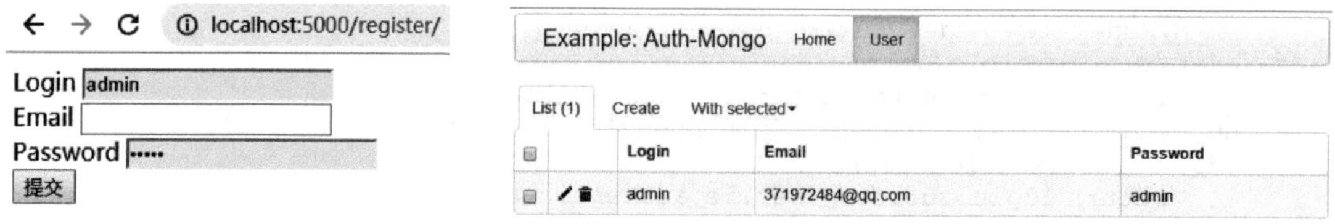

图 7-16　执行效果

a）注册页面　b）后台管理页面

7.4.3 使用 Flask-Security 实现身份验证

在前面实现后台管理身份验证的实例中，开发者需要自己编写和身份验证相关的视图。为了提高开发效率，可以使用 Flask-Security 扩展实现身份验证，Flask-Security 内置了用于执行用户注册、登录验证、邮件地址确认和密码重置等常见的视图。在下面的实例中，演示了使用 Flask-Security 实现 Flask-Admin 身份验证的过程。

源码路径：daima\7\7-4\auth

1）编写配置文件 config. py，在里面设置和项目有关的配置信息。文件 config. py 的具体实现代码如下所示。

```
# 创建虚拟密钥以便使用会话
SECRET_KEY = '123456790'
# 创建数据库
DATABASE_FILE = 'sample_db.sqlite'
SQLALCHEMY_DATABASE_URI = 'sqlite:///' + DATABASE_FILE
SQLALCHEMY_ECHO = True
# Flask-Security 配置
SECURITY_URL_PREFIX = "/admin"
SECURITY_PASSWORD_HASH = "pbkdf2_sha512"
SECURITY_PASSWORD_SALT = "ATGUOHAELKiubahiughaerGOJAEGj"
# 使用 Flask-Security 覆盖视图
SECURITY_LOGIN_URL = "/login/"
SECURITY_LOGOUT_URL = "/logout/"
SECURITY_REGISTER_URL = "/register/"
SECURITY_POST_LOGIN_VIEW = "/admin/"
SECURITY_POST_LOGOUT_VIEW = "/admin/"
SECURITY_POST_REGISTER_VIEW = "/admin/"
# Flask-Security 设置
SECURITY_REGISTERABLE = True
SECURITY_SEND_REGISTER_EMAIL = False
SQLALCHEMY_TRACK_MODIFICATIONS = False
```

2）编写程序文件 app. py，具体实现流程如下所示。

① 创建 Flask Web 程序，具体实现代码如下所示。

```
app = Flask(__name__)
app.config.from_pyfile('config.py')
db = SQLAlchemy(app)
```

② 定义数据模型，数据库表 Role 用于存储用户权限信息，表 User 用于存储用户信息，具体实现代码如下所示。

```
roles_users = db.Table(
    'roles_users',
    db.Column('user_id', db.Integer(), db.ForeignKey('user.id')),
    db.Column('role_id', db.Integer(), db.ForeignKey('role.id'))
)
class Role(db.Model,RoleMixin):
    id = db.Column(db.Integer(), primary_key=True)
    name = db.Column(db.String(80), unique=True)
    description = db.Column(db.String(255))
    def __str__(self):
        return self.name
class User(db.Model,UserMixin):
    id = db.Column(db.Integer, primary_key=True)
    first_name = db.Column(db.String(255))
```

```
        last_name = db.Column(db.String(255))
        email = db.Column(db.String(255), unique=True)
        password = db.Column(db.String(255))
        active = db.Column(db.Boolean())
        confirmed_at = db.Column(db.DateTime())
        roles = db.relationship('Role', secondary=roles_users,
                        backref=db.backref('users', lazy='dynamic'))
        def __str__(self):
            return self.email
```

③ 设置 Flask-Security，具体实现代码如下所示。

```
user_datastore = SQLAlchemyUserDatastore(db, User, Role)
security = Security(app, user_datastore)
```

④ 自定义模型视图类 MyModelView，具体实现代码如下所示。

```
class MyModelView(sqla.ModelView):
    def is_accessible(self):
        return (current_user.is_active and
                current_user.is_authenticated and
                current_user.has_role('superuser')
        )
    def _handle_view(self, name, **kwargs):
        """
        覆盖内置视图句柄,以便在视图不可访问时重定向用户
        """
        if not self.is_accessible():
            if current_user.is_authenticated:
                # 权限被拒绝
                abort(403)
            else:
                # 登录
                return redirect(url_for('security.login', next=request.url))
```

⑤ 创建 Flask 视图 URL 导航，设置系统主页对应的模板文件，具体实现代码如下所示。

```
@app.route('/')
def index():
    return render_template('index.html')
```

⑥ 创建后台管理视图，具体实现代码如下所示。

```
admin = flask_admin.Admin(
    app,
    'Example: Auth',
    base_template='my_master.html',
    template_mode='bootstrap3',
)
# 添加模型视图
admin.add_view(MyModelView(Role, db.session))
admin.add_view(MyModelView(User, db.session))
```

⑦ 定义一个上下文处理器，用于将 Flask-Admin 的模板上下文合并到 Flask 安全视图中，具体实现代码如下所示。

```
@security.context_processor
def security_context_processor():
    return dict(
        admin_base_template=admin.base_template,
        admin_view=admin.index_view,
        h=admin_helpers,
```

```
        get_url=url_for
    )
```

⑧ 向数据库中添加一些数据用于测试项目，具体实现代码如下所示。

```
def build_sample_db():
    """
    向数据库中添加一些演示数据.
    """
    import string
    import random
    db.drop_all()
    db.create_all()
    with app.app_context():
        user_role = Role(name='user')
        super_user_role = Role(name='superuser')
        db.session.add(user_role)
        db.session.add(super_user_role)
        db.session.commit()
        test_user = user_datastore.create_user(
            first_name='Admin',
            email='admin',
            password=hash_password('admin'),
            roles=[user_role, super_user_role]
        )
        first_names = [
            'Harry', 'Amelia', 'Oliver', 'Jack', 'Isabella', 'Charlie', 'Sophie', 'Mia',
            'Jacob', 'Thomas', 'Emily', 'Lily', 'Ava', 'Isla', 'Alfie', 'Olivia', 'Jessica',
            'Riley', 'William', 'James', 'Geoffrey', 'Lisa', 'Benjamin', 'Stacey', 'Lucy'
        ]
        last_names = [
            'Brown', 'Smith', 'Patel', 'Jones', 'Williams', 'Johnson', 'Taylor', 'Thomas',
            'Roberts', 'Khan', 'Lewis', 'Jackson', 'Clarke', 'James', 'Phillips', 'Wilson',
            'Ali', 'Mason', 'Mitchell', 'Rose', 'Davis', 'Davies', 'Rodriguez', 'Cox', 'Alexander'
        ]
        for i in range(len(first_names)):
            tmp_email=first_names[i].lower() + "." + last_names[i].lower() +
"@example.com"
            tmp_pass = ''.join(random.choice(string.ascii_lowercase + string.digits)
for i in range(10))
            user_datastore.create_user(
                first_name=first_names[i],
                last_name=last_names[i],
                email=tmp_email,
                password=hash_password(tmp_pass),
                roles=[user_role, ]
            )
        db.session.commit()
    return
```

⑨ 启动 Flask Web 程序，具体实现代码如下所示。

```
if __name__ == '__main__':
    # 如果在数据库中没有数据,则在运行时构建一个示例数据库.
    app_dir = os.path.realpath(os.path.dirname(__file__))
    database_path = os.path.join(app_dir, app.config['DATABASE_FILE'])
    if not os.path.exists(database_path):
        build_sample_db()
    # 运行程序
    app.run(debug=True)
```

3）执行后可以使用如下超级管理员用户登录系统，登录后可以管理数据库中的用户信息和权限信息，界面效果如图 7-17 所示。

- 用户名：admin。
- 密码：admin。

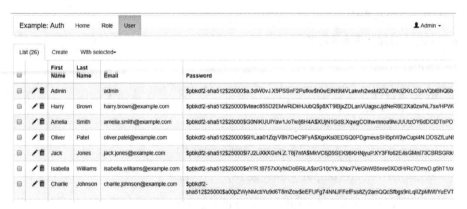

图 7-17   管理员登录后的后台界面效果

4）也可以通过注册功能成为普通用户，登录后不会显示用户信息和权限信息管理界面，界面效果如图 7-18 所示。

图 7-18   普通用户登录后的后台界面效果

第8章
使用上下文技术

在计算机应用中，上下文是执行进程时的环境。具体来说就是各个变量和数据，包括所有的寄存器变量、进程打开的文件、内存信息等。可以将上下文理解为运行环境的一个快照，用来保存状态的对象。在本章的内容中，将详细讲解在 Flask Web 程序中使用上下文技术的知识。

8.1 上下文介绍

在 Web 程序中，我们所写的大部分函数不是独立的，在使用一个函数完成自身功能的时候，很可能需要同其他的部分进行交互，需要其他外部环境变量的支持。上下文的功能就是给外部环境的变量赋值，可以确保正确地运行这些函数。在介绍 Flask 上下文知识之前，先讲解 Python 语言中的上下文原理。

8.1.1 面向对象的双下画线方法

在 Python 语言的面向对象中有一些特殊的双下画线方法，例如__call__、__getitem__系列和__getattr__系列。

（1）__call__

在介绍__call__方法之前，需要先介绍可调用对象（callable）这一概念。我们平时自定义的函数、内置函数和类都属于可调用对象，凡是可以把一对括号（）应用到某个对象身上都可称之为可调用对象。如果在类中实现了__call__方法，那么实例对象也将成为一个可调用对象。

在 Python 程序中，方法也是一种高等的对象，可以让类的实例的行为表现得像函数一样，可以调用它们将一个函数当作一个参数传到另外一个函数中。

方法__call__的原型如下所示。

```
__call__(self, [args...])
```

通过使用方法__call__，允许一个类的实例像函数一样被调用。实质上说，这意味着 x（）与 x.__call__（）是相同的。注意方法__call__的参数是可变的，这意味着可以定义__call__为其他想要的函数，无论函数中有多少个参数。

在现实应用中，在类的实例经常改变状态的时候可以用__call__。例如在下面的实例文件

call. py 中，演示了调用实体来改变实体的位置的方法。

源码路径：daima/8/8-1/first/call. py

```
class Entity:          # 调用实体来改变实体的位置
    def __init__(self, size, x, y):
        self.x, self.y = x, y
        self.size = size

    def __call__(self, x, y):
        '''改变实体的位置'''
        self.x, self.y = x, y

e = Entity(1, 2, 3) # 创建实例
e(4, 5)              # 实例可以像函数那样执行,并传入 x、y 值,修改对象的 x、y
```

（2）__getitem__ 系列

在使用__getitem__系列的方法时，其最大的好处是可使用中括号"[ ]"调用对象的属性，就像字典取值一样。在使用中括号对对象中的属性进行取值、赋值或者删除值时，会自动触发对应的__getitem__、__setitem__、__delitem__方法。例如在下面的实例文件 getitem. py 中，演示了这一用法。

源码路径：daima\8\8-1\first\getitem. py

```
class Foo(object):
    def __init__(self):
        self.name = "boo"

    def __getitem__(self, item):
        print("调用__getitem__了")
        if item in self.__dict__:
            return self.__dict__[item]

    def __setitem__(self, key, value):
        print("调用__setitem__方法了")
        self.__dict__[key] = value

    def __delitem__(self, key):
        print("调用__delitem__")
        del self.__dict__[key]

foo = Foo()
ret = foo["name"]
# print(ret)          # 输出:调用__getitem__了
foo["age"] = 18
# print(foo["age"])   # 输出:调用__setitem__方法了
del foo["age"]        # 输出:调用__delitem__
```

执行后会输出如下所示的结果。

```
调用__getitem__了
调用__setitem__方法了
调用__delitem__
```

（3）__getattr__ 系列

在使用对象取值、赋值或者删除值时，会默认地调用对应的__getattr__、__setattr__、__delattr__方法。在实现对象取值时，取值顺序是先从__getattribute__中寻找这个值，再从对象的属性中找，接着从当前类中找，然后从父类中找，最后从__getattr__中找，如果没有找到则直接抛出异常。例如在下面的实例文件 getattr. py 中，演示了这一用法。

源码路径：daima\8\8-1\first\getattr. py

```
class Foo(object):
    def __init__(self):
        self.name = "boo"

    def __getattr__(self, item):
        print("调用__getattr__了")

    def __setattr__(self, key, value):
        print("调用__setattr__方法了")

    def __delattr__(self, item):
        print("调用__delattr__")

foo = Foo()
ret =foo.xxx         # 输出:调用__getattr__了
foo.age = 18         # 输出:调用__setattr__方法了
del foo.age          # 输出:调用__delattr__
```

执行后会输出如下所示的结果。

```
调用__setattr__方法了
调用__getattr__了
调用__setattr__方法了
调用__delattr__
```

8.1.2　偏函数

在 Python 语言中经常用到工具包 functools，在这个包中包含了几个很有用的小功能。在使用装饰器时，可以使用 wraps 功能保护函数的元信息，也可以使用 reduce 功能合并序列项为一个单一值。工具包 functools 中的另外一个功能就是偏函数 partial，partial 的作用是固定函数中的一些参数，返回一个新的函数。例如在下面的实例文件 pian. py 中，演示了偏函数的用法。

源码路径：daima\8\8-1\first\pian. py

```
from functools import partial
class Foo(object):

    def __init__(self):
        self.request = "request"
        self.session = "session"

foo = Foo()
def func(args):
    return getattr(foo,args)

re_func = partial(func,'request')
se_func = partial(func,'session')
print(re_func())
```

执行后会输出如下所示的结果。

```
request
```

8.1.3　使用 threading. local

在 Python 的多线程机制中，同一个进程中的多个线程是共享一个内存地址的。当多个线程操作数据时会产生数据不安全的问题，此时需要使用加锁机制。但是对于一些变量来说，如果仅仅只在本线程中使用，有什么更好的解决办法吗？答案是肯定的，开发者可以使用如下两个方法。

- 通过全局的字典，将 key 作为当前线程的 ID，将 value 作为具体的值。
- 使用 threading. local 方法。

当使用 threading. local 操作多线程时，会为每一个线程创建一个值，使得线程之间可以各自操作自己的值，相互不影响。例如在下面的实例文件 local01. py 中，演示了使用自定义 threading. local 的方法。

源码路径：daima\8\8-1\first\local01. py

```
import time
import threading
from greenlet import getcurrent
class Local(object):

    def __init__(self):
        object.__setattr__(self,"_storage",{})

    def __setattr__(self, key, value):

        # ident = threading.get_ident()
        ident = getcurrent()    #定制粒度更细的
        if ident in self._storage:
            self._storage[ident][key] = value
        else:
            self._storage[ident] = {key:value}

    def __getattr__(self, item):
        # ident = threading.get_ident()
        ident = getcurrent()
        return self._storage[ident][item]

local = Local()

def func(n):
    local.val = n
    time.sleep(2)
    print(local.val)

for i in range(10):
    t = threading.Thread(target=func,args=(i,))
    t.start()
```

执行后会输出如下所示的结果。

```
0
1
2
3
4
6
5
7
8
9
```

在下面的实例文件 local02. py 中，演示了模仿 Flask 用栈实现自定义 threading. local 存取的方法。

源码路径：**daima\8\8-1\first\local02.py**

```
from greenlet importgetcurrent
class Local(object):
    def __init__(self):
        object.__setattr__(self,"_storage",{})

    def __setattr__(self, key, value):

        ident = getcurrent()          # 定制粒度更细的
        if ident in self._storage:
            self._storage[ident][key] = value
        else:
            self._storage[ident] = {key:value}

    def __getattr__(self, item):
        # ident = threading.get_ident()
        ident = getcurrent()
        return self._storage[ident][item]

class LocalStack(object):

    def __init__(self):
        self.local = Local()

    def push(self,item):
        self.local.stack = []
        self.local.stack.append(item)

    def pop(self):
        return self.local.stack.pop()

    def top(self):
        return self.local.stack[-1]

_local_stack =LocalStack()
_local_stack.push(55)
print(_local_stack.top())          # 取栈顶元素
```

执行后会输出如下所示的结果。

```
55
```

下面的实例文件local03.py中，演示了不使用threading.local线程隔离对象的方法。

源码路径：**daima\8\8-1\first\local03.py**

```
from threading import Thread
request = '123'
class MyThread(Thread):
    def run(self):
        global request
        request = 'abc'
        print('子线程',request)          # 子线程 abc

mythread = MyThread()mythread.start()
mythread.join()

print('主线程',request)                  # 主线程 abc
```

执行后会输出如下所示的结果。

```
子线程    abc
主线程    abc
```

下面的实例文件 local04.py 中，演示了使用 threading.local 线程隔离对象的方法，此时在每个线程中都是隔离的。

源码路径：daima\8\8-1\first\local04.py

```
from threading import Thread
from werkzeug.local import Local

locals = Local()
locals.request = '123'

class MyThread(Thread):
    def run(self):
        locals.request = 'abc'
        print('子线程',locals.request)      # 子线程 abc

mythread = MyThread()
mythread.start()
mythread.join()

print('主线程',locals.request)              # 主线程 123
```

执行后会输出如下所示的结果。

```
子线程 abc
主线程 123
```

8.2 请求上下文和应用上下文

在 Flask Web 程序中有两种上下文机制，分别是请求上下文和应用上下文。在本节的内容中，将详细讲解 Flask 这两种上下文机制的知识。

8.2.1 请求上下文

在 Flask Web 程序中处理访问请求时，应用程序会生成一个请求上下文对象。整个请求的处理过程，都会在这个上下文对象中进行，这保证了请求的处理过程不被干扰。

Flask 使用 WSGI（Web Server Gateway Interface）实现 Web 服务器功能，WSGI 是为 Python 语言定义的 Web 服务器和 Web 应用程序之间的一种简单而通用的接口，它封装了接受 HTTP 请求、解析 HTTP 请求、发送 HTTP 请求、响应 HTTP 请求等功能的代码和操作，使开发者可以高效地编写 Web 程序。下面是和 Flask 上下文相关的几个名词。

- RequestContext：请求上下文。
- Request：请求的对象，封装了 HTTP 请求（environ）的内容。
- Session：根据请求中的 Cookie 重新载入该访问者相关的会话信息。
- AppContext：程序上下文。
- g：处理请求时用作临时存储的对象，每次请求都会重设这个变量。
- current_app：当前激活程序的程序实例。
- request：指每次发生 HTTP 请求时，在 WSGI server（比如 gunicorn）调用 Flask.call() 之后，在 Flask 对象内部创建的 Request 对象。

- application：表示用于响应 WSGI 请求的应用本身，request 表示每次 HTTP 请求。

在上面的名词中，各成员的生命周期说明如下所示。

- application 的生命周期大于 request，在一个 application 存活期间可能会发生多次 HTTP 请求，所以也就会有多个 request 请求。
- current_app 的生命周期最长，只要当前程序实例还在运行就不会失效。
- request 和 g 的生命周期为一次请求期间，当请求处理完成后，生命周期也就完结了。

Flask 处理请求的基本流程如图 8-1 所示。

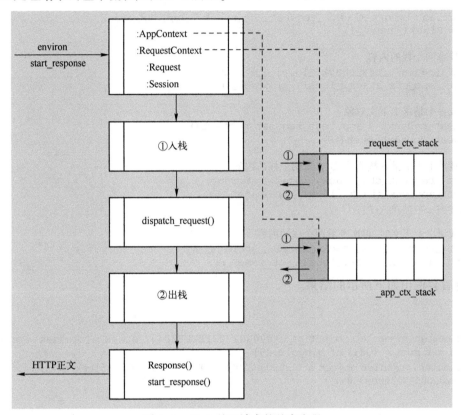

图 8-1　Flask 处理请求的基本流程

例如在下面的实例文件 first. py 中，实现了一个简单的 Flask Web 程序。

源码路径：daima\8\8-2\qingqiu\first. py

```
from flask import Flask

app = Flask(__name__)

@app.route('/')
def index():
    return "Hello World"

if __name__ == '__main__':
    app.run()
```

在启动上面的 Flask Web 程序时，会先执行 app. run( )方法，这是整个项目的入口。在执行 run( )方法时，会在后台执行 werkzeug 模块中的 run_simple( )方法，会在 werkzeug 中触发调用 Flask 的__call__方法。

在 Flask"请求上下文"的 pop()方法中，当要将一个请求上下文推入_request_ctx_stack 的栈中时，会先检查栈_app_ctx_stack 的栈顶是否存在应用上下文对象或者栈顶的应用上下文对象的应用是否为当前应用。如果不存在或者不是当前对象，Flask 会自动先生成一个"应用上下文"对象，并将其推入_app_ctx_stack 栈中。当执行要离开请求上下文环境的时候，Flask 会先将请求上下文对象从_request_ctx_stack 栈中销毁，之后会根据实际情况确定销毁应用上下文对象。例如在下面的实例文件 qingqiu.py 中，演示了"请求上下文"的实现过程。

源码路径：daima\8\8-2\qingqiu\qingqiu.py

```
from flask import Flask, _request_ctx_stack, _app_ctx_stack
app = Flask(_name_)

# 先检查两个栈的内容
print(_request_ctx_stack._local.__storage__)
print(_app_ctx_stack._local.__storage__)

# 生成一个请求上下文对象
request_context = app.test_request_context()
request_context.push()

# 将请求上下文推入栈后,再次查看两个栈的内容
print(_request_ctx_stack._local.__storage__)
print(_app_ctx_stack._local.__storage__)
request_context.pop()

# 销毁请求上下文时,再次查看两个栈的内容
print(_request_ctx_stack._local.__storage__)
print(_app_ctx_stack._local.__storage__)
```

执行后会输出如下所示的结果。

```
{}
{}
{<greenlet.greenlet object at 0x000002702FEDDE88>: {'stack': [<RequestContext
'http://localhost/' [GET] of qingqiu>]}}
{<greenlet.greenlet object at 0x000002702FEDDE88>: {'stack': [<flask.ctx.AppContext ob-
ject at 0x00000270300BB358>]}}
{}
{}
```

应用上下文存放在一个 LocalStack 的栈中，和请求相关的操作就必须用到请求上下文，比如使用 url_for 反转视图函数。例如在下面的实例文件 qingqiu02.py 中，演示了请求上下文的实现过程。

源码路径：daima\8\8-2\qingqiu\qingqiu02.py

```
from flask import Flask,current_app,url_for
app = Flask(_name_)
@app.route('/')
def index():
    # 在视图函数内部可以直接访问 current_app.name
    print(current_app.name)      #context_demo
    return 'Hello World!'

@app.route('/list/')
def my_list():
    return 'my_list'

# 请求上下文
```

```
with app.test_request_context():
    # 手动推入一个请求上下文到请求上下文栈中
    # 如果当前应用上下文栈中没有应用上下文
    # 那么会首先推入一个应用上下文到栈中
    print(url_for('my_list'))

if __name__ == '__main__':
    app.run(debug=True)
```

运行程序，在浏览器中输入"http://127.0.0.1:5000/"后在网页中显示如下结果。

```
Hello World!
```

在浏览器中输入"http://127.0.0.1:5000/list/"后在网页中显示如下结果。

```
my_list
```

8.2.2　应用上下文

在 Flask Web 程序中，将应用上下文存放在一个 LocalStack 的栈中，和应用相关的操作必须要用到应用上下文，比如通过 current_app 获取当前 app 的名字。在视图函数中，不用担心上下文的问题，因为视图函数要执行，name 肯定是通过访问 url 的方式执行的。在这种情况下，Flask 底层就已经自动把请求上下文和应用上下文都推入到了相应的栈中。如果想要在视图函数外面执行相关的操作，name 就必须要手动推入相关的上下文。

应用上下文与请求上下文类似，当请求进来时，先实例化一个 AppContext 对象 app_ctx，在实例化的过程中提供了两个有用的属性，一个是 app，一个是 g。其中 self.app 就是传入的全局 app 对象，self.g 是一个全局的存储值对象，接着将这个 app_ctx 存放到 LocalStack()。

```
class AppContext(object):
    def __init__(self, app):
        self.app = app
        self.url_adapter = app.create_url_adapter(None)
        self.g = app.app_ctx_globals_class()
```

在视图函数中可以调用 app 对象和 g 对象，如果使用蓝图构建项目，此时如果有多个对 app 的引用就会造成循环引用的异常。这时应用上下文就会显得非常有用，通过直接调用 current_app 就可以在整个生命周期中使用 app 对象了。比如在配置文件中使用配置项 current_app.config 进行设置，代码如下所示。

```
current_app = LocalProxy(_find_app)
```

最后，当视图函数执行结束后，从 storage 中删除 app_ctx 对象。

例如在下面的实例文件 yingyong01.py 中，演示了应用上下文的实现过程。

源码路径：daima\8\8-2\qingqiu\yingyong01.py

```
from flask import Flask,current_app

app = Flask(__name__)

# 如果在视图函数外部访问,则必须手动推入一个应用上下文到应用上下文栈中
# 第一种应用上下文方法
# app_context = app.app_context()
# app_context.push()
# print(current_app.name)

# 第二种应用上下文方法
```

```
with app.app_context():
    print(current_app.name)        # app 的名字

@app.route('/')
def index():
    # 在视图函数内部可以直接访问 current_app.name
    print(current_app.name)        # app 的名字
    return 'Hello World!'

if __name__ == '__main__':
    app.run(debug=True)
```

运行程序，在浏览器中输入"http://127.0.0.1:5000/"后在网页中显示如下所示的结果。

```
Hello World!
```

例如在下面的实例文件 yingyong02. py 中，演示了应用上下文的具体运行过程。

源码路径：daima\8\8-2\qingqiu\yingyong02. py

```
from flask import Flask, _request_ctx_stack, _app_ctx_stack
# 创建两个 Flask 应用
app = Flask(__name__)
app2 = Flask(__name__)
# 先查看两个栈中的内容
_request_ctx_stack._local.__storage__
_app_ctx_stack._local.__storage__
# 构建一个 app 的请求上下文环境,在这个环境中运行 app2 的相关操作
with app.test_request_context():
    print("Enter app's Request Context:")
    print(_request_ctx_stack._local.__storage__)
    print(_app_ctx_stack._local.__storage__)
    print()
    with app2.app_context():
        print("Enter app2's App Context:")
        print(_request_ctx_stack._local.__storage__)
        print(_app_ctx_stack._local.__storage__)
    print("Exit app2's App Context:")
    print(_request_ctx_stack._local.__storage__)
    print(_app_ctx_stack._local.__storage__)
```

1）首先创建两个 Flask 应用 app 和 app2。

2）然后构建了一个 app 的请求上下文环境。当进入这个环境查看这两个栈的内容时，会发现在两个栈中已经有了当前请求的请求上下文对象和应用上下文对象。并且栈顶的元素都是 app 的请求上下文和应用上下文。

3）在这个环境中嵌套 app2 的应用上下文。当进入 app2 的应用上下文环境时，两个上下文环境便隔离开来，此时再查看两个栈的内容，会发现在_app_ctx_stack 中推入了 app2 的应用上下文对象，并且栈顶指向它。这时在 app2 的应用上下文环境中，current_app 便会一直指向 app2。

4）当离开 app2 的应用上下文环境时，栈_app_ctx_stack 会销毁 app2 的应用上下文对象。这时查看两个栈的内容，会发现两个栈中只有 app 的请求上下文对象和应用上下文对象。

5）在离开 app 的请求上下文环境后，两个栈会销毁 app1 的请求上下文对象和应用上下文对象，此时栈为空。

执行后会输出如下所示的结果。

```
Enter app's Request Context:
    {<greenlet.greenlet object at 0x0000019A9BA2DDF0>: {'stack': [<RequestContext '
http://localhost/' [GET] of yingyong02>]}}
    {<greenlet.greenlet object at 0x0000019A9BA2DDF0>: {'stack': [<flask.ctx.AppContext
object at 0x0000019A9BC0C4A8>]}}

Enter app2's App Context:
    {<greenlet.greenlet object at 0x0000019A9BA2DDF0>: {'stack': [<RequestContext '
http://localhost/' [GET] of yingyong02>]}}
    {<greenlet.greenlet object at 0x0000019A9BA2DDF0>: {'stack': [<flask.ctx.AppContext
object at 0x0000019A9BC0C4A8>, <flask.ctx.AppContext object at 0x0000019A9BC0C2E8>]}}
Exit app2's App Context:
    {<greenlet.greenlet object at 0x0000019A9BA2DDF0>: {'stack': [<RequestContext '
http://localhost/' [GET] of yingyong02>]}}
    {<greenlet.greenlet object at 0x0000019A9BA2DDF0>: {'stack': [<flask.ctx.AppContext
object at 0x0000019A9BC0C4A8>]}}
```

　　注意： 为什么要将应用上下文放在栈中？

　　Flask 底层是基于 werkzeug 的，而 werkzeug 可以包含多个 app，所以这时候用一个栈来保存。如果在使用 app1，那么 app1 应该是要在栈的顶部，如果用完了 app1 那么 app 应该从栈中删除，方便其他代码使用下面的 app。

第9章
项目优化

在开发 Web 应用程序的过程中，为了提高程序的运行效率，很有必要提高整个 Web 项目的效率。在这个时候，可以使用各种技术实现项目优化。在本章的内容中，将详细讲解在 Flask Web 程序中使用主流项目优化技术的知识，为读者步入本书后面知识的学习打下基础。

9.1 使用蓝图实现模块化

蓝图（Blueprint）是 Flask 应用程序组件化的方法，可以在一个应用内或跨越多个项目共用蓝图。使用蓝图可以极大地简化大型应用的开发难度，也为 Flask 扩展提供了一种在应用中注册服务的集中式机制。在本节的内容中，将详细讲解在 Flask Web 程序中使用蓝图的知识，并通过具体实例来讲解使用蓝图的方法。

9.1.1 使用蓝图的场景

Blueprint 是 Flask 库中的一个模块，被称为蓝图。Flask 为什么推出蓝图这一概念呢？在 Flask 官方文档中提出，通常在如下场景中使用蓝图。

1）把一个应用分解成一系列的子模块。例如将一个项目实例化成一个应用，初始化一些扩展，以及注册一系列的应用。

2）以一个 URL 前缀或子域在一个应用上注册蓝图。URL 前缀/子域名中的参数即成为这个蓝图下的所有视图函数共同的视图参数（默认情况下）。

3）在一个应用中用不同的 URL 规则多次注册一个蓝图。

4）通过蓝图提供模板过滤器、静态文件、模板和其他功能。一个蓝图不一定要实现应用或视图函数。

5）在初始化一个 Flask 扩展时注册蓝图。

由此可见，蓝图就像把一个 Flask 项目分成了多个 Flask 项目，用来分离 route 路由表。在 Flask Web 程序中，route 都被写在 main 文件中。当项目够大的时候会有几十个甚至几百个路由，此时该怎么写 route 代码呢？当项目是多人团队开发的时候又该怎么写代码？当新版本上线的时候，老版本应该如何兼容呢？

使用蓝图技术就可以解决上面的问题，通过蓝图把@ app. route（）分离成多个文件，这样可以方便开发者找到需要修改的地方。在团队协作项目中，各自写自己的功能模块，当存储在自己的文件中。新版本和旧版本可以同时在线，可以通过不同的 URL 来调用。

举个例子，通常直接在 app 对象中设置 route 路由并管理路由，例如下面的演示代码。

```
from flask import Flask
app = Flask(__name__)

@app.route('/')
def index():
    return 'Index Page'

@app.route('/static')
def s():
    return 'static route'

if __name__ == '__main__':
    app.run()
```

如果所有的 route 路由都在 app 应用对象上直接注册，不仅使程序结构十分混乱，而且大大增加了程序的系统内存消耗。那么如何使用蓝图对程序的路由实现模块化管理呢？图 9-1 所示为经过蓝图处理后的程序结构。

在主 app 文件夹下有 3 个模块文件夹 api、auth 以及 main，这 3 个模块文件夹中的 __init__. py 文件都实现了蓝图的定义，这样便实现了基本的蓝图功能。

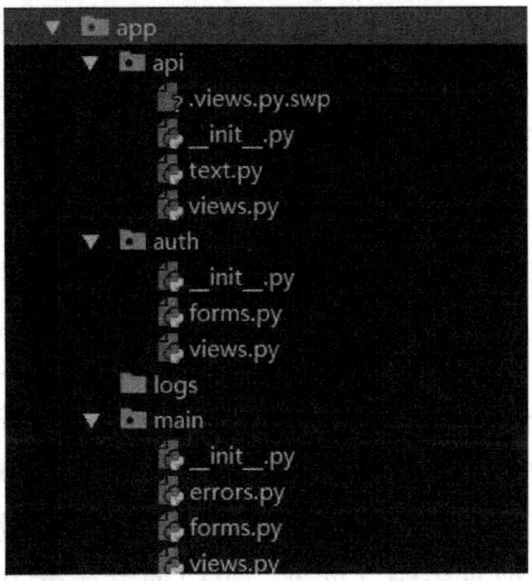

图 9-1　经过蓝图处理后的程序结构

9.1.2　创建蓝图程序

例如在下面的实例文件 first. py 中，演示了实现一个简易蓝图程序的方法。

源码路径：daima\9\9-1\first\first. py

```
from flask import Blueprint, render_template, abort
from jinja2 import TemplateNotFound
simple_page = Blueprint('simple_page', __name__,template_folder='templates')
@simple_page.route('/', defaults={'page':'index'})
@simple_page.route('/<page>')
def show(page):
    try:
        return render_template('pages/% s.html' % page)
    except TemplateNotFound:
        abort(404)
```

在上述代码中，当使用@ simple_page. route 装饰器绑定一个函数时，蓝图会记录所登记的 show() 函数。当以后在应用中注册蓝图时，这个函数会被注册到应用中。另外，它会把构建蓝图时所使用的名称（在本例为 simple_page）作为函数端点的前缀。

（1）注册蓝图

在使用蓝图之前需要先注册蓝图，例如在下面的代码中注册了蓝图。

```
from flask import Flask
from yourapplication.simple_page import simple_page
app = Flask(__name__)
app.register_blueprint(simple_page)
```

下面是注册蓝图后形成的 3 条规则。

```
[<Rule '/static/<filename>' (HEAD, OPTIONS, GET) -> static>,
<Rule '/<page>' (HEAD, OPTIONS, GET) -> simple_page.show>,
<Rule '/' (HEAD, OPTIONS, GET) -> simple_page.show>]
```

在上述规则中，其中第一条来自应用本身且用于静态文件，后面两条是用于蓝图 simple_page 的 show() 函数的。我们可以看到，函数的前缀都是蓝图的名称，并且使用一个点"."来分隔。

另外，还可以使用蓝图连接不同的 URL，例如下面的演示代码。

```
app.register_blueprint(simple_page, url_prefix='/pages')
```

上述代码会形成如下所示的路由规则。

```
[<Rule '/static/<filename>' (HEAD, OPTIONS, GET) -> static>,
<Rule '/pages/<page>' (HEAD, OPTIONS, GET) -> simple_page.show>,
<Rule '/pages/' (HEAD, OPTIONS, GET) -> simple_page.show>]
```

总之，可以多次注册蓝图，但是不一定每个蓝图都能正确响应。蓝图是否能够多次注册取决于是如何编写的，是否能根据不同的位置做出正确的响应。

（2）蓝图资源

蓝图可以用于提供资源，例如有时仅仅是为了使用一些资源而使用蓝图。

（3）蓝图资源文件夹

和普通应用一样，通常将蓝图放在一个文件夹中。虽然可以将多个蓝图保存在同一个文件夹中，但是最好不要这样做。文件夹由蓝图的第二个参数指定，通常为__name__。这个参数用于设置与蓝图相关的 Python 模块或包。如果这个参数指向的是实际的 Python 包（文件系统中的一个文件夹），那么它就是资源文件夹；如果是一个 Python 模块，那么这个模块包含的包就是资源文件夹。可以通过属性 Blueprint. root_path 来查看蓝图的资源文件夹，具体实现代码如下所示。

```
>>> simple_page.root_path
'/Users/username/TestProject/yourapplication'
```

可以使用方法 open_resource() 快速打开这个文件夹中的资源，具体实现代码如下所示。

```
with simple_page.open_resource('static/style.css') as f:
    code = f.read()
```

（4）静态文件

蓝图的第三个参数是 static_folder，此参数可以是一个绝对路径，也可以是相对路径，用于指定蓝图的静态文件所在的文件夹，具体实现代码如下所示。

```
admin = Blueprint('admin', __name__, static_folder='static')
```

在缺省情况下，路径最右端的部分是在 URL 中暴露的部分，可以通过 static_url_path 来改变。因为上面演示代码中的文件夹名称是 static，所以对应的 URL 应该是蓝图的 url_prefix 加上/static 。如果蓝图注册前缀为/admin，那么对应的静态文件 URL 是/admin/static。端点名称的格式是 blueprint_name. static，我们可以像对待应用中的文件夹一样使用 url_for() 来生成对应的 URL，具体实现代码如下所示。

```
url_for('admin.static', filename='style.css')
```

但是，如果蓝图没有设置 url_prefix，那么就不可能访问蓝图的静态文件夹。因为在这种情况下，URL 应该是/static，而应用程序的/static 路线优先。与模板文件夹不同的是，如果文件不存在于应用静态文件夹中，那么就不会搜索蓝图静态文件夹。

（5）模板

如果想使用蓝图来显示模板，可以使用蓝图中的参数 template_folder 进行设置，具体代码如下所示。

```
admin = Blueprint('admin', __name__, template_folder='templates')
```

对于静态文件来说，路径可以是绝对的，也可以是相对于蓝图的资源文件夹的。

模板文件夹被添加到模板的搜索路径，但优先级低于实际应用的模板文件夹。这样就可以轻松地重载在实际应用中蓝图提供的模板。这也意味着如果不希望蓝图模板出现意外重写，则需要确保没有其他蓝图或实际的应用模板具有相同的相对路径。在多个蓝图提供相同的相对路径时，第一个注册的优先。

假设在 yourapplication/admin 中编写蓝图，而要渲染的模板是 admin/index.html，参数 template_folder 的值为 templates，那么真正的模板文件如下所示。

```
yourapplication/admin/templates/admin/index.html
```

在上面的路径多出了一个 admin 文件夹，这是为了避免模板被实际应用模板文件夹中的 index.html 重载。也就是说，如果有一个名为 admin 的蓝图，该蓝图设置的模板文件是 index.html ，那么最好按照如下所示的结构存放模板文件。

```
yourpackage/
    blueprints/
        admin/
            templates/
                admin/
                    index.html
            __init__.py
```

这样当需要渲染模板时，就可以使用 admin/index.html 找到模板文件。如果没有载入正确的模板，那么应该启用 EXPLAIN_TEMPLATE_LOADING 配置变量。在启用这个变量以后，每当调用 render_template 时，Flask 都会打印出定位模板的步骤，这样可以方便调试程序。

（6）创建 URL

如果想在蓝图中创建页面链接，可以和创建普通 URL 的方法一样使用 url_for( )实现，只需把蓝图名称作为端点的前缀，并且用一个点 "." 来分隔即可，具体格式如下所示。

```
url_for('admin.index')
```

如果在一个蓝图的视图函数或者被渲染的模板中，需要链接同一个蓝图中的其他端点，那么在使用相对重定向时可以使用一个点 "." 作为前缀，具体格式如下所示。

```
url_for('.index')
```

当前请求分配到 admin 蓝图端点时，上述代码会链接到 admin.index。

（7）错误处理器

蓝图和其他 Flask 应用对象一样，也支持错误处理装饰器功能，开发者可以很容易使用蓝图特定的自定义错误页面。例如下面是调用 "404 Page Not Found" 异常的例子。

```
@simple_page.errorhandler(404)
def page_not_found(e):
    return render_template('pages/404.html')
```

在现实应用中，大多数错误处理器会按预期的效果运行。但是有一个涉及 404 和 405 的例外处理情形，这些错误处理器只会由一个适当的 raise 语句引发或者在另一个蓝图视图中调用 abort 引发。它们不会引发无效的 URL 访问，这是因为蓝图不"拥有"特定的 URL 空间，而且在发生无效的 URL 访问时，应用实例无法知道应该运行哪个蓝图错误处理器。如果想基于 URL 前缀执行不同的错误处理策略，那么可以在应用层使用 request 代理对象定义它们，具体实现代码如下所示。

```
@app.errorhandler(404)
@app.errorhandler(405)
def _handle_api_error(ex):
    if request.path.startswith('/api/'):
        return jsonify_error(ex)
    else:
        return ex
```

9.1.3　实现第一个蓝图程序

例如在下面的实例中，演示了实现一个蓝图 Flask Web 程序的过程。

源码路径：daima\9\9-1\app

1) 创建一个名为 app 的 Flask 项目，为了使用蓝图，在 app 目录下设置 3 个子目录，分别存储不同功能模块的程序文件。项目最终的目录结构如下所示。

```
|    ├───── app                       # 所有的 app 目录
|    |   ├───── app01                  # 第一个应用
|    |   |   └───── views.py           # 第一个应用的视图
|    |   ├───── app02                  # 第二个应用
|    |   |   └───── views.py           # 第二个应用的视图
|    |   └───── main                   # 主应用,就是首页,区别一下名字
|    |       └───── views.py           # 该应用的视图
|    ├───── build_requirements.py      # 生成 requirements 的程序
|    ├───── main.py                    # 主入口
```

2) 开始创建蓝图 views，本实例比较简单，只实现了 app.route 的路由注册功能。main 目录下的文件 views.py 的具体实现代码如下所示。

```
from flask import Blueprint

main = Blueprint('main',__name__)

@main.route('/')
def show():
    return 'main.hello'
```

3) app01 目录下的文件 views.py 的具体实现代码如下所示。

```
from flask import Blueprint
app01 = Blueprint('app01',__name__)
@app01.route('/')
def show():
    return 'app01.hello'
```

4) app02 目录下的文件 views.py 的具体实现代码如下所示。

```
from flask import Blueprint
app02 = Blueprint('app02',__name__)
@app02.route('/')
def show():
    return 'app02.hello'
```

5）将上面设置的蓝图路由注册到程序的主入口文件 main. py 中，文件 main. py 的具体实现代码如下所示。

```
from flask import Flask
from main.views import *
from app.app01.views import *
from app.app02.views import *
app = Flask(__name__)
app.register_blueprint(main)
app.register_blueprint(main,url_prefix='/index')
app.register_blueprint(app01,url_prefix='/app01')
app.register_blueprint(app02,url_prefix='/app02')
app.register_blueprint(app01,url_prefix='/app03')
app.register_blueprint(app02,url_prefix='/app04')
app.register_blueprint(app02)
if __name__=='__main__':
  app.run()
```

在上述代码中注册了两次 main，区别是在第二次使用了 url_prefix，可以将其理解为挂载点不同。表 9-1 列出了在浏览器中输入不同 URL 后对应的网页执行效果和路由地址。

表 9-1　输入不同 URL 后对应的网页执行效果和路由地址

浏览 URL 地址	网页执行效果	路 由 地 址
http://127.0.0.1:5000	main. hello	main. views--@ main. route('/')
http://127.0.0.1:5000/index	main. hello	main. views--@ main. route('/')
http://127.0.0.1:5000/app01	app01. hello	app01. views--@ app01. route('/')
http://127.0.0.1:5000/app02	app02. hello	app02. views--@ app02. route('/')
http://127.0.0.1:5000/app03	app01. hello	app01. views--@ app01. route('/')
http://127.0.0.1:5000/app04	app02. hello	app02. views--@ app02. route('/')

不同的蓝图使用不同的挂载点挂载后，蓝图内的挂载点不冲突。请看下面的 3 行蓝图注册代码。

```
app.register_blueprint(main)
app.register_blueprint(app02,url_prefix='/app02')
app.register_blueprint(app02)
```

上述 3 行注册蓝图代码貌似冲突，其实并不冲突，Flask 只是在路由里面寻找匹配的第一个路由，并返回给客户端，所以访问 http://127.0.0.1:5000 时会返回 main. hello。而 app02 挂载两次匹配路由的时候，只有 http://127.0.0.1:5000/app02 是第一个匹配的路由，此时会返回 app02. hello。

再看下面的两行蓝图注册代码。

```
app.register_blueprint(app01,url_prefix='/app01')
app.register_blueprint(app01,url_prefix='/app03')
```

上述两行看似也是冲突的重复挂载，但其实是多次注册一个蓝图，访问 http://127001:5000/app01 和 http://127.0.0.1:5000/app03 都是访问同一个蓝图，即 app01. views -- @ app01. route('/')。

9.2 Flask-Cache 扩展

当需要从服务器中获取一个非常大的资源时，服务器的处理速度会比较慢，此时可以考虑使用缓存技术提高处理速度。缓存就是数据交换的缓冲区（称作 Cache），当某一硬件要读取数据时，会首先从缓存中查找需要的数据，如果找到了则直接执行，如果找不到的话则从内存中找。由于缓存的运行速度比内存快得多，所以缓存的作用就是帮助硬件更快地运行。在本节的内容中，将详细讲解在 Flask Web 程序中使用缓存技术的知识。

9.2.1 使用 Flask-Cache 扩展

在 Flask Web 程序中，可以使用 Flask-Cache 扩展来实现缓存处理功能。在本小节的内容中，将详细讲解使用 Flask-Cache 扩展的知识。在使用 Flask-Cache 扩展之前需要通过如下命令行进行安装。

```
easy_install Flask-Cache
```

也可以用下面的命令行安装 Flask-Cache 扩展

```
pip install Flask-Cache
```

1. 初始化

在使用 Flask-Cache 扩展时，需要先对其进行实例化处理，并进行相应的配置操作，具体实现代码如下所示。

```
from flask import Flask
from flask_cache import Cache

app = Flask(_name_)
cache = Cache(app,config={
    "CACHE_TYPE":"simple"
})
```

也可以使用如下所示的方法 init_app() 设置 Flask 实例。

```
app = Flask(_name_)
cache = Cache(config={
    "CACHE_TYPE":"simple"
})
cache.init_app(app)
```

如果有多个 Cache 实例，并且每一个实例都有不同的后端（也就是每一个实例都使用不用的缓存类型 CACHE_TYPE），此时可以使用配置字典进行设置，例如下面的演示代码。

```
#:方法 A:在类的实例化过程中
cache = Cache(config={'CACHE_TYPE':'simple'})
#:方法 B:在初始化应用程序调用期间
cache.init_app(app, config={'CACHE_TYPE':'simple'})
```

2. 缓存视图函数

使用装饰器函数 cached() 能够缓存视图函数，在默认情况下使用请求路径（request. path）作为 cache_key，例如下面的演示代码。

```
@cache.cached(timeout=50)
def index():
    return render_template('index.html')
```

装饰器函数@ cached( )有一个可选的参数 unless，它允许一个可调用的且返回值是 True 或者 False 的函数。如果 unless 的返回值是 True，将会完全忽略缓存机制（内置的缓存机制会完全不起作用）。

3. 缓存其他函数

使用装饰器@ cached 能够缓存其他非视图函数的结果，此时需要指定 key_prefix，否则会使用请求路径（request. path）作为 cache_key，例如下面的演示代码。

```
@cache.cached(timeout=50, key_prefix='all_comments')
def get_all_comments():
    comments = do_serious_dbio()
    return [x.author for x in comments]

cached_comments = get_all_comments()
```

4. Memoization 缓存技术

在 Memoization 缓存中，函数参数同样包含 cache_key。memoize 是为类成员函数而设计的，因为它根据 identity 将参数 self 或者 cls 考虑进来作为缓存键的一部分。

在使用 Memoization 缓存时，如果在一次请求中多次调用一个函数，那么它只会计算第一次使用这些参数时对该函数的调用。例如有个决定用户角色的 SQLAlchemy 对象，在一个请求中可能需要多次调用这个函数。为了避免每次都从数据库获取信息，可以使用下面的演示代码。

```
class Person(db.Model):
    @cache.memoize(50)
    def has_membership(self, role_id):
        return Group.query.filter_by(user=self, role_id=role_id).count() >=
1
```

建议不要将一个对象的实例作为一个 memoized 函数。但是 memoize 在处理参数的时候会执行 repr( )，因此如果一个对象有__repr__函数，并且返回一个唯一标识该对象的字符串，将能够作为缓存键的一部分。假如存在一个 SQLAlchemy person 对象，它返回数据库的 ID 作为唯一标识符的一部分，具体实现代码如下所示。

```
class Person(db.Model):
    def __repr__(self):
        return "%s(%s)" % (self.__class__.__name__, self.id)
```

5. 删除 memoize 的缓存

在 Flask-Cache 扩展中，可以使用函数 delete_memoized( )来删除 memoize 的缓存，例如下面的演示代码。

```
cache.delete_memoized('user_has_membership')
```

如果只有函数名作为参数，那么所有的 memoized 版本会是无效的。但是可以删除特定缓存提供的相同参数值。例如在下面的演示代码中，只有 user 角色缓存被删除。

```
user_has_membership('demo', 'admin')
user_has_membership('demo', 'user')
cache.delete_memoized('user_has_membership', 'demo', 'user')
```

6. 缓存 Jinja2 片段

在 Flask-Cache 扩展中，缓存 Jinja2 片段的用法如下所示。

```
{% cache [timeout [,[key1, [key2, ...]]]] % }
...
{% endcache % }
```

在默认情况下，将"模板文件路径"+"片段开始的函数"作为缓存键。同样道理，也可以手动设置键名。将键名串联成一个字符串，这样可以避免同样的块在不同模板被重复计算。

通过如下代码设置 timeout 为 None，并且使用了自定义的键 key。

```
{% cache None "key" % }...
```

为了删除缓存值，可以为 del 设置超时时间。

```
{% cache 'del' % }...
```

如果提供键名，可以很容易产生模板的片段密钥，从而可以从模板上下文外面删除它，具体实现代码如下所示。

```
from flask_cache import make_template_fragment_key
key = make_template_fragment_key("key1", vary_on=["key2", "key3"])
cache.delete(key)
```

7. 清除缓存

在 Flask-Cache 扩展中，可以使用函数 clear() 清除缓存。例如下面的代码是一个清空应用缓存的例子。

```
from flask_cache import Cache
from yourapp import app, your_cache_config
cache = Cache()
def main():
    cache.init_app(app, config=your_cache_config)
    with app.app_context():
        cache.clear()
if __name__ == '__main__':
    main()
```

注意：某些缓存类型不支持完全清空缓存。如果不使用键前缀，一些缓存类型将刷新整个数据库。所以需要确保没有任何其他数据存储在缓存数据库中。

8. 配置 Flask-Cache

Flask-Cache 扩展支持多个类型作为缓存后端，不同的缓存后端有不同的配置项。在下面的内容中，将详细讲解 Flask-Cache 支持的缓存后端。

1）null：无缓存，相关配置项的具体说明如下所示。

● CACHE_ARGS：在缓存类实例化过程中解包和传递的可选列表。

● CACHE_OPTIONS：可选字典在缓存类实例化期间传递。

2）simple：使用本地 Python 字典进行存储，这不是线程安全的方式，相关配置项的具体说明如下所示。

● CACHE_DEFAULT_TIMEOUT：默认过期/超时时间，单位为秒。

● CACHE_THRESHOLD：缓存的最大条目数。

● CACHE_ARGS：在缓存类实例化过程中解包和传递的可选列表。

● CACHE_OPTIONS：可选字典在缓存类实例化期间传递。

3）filesystem：使用文件系统来存储缓存的值，相关配置项的具体说明如下所示。

● CACHE_DEFAULT_TIMEOUT：默认过期/超时时间，单位为秒。

● CACHE_DIR：存储缓存的目录。

- CACHE_THRESHOLD：缓存的最大条目数。
- CACHE_ARGS：在缓存类实例化过程中解包和传递的可选列表。
- CACHE_OPTIONS：可选字典在缓存类实例化期间传递。

4) memcached：使用 memcached 服务器作为缓存后端，支持 pylibmc、memcache 或 Google 应用程序引擎 memcache 库，相关配置项的具体说明如下所示。

- CACHE_DEFAULT_TIMEOUT：默认过期/超时时间，单位为秒。
- CACHE_KEY_PREFIX：设置 cache_key 的前缀。
- CAHCE_MEMCACHED_SERVERS：服务器地址的列表或元组。
- CACHE_ARGS：在缓存类实例化过程中解包和传递的可选列表。
- CACHE_OPTIONS：可选字典在缓存类实例化期间传递。

5) redis：使用 redis 作为缓存后端，相关配置项的具体说明如下所示。

- CACHE_DEFAULT_TIMEOUT：默认过期/超时时间，单位为秒。
- CACHE_KEY_PREFIX：设置 cache_key 的前缀。
- CACHE_REDIS_HOST：redis 地址。
- CACHE_REDIS_PORT：redis 端口。
- CACHE_REDIS_PASSWORD：redis 密码。
- CACHE_REDIS_DB：使用哪个库。
- CACHE_REDIS_URL：连接到 redis 服务器的 URL，例如：redis://user:password@local-host:6379/2。
- CACHE_ARGS：在缓存类实例化过程中解包和传递的可选列表。
- CACHE_OPTIONS：可选字典在缓存类实例化期间传递。

例如下面是一个使用 redis 作为缓存后端的演示代码。

```
from flask import Flask
from flask_cache improt Cache
app = Flask(__name__)
cache = Cache(app,config={
    "CACHE_TYPE":"redis",
    "CACHE_REDIS_HOST":"192.168.0.158",
    "CACHE_REDIS_PORT":6379,
    "CACHE_REDIS_PASSWORD":"123456",
    "CACHE_REDIS_DB":2
})
@app.route("/get_info")
@cache.cached(timeout=30)
def get_info():
    print "no cache!"
    return "it is ok!"

if __name__ == "__main__":
    app.run()
```

6) saslmemcached：使用 memcached 服务器作为缓存后端，将与支持 SASL 的连接一起使用到 memcached 服务器。pylibmc 是必需的，SASL 必须由 libmemcached 支持，相关配置项的具体说明如下所示。

- CACHE_DEFAULT_TIMEOUT：默认过期/超时时间，单位为秒。
- CACHE_KEY_PREFIX：设置 cache_key 的前缀。
- CAHCE_MEMCACHED_SERVERS：服务器地址的列表或元组。

- CACHE_MEMCACHED_USERNAME：使用 memcached 进行 SASL 认证的用户名。
- CACHE_MEMCACHED_PASSWORD：使用 memcached 进行 SASL 认证的密码。
- CACHE_ARGS：在缓存类实例化过程中解包和传递的可选列表。
- CACHE_OPTIONS：可选字典在缓存类实例化期间传递。

例如在下面的实例中，演示了在 Flask Web 程序中使用 Flask-Cache 扩展的知识。

源码路径：daima\9\9-2\cache

程序文件 app. py 的具体实现流程如下所示。

1）导入需要的库文件，具体实现代码如下所示。

```
import random
from datetime import datetime

from flask import Flask,jsonify
from flask_cache import Cache
```

2）定义 Flask 项目，导入配置文件的信息，设置使用缓存处理此应用，具体实现代码如下所示。

```
app = Flask(__name__)
app.config.from_pyfile('hello.cfg')
cache = Cache(app)
```

3）缓存处理 URL：/api/now，能够显示当前的时间，具体实现代码如下所示。

```
@app.route('/api/now')
@cache.cached(50)
def current_time():
    return str(datetime.now())
```

4）缓存处理 URL：/api/get/binary，能够随机生成 500 个数字，具体实现代码如下所示。

```
@cache.cached(key_prefix='binary')
def random_binary():
    return [random.randrange(0, 2) for i in range(500)]

@app.route('/api/get/binary')
def get_binary():
    return jsonify({'data': random_binary()})

@cache.memoize(60)
def _add(a, b):
    return a + b + random.randrange(0, 1000)

@cache.memoize(60)
def _sub(a, b):
    return a - b - random.randrange(0, 1000)
```

5）缓存处理 URL：/api/add/<int:a>/<int:b>，能够计算两个数字的和，具体实现代码如下所示。

```
@app.route('/api/add/<int:a>/<int:b>')
def add(a, b):
    return str(_add(a, b))
```

6）缓存处理 URL：/api/sub/<int:a>/<int:b>，能够计算两个数字的差，具体实现代码如下所示。

```
@app.route('/api/sub/<int:a>/<int:b>')
```

```
def sub(a, b):
    return str(_sub(a, b))
```

7）缓存处理 URL：/api/cache/delete，能够删除前面定义的缓存_add 和_sub，具体实现代码如下所示。

```
@app.route('/api/cache/delete')
def delete_cache():
    cache.delete_memoized('_add', '_sub')
    return 'OK'

if __name__ == '__main__':
    app.run()
```

执行后可以通过缓存显示网页，执行效果如图 9-2 所示。

图 9-2　执行效果

a）/api/now　b）/api/cache/delete　c）/api/add/10/5

9.2.2　使用 Flask-Caching 扩展

为了尽量减少 Web 程序的响应时间，可以针对那些需要一定时间才能获取结果的函数和那些不需要频繁更新的视图函数提供缓存服务。这样可以在一定的时间内直接返回结果，而不是每次都需要计算或者从数据库中执行查找工作。通过使用 Flask-Caching 扩展，可以为Flask Web 程序提供缓存功能。

注意：前面介绍的 Flask-Cache 扩展已经很久没有升级，接下来介绍的 Flask-Caching 扩展是 Flask-Cache 的升级，其基本功能和用法跟 Flask-Cache 扩展类似。

1. 安装

安装 Flask-Caching 扩展的命令如下所示。

```
pip install Flask-Caching
```

2. 初始化配置

例如下面是初始化 Flask Web 程序的演示代码。

```
from flask import Flask
from extensions import cache
from setting import Config
app = Flask(__name__)
app.config.from_object(Config)
# 可以使用 config 参数添加配置
cache.init_app(app=app, config={'CACHE_TYPE': 'simple'})
```

在上述代码中，调用了扩展文件 extensions. py 中的缓存功能。例如下面是扩展文件 extensions. py 的实现代码。

```
from flask_caching import Cache
cache = Cache()
```

3. 常用配置参数

在 Flask-Caching 扩展中，通过 CACHE_TYPE 设置缓存的类型，常用的配置参数的具体说明如下所示。

- CACHE_NO_NULL_WARNING = "warning"：null 类型时的警告消息
- CACHE_ARGS = [ ]：在缓存类实例化过程中解包和传递的可选列表，用来配置相关后端额外的参数
- CACHE_OPTIONS = { }：可选字典，在缓存类实例化期间传递，也是用来配置相关后端额外的键值对参数
- CACHE_DEFAULT_TIMEOUT：默认过期/超时时间，单位为秒。
- CACHE_THRESHOLD：缓存的最大条目数。
- CACHE_TYPE = null：默认的缓存类型，无缓存。
- CACHE_TYPE = 'simple'：使用本地 python 字典进行存储，这不是线程安全的方式。
- CACHE_TYPE = 'filesystem'：使用文件系统来存储缓存的值。
- CACHE_DIR = " "：文件目录。
- CACHE_TYPE = 'memcached'：使用 memcached 服务器缓存。
- CACHE_KEY_PREFIX：设置 cache_key 的前缀。
- CAHCE_MEMCACHED_SERVERS：服务器地址的列表或元组。
- CACHE_MEMCACHED_USERNAME：用户名。
- CACHE_MEMCACHED_PASSWORD：密码。
- CACHE_TYPE = 'uwsgi'：使用 uwsgi 服务器作为缓存。
- CACHE_UWSGI_NAME：要连接的 uwsgi 缓存实例的名称。
- CACHE_TYPE = 'redis'：使用 redis 作为缓存。
- CACHE_KEY_PREFIX：设置 cache_key 的前缀。
- CACHE_REDIS_HOST：redis 地址。
- CACHE_REDIS_PORT：redis 端口。
- CACHE_REDIS_PASSWORD：redis 密码。
- CACHE_REDIS_DB：使用哪个数据库。
- CACHE_REDIS_URL：连接到 redis 服务器的 URL，例如 redis://user: password @ localhost:6379/2。

4. 配置多个缓存

如果有多个缓存需要使用不同的缓存后端，此时可以设置使用多个字典。例如下面是配置多个缓存的演示代码。

```
cache1 = Cache()
cache2 = Cache()
cache1.init_app(app, config={'CACHE_TYPE' :'redis','CACHE_REDIS_HOST':'192.168.1.20',
                    'CACHE_REDIS_PORT':'6390'})
cache2.init_app(app, config={'CACHE_TYPE' :'redis','CACHE_REDIS_HOST':'192.168.1.21',
```

```
'CACHE_REDIS_PORT':'6390'})
```

5. 配置多个缓存实例

例如在下面的实例文件 Caching. py 中，演示了 Flask-Caching 扩展缓存函数和视图函数的过程。

源码路径：daima/9/9-2/Caching/Caching. py

```python
import random
from datetime import datetime
from flask import Flask,jsonify, render_template_string
from flask_caching import Cache
app = Flask(__name__)
app.config.from_pyfile("hello.cfg")
cache = Cache(app)

#: cached 视图
@app.route("/api/now")
@cache.cached(50)
def current_time():
    return str(datetime.now())


#: cached 方法
@cache.cached(key_prefix="binary")
def random_binary():
    return [random.randrange(0, 2) for i in range(500)]

@app.route("/api/get/binary")
def get_binary():
    return jsonify({"data": random_binary()})

#:memoized 方法
@cache.memoize(60)
def _add(a, b):
    return a + b + random.randrange(0, 1000)

@cache.memoize(60)
def _sub(a, b):
    return a - b - random.randrange(0, 1000)

@app.route("/api/add/<int:a>/<int:b>")
def add(a, b):
    return str(_add(a, b))

@app.route("/api/sub/<int:a>/<int:b>")
def sub(a, b):
    return str(_sub(a, b))

@app.route("/api/cache/delete")
def delete_cache():
    cache.delete_memoized("_add", "_sub")
    return "OK"

@app.route("/html")
@app.route("/html/<foo>")
def html(foo=None):
    if foo is not None:
        cache.set("foo", foo)
    return render_template_string(
```

```
        "<html><body>foo cache: {{foo}}</body></html>", foo=cache.get("foo")
    )
if __name__ == "__main__":
    app.run()
```

上述实例代码和 Flask-Cache 扩展实例的代码十分相似，执行效果如图 9-3 所示。

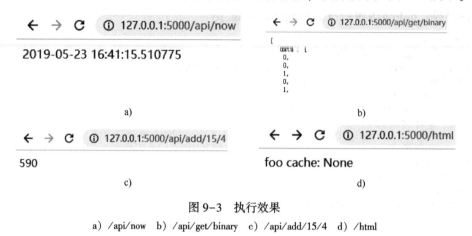

图 9-3 执行效果

a) /api/now b) /api/get/binary c) /api/add/15/4 d) /html

如果 Flask-Caching 扩展当前集成的缓存服务器不符合要求，例如需要使用 MongoDB 数据库作为后端缓存，那么可以自己实现那些标准接口。例如在下面的实例文件 admin.py 中，演示了使用 Flask-Caching 扩展自定义缓存后端的过程。

源码路径：daima\9\9-2\Caching\admin.py

```
from flask import Flask, current_app, make_response, request
from flask_caching import Cache
cache = Cache()
from werkzeug.contrib.cache import BaseCache

app = Flask(__name__)
app.config['SECRET_KEY'] = '123'
cache.init_app(app, config={'CACHE_TYPE' : 'mycache.mongo',
                    'MONGO_SERVERS':'mongodb://username:passwd@localhost:27017/db'})
class MongoCache(BaseCache):
    def __init__(self, host='localhost', port=27017, username=None, password=
None, default_timeout=500, **kwargs):
        BaseCache.__init__(self, default_timeout)
        if isinstance(host, str):
            try:
                from pymongo import MongoClient
            except ImportError:
                raise RuntimeError('no pymongo module found')
            self._client = MongoClient(host=host, port=port, username=username,
password=password, **kwargs)
        else:
            self._client = host

    # 接下来使用 pymongo 实现 BaseCache 的各个接口
    pass

def mongo(app, config, args, kwargs):
    """
    处理 app 传进来的参数用来连接 mongodb
```

182

```
    """
    args.append(app.config['MONGO_SERVERS'])
    return MongoCache(*args, **kwargs)

if __name__ == '__main__':
    app.run(debug=True)
```

9.3 基于 Celery 的后台任务

Celery 是一个异步任务队列，使用它可以在应用上下文之外执行任务。在 Python 应用程序中，任何可能需要消耗资源的任务都可以交给任务队列来处理，这样可以让应用程序自由和快速地响应客户端的请求。在本节的内容中，将详细讲解在 Flask Web 程序中使用 Celery 的知识。

9.3.1 在 Flask Web 中使用 Celery 基础

在使用 Celery 之前需要先通过如下命令进行安装。

```
pip install celery
```

如果想在一个 Flask Web 程序中使用 Celery，需要通过如下代码初始化 Celery 客户端。

```
from flask import Flask
from celery import Celery

app = Flask(__name__)
app.config['CELERY_BROKER_URL'] = 'redis://localhost:6379/0'
app.config['CELERY_RESULT_BACKEND'] = 'redis://localhost:6379/0'

celery = Celery(app.name, broker=app.config['CELERY_BROKER_URL'])
celery.conf.update(app.config)
```

在上述代码中，Celery 通过创建一个 Celery 类对象 celery 进行初始化，然后分别传入 Flask 程序名称和消息代理的连接 URL。这个 URL 将放在 app.config 中的 CELERY_BROKER_URL 的键值中，通过 URL 告诉在哪里运行 Celery 代理服务。如果运行的不是 redis 或者代理服务运行在不同的机器上，那么需要修改对应的 URL。

Celery 中的其他任何配置信息，可以直接调用 celery.conf.update()，通过 Flask 的配置信息进行传递。只有在必须使用 Celery 任务的存储状态和运行结果时，才需要设置 CELERY_RESULT_BACKEND 选项，建议读者从一开始就配置好这个选项。

在 Flask Web 程序中，任何作为后台任务的函数都需要用@celery.task 装饰器来装饰，例如下面的演示代码。

```
@celery.task
def my_background_task(arg1, arg2):
    return result
```

接着 Flask Web 程序能够请求这个后台任务的执行，例如下面的演示代码。

```
task = my_background_task.delay(10, 20)
```

方法 delay() 是调用了 apply_async()，所以上述代码相当于使用了方法 apply_async()，示例代码如下所示。

```
task = my_background_task.apply_async(args=[10, 20])
```

当使用方法 apply_async( )时，可以向 Celery 后台传递如何执行任务，其中一个比较有用的选项就是要求任务在未来的某一时刻执行。例如下面的这个调用将安排在一分钟后执行。

```
task = my_background_task.apply_async(args=[10, 20], countdown=60)
```

方法 delay( )和 apply_async( )的返回值是一个表示任务的对象，这个对象可以用于获取任务的状态。

9.3.2 使用 Celery 异步发送邮件并显示进度条

在下面的实例中，演示了使用 Celery 异步发送邮件并显示进度条的过程。

源码路径：daima\9\9-3\flask_celery

1. 异步发送邮件

本模块使用 Flask-Mail 扩展实现了发送邮件功能，能够发送邮件但是不阻塞主程序。在本模块中提供了一个只有一个输入文本框的简单表单，要求用户在此文本框中输入一个电子邮件地址，单击提交后服务器会发送一封测试电子邮件到这个邮件地址。在表单中包含两个提交按钮，一个用于立即发送邮件，一个用于在一分钟后发送邮件。

1）编写文件 celery_config. py，使用 redis 作为消息代理，具体实现代码如下所示。

```
BROKER_URL = 'redis://localhost:6379/15'
# 把任务结果存储在 Redis
CELERY_RESULT_BACKEND = 'redis://localhost:6379/15'
CELERY_ACCEPT_CONTENT = ['json', 'pickle']
```

2）编写文件 celery. py，设置创建 Celery 对象实例，具体实现代码如下所示。

```
from __future__ import absolute_import
from celery import Celery
celery = Celery('app', include=['app.tasks'])
celery.config_from_object('app.celery_config')
```

3）邮件发送模块的模板文件是 index. html，具体实现代码如下所示。

```
<h2>异步发送邮件</h2>
{% for message in get_flashed_messages() %}
    <p style="color: red;">{{ message }}</p>
{% endfor %}
<form method="POST" action="{{ url_for('index') }}">
    <p>Send test email to: <input type="text" name="email" value="{{ email }}"></p>
    <input type="submit" name="submit" value="Send">
    <input type="submit" name="submit" value="Send in 1 minute">
</form>
```

上述代码实现了一个普通的 HTML 表单，并且添加了 Flask 闪现消息。

4）在文件__init__. py 中配置 Flask-Mail 扩展的基本设置信息，具体实现代码如下所示。

```
app.config['MAIL_SERVER'] = 'smtp.163.com'          # 电子邮件服务器的主机名或 IP 地址
app.config['MAIL_PORT'] = 25                         # 电子邮件服务器的端口
app.config['MAIL_USE_TLS'] = True                    # 启用传输层安全协议
app.config['MAIL_USE_SSL'] = False                   # 启用安全套接层协议
app.config['MAIL_USERNAME'] = 'your-mail-username'   # 邮件账户的用户名
app.config['MAIL_PASSWORD'] = 'your-mail-password'   # 邮件账户的密码
```

5）在文件 main. py 中设置后台 URL 路由处理，具体实现代码如下所示。

```
@app.route('/', methods=['GET', 'POST'])
def index():
```

```
        if request.method = = 'GET':
            return render_template('index.html', email=session.get('email', ''))
        email = request.form['email']
        session['email'] = email

        msg = Message (' Hello from Flask', sender = app.config [' MAIL _USERNAME '],
recipients = [email])
        msg.body = 'This is a test email sent from a background Celery task.'
        if request.form['submit'] = = 'Send':
            # 立即发送
            # delay 是 apply_async 的快捷方式
            # 相比于 delay (),当使用 apply_async () 时,能够对后台任务的执行方式有更多的控制,例
如任务在何时执行
            # delay ()和 apply_async ()的返回值是一个 AsyncResult 的对象.通过该对象,能够获得
任务的状态信息
        async_send_email.delay(msg)
            flash('Sending email to {0}'.format(email))
        else:
            # 1 分钟后发送
            async_send_email.apply_async(args = [msg], countdown = 60)
            flash('An email will be sent to {0} in one minute'.format(email))
        return redirect(url_for('index'))
```

在上述代码中，设置将用户在文本框中输入的值保存在 Session 中，以便在页面重新加载时能够使用该信息。

6）在文件 tasks. py 中实现后台异步任务，具体实现代码如下所示。

```
@celery.task
def async_send_email(msg):
    app = create_app()
    with app.app_context():
        Mail(app).send(msg)
```

任何作为后台任务的函数都需要使用@ celery. task 装饰器进行装饰。读者需要注意的是 Flask-Mail 扩展需要在应用上下文中运行，因此在调用方法 send( )之前需要创建一个应用上下文。因为此处并不会保留异步调用的返回值，因此应用本身无法知道是否调用成功或者失败。在运行这个模块的时候，需要检查 Celery worker 的输出来排查发送邮件过程是否有问题。

2. 显示进度条

本模块展示了一个虚构的长时间运行的任务，当用户单击按钮启动一个或者更多的长时间运行的任务时，在浏览器上的页面会使用 Ajax 轮询服务器更新所有任务的状态。每一个任务，页面都会显示一个进度条、一个当前进度信息和一个当前执行结果。

1）在文件 tasks. py 中实现后台异步任务功能，具体实现代码如下所示。

```
@celery.task(bind=True)
def long_task(self):
    total = random.randint(10, 50)
    for i in range(total):
        # 自定义状态 state
        self.update_state(state=u'处理中', meta ={'current': i, 'total': total})
        time.sleep(1)
    return {'current': 100, 'total': 100, 'result': u'完成'}
```

对于上述任务（此任务在一个 Celery worker 进程中运行），在@ celery. task 装饰器中添加了 bind = True 参数，这使得 Celery 向函数中传入了 self 参数，因此在函数中能够使用它（ self）来记录状态更新。方法 self. update_state( )用于设置 Celery 如何接收任务更新。在

Celery 中有一些内置的状态,比如 STARTED、SUCCESS 等,但是 Celery 也支持自定义状态。在本实例模块中使用了一个叫作"处理中"的自定义状态。连同状态,还有一个元数据,该元数据是 Python 字典形式,包含目前和总的迭代数。客户端可以使用这些元素来显示一个漂亮的进度条。每迭代一次休眠一秒,以模拟正在做的一些工作。当循环退出时会作为函数的结果返回一个 Python 字典。

2)在文件 main.py 中启动后台任务,具体实现代码如下所示。

```
@app.route('/longtask')
def longtask():
    # 开启异步任务
    task = long_task.apply_async()
    return jsonify({}), 202, {'Location': url_for('taskstatus', task_id=task.id)}
```

在上述代码中,客户端需要发起一个 GET 请求到 /longtask 以触发后台任务执行。响应状态码 202,这个状态码通常在 REST API 中用来表明一个请求正在处理中。同时添加了 Location 头,其值为一个客户端用来获取状态信息的 URL。这个 URL 指向另一个叫作 taskstatus 的 Flask 路由,并且该 URL 包含 task.id。

3)在文件 main.py 中获取任务状态信息的 URL 路由信息,具体实现代码如下所示。

```
@app.route('/status/<task_id>')
def taskstatus(task_id):
    # 获取异步任务结果
    task = long_task.AsyncResult(task_id)
    # 等待处理
    if task.state == 'PENDING':
        response = {'state': task.state, 'current': 0, 'total': 1}
    elif task.state != 'FAILURE':
        response = {'state': task.state, 'current': task.info.get('current', 0), 'total':
task.info.get('total', 1)}
        # 处理完成
        if 'result' in task.info:
            response['result'] = task.info['result']
    else:
        # 后台任务出错
        response = {'state': task.state, 'current': 1, 'total': 1}
    return jsonify(response)
```

在上述代码中,这个路由生成了一个 JSON 响应,该响应包含任务的状态以及在 update_state()调用中设置的 meta 参数的所有值,其中第一个 if 代码块是当任务还没有开始的时候(PENDING 状态)。在这种情况下暂时没有状态信息,因此人为地制造了些数据。接下来的 elif 代码块返回后台任务的状态信息。任务提供的信息可以通过访问 task.info 获得。如果数据中包含 result,就意味着这是最终的结果并且任务已经结束,因此笔者把这些信息也加到响应中。最后的 else 代码块是任务执行失败的情况,此时在 task.info 中会包含异常的信息。

4)在模板文件 index.html 中实现客户端信息,具体实现代码如下所示。

```
<h2>显示进度更新和结果</h2>
<button id="start-bg-job">Start Long Task</button>
<br><br>
<div id="progress" style="width: auto;text-align: center;"></div>
```

因为用到了图形化的进度条效果,本项目使用了开源进度条框架 nanobar.js。并且还用了 jQuery 框架技术,它能够简化 Ajax 调用的工作,具体实现代码如下所示。

```
<script src="//cdn.bootcss.com/nanobar/0.4.2/nanobar.min.js"></script>
<script src="//cdn.bootcss.com/jquery/3.1.1/jquery.min.js"></script>
```

在模板文件 index. html 中通过如下代码启动后台任务。

```
$ ('button').on('click', start_long_task);
function start_long_task() {
    //添加任务状态元素
    var div = $ ('<div class = "progress"><div></div><div>0% </div><div></div>
</div><hr>');
    $ ('#progress').append(div);

    //创建进度条(progress bar)
    var nanobar = new Nanobar({
        bg: '#44f',
        target: div[0].childNodes[0]
    });

    //向后台发送请求开启任务
    var longTask = $ .get('/longtask');
    longTask.done(function (data, status, request) {
        status_url = request.getResponseHeader('Location');
        update_progress(status_url,nanobar, div[0]);
    });
}
```

在模板文件 index. html 中通过 div 来显示进度条，具体实现代码如下所示。

```
<div class = "progress">
    <div></div>          <--进度条
    <div>0% </div>         <--当前进度
    <div> </div>    <--当前结果
</div>
<hr>
```

在模板文件 index. html 中，通过函数 update_progress( )更新进度条的信息，具体实现代码如下所示。

```
function update_progress(status_url,nanobar, status_div) {
    //获取状态信息
    $ .getJSON(status_url, function (data) {
        //更新进度
        percent =parseInt(data['current'] * 100 /data['total']);
        nanobar.go(percent);
        $ (status_div.childNodes[1]).text('当前进度:' + percent +'%');

        //轮询
        if (data['state'] = = 'PENDING' ||data['state'] = = '处理中') {
            setTimeout(function () {
                update_progress(status_url,nanobar, status_div);
            }, 2000);
        }
        //更新结果
        if ('result' in data) {
            //处理完成
            $ (status_div.childNodes[2]).text('当前结果:' + data['result']);
        }
        else {
            //处理中
            $ (status_div.childNodes[2]).text('当前结果:' + data['state']);
        }
    });
}
```

在上述代码中，当运行后台任务时，为了能够持续获得任务状态并更新页面，使用定时器设置每隔两秒更新一次直到后台任务完成。

3. 调试运行

首先启动 redis，然后启动 celery worker，具体执行过程如下所示。

```
$ celery -A app worker -l info

-------------- celery@ubuntu v4.0.0 (latentcall)
---- **** -----
--- * *** * -- Linux-3.16.0-59-generic-i686-with-Ubuntu-14.04-trusty 2019-06-26
22:05:09
-- * - **** ---
- ** ---------- [config]
- ** ---------- .> app:         app:0xb6472acc
- ** ---------- .> transport:redis://localhost:6379/15
- ** ---------- .> results:redis://localhost:6379/15
- *** --- * --- .> concurrency: 4 (prefork)
-- ******* ---- .> task events: OFF (enable -E to monitor tasks in this worker)
--- ***** -----
-------------- [queues]
                .> celery           exchange=celery(direct) key=celery


[tasks]
  . app.tasks.async_send_email
  . app.tasks.long_task

[2019-06-26 22:05:10,177: INFO/MainProcess] Connected toredis://localhost:
6379/15
[2019-06-26 22:05:10,192: INFO/MainProcess] mingle: searching for neighbors
[2019-06-26 22:05:11,231: INFO/MainProcess] mingle: all alone
[2019-06-26 22:05:11,244: INFO/MainProcess] celery@ubuntu ready.
[2019-06-26 22:05:31,132: INFO/MainProcess] Events of group {task} enabled by remote.
[2019-06-26 22:06:33,626: INFO/MainProcess] Received task: app.tasks.long_task
[9eeed279-0e14-48ae-9762-4de447ca79ff]
[2019-06-26 22:06:35,137: INFO/MainProcess] Received task: app.tasks.long_task
[8a0b46d1-abba-4bfa-844a-06ecf6f8b749]
[2019-06-26 22:07:05,259: INFO/PoolWorker-1] Task app.tasks.long_task[8a0b46d1-
abba-4bfa-844a-06ecf6f8b749] succeeded in 30.118909819s: {'current': 100, 'total': 100,
'result': '完成'}
[2019-06-26 22:07:10,752: INFO/PoolWorker-3] Task app.tasks.long_task[9eeed279-
0e14-48ae-9762-4de447ca79ff] succeeded in 37.123306606s: {'current': 100, 'total': 100,
'result': '完成'}
```

启动 flower 进程的过程如下所示。

```
$ flower -A app
[I 161126 22:05:26 command:136] Visit me at http://localhost:5555
[I 161126 22:05:26 command:141] Broker:redis://localhost:6379/15
[I 161126 22:05:26 command:144] Registered tasks:
    [u'app.tasks.async_send_email',
    u'app.tasks.long_task',
    u'celery.accumulate',
    u'celery.backend_cleanup',
    u'celery.chain',
    u'celery.chord',
    u'celery.chord_unlock',
    u'celery.chunks',
    u'celery.group',
```

```
    u'celery.map',
    u'celery.starmap']
[I 161126 22:05:26mixins:224] Connected to redis://localhost:6379/15
[W 161126 22:05:28 control:44] 'active' inspect method failed
[W 161126 22:05:28 control:44] 'reserved' inspect method failed
[W 161126 22:05:28 control:44] 'conf' inspect method failed
```

在 Flask 中运行后的效果如图 9-4 所示。

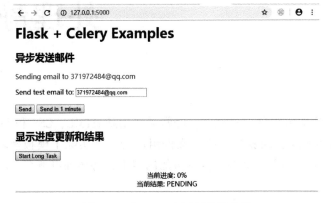

图 9-4　在 Flask 中运行后的效果

第 10 章
处理静态文件

在使用 Flask 开发 Web 程序的过程中，经常需要用到 HTML、CSS 和 JS（JavaScript）等静态文件，例如 Flask 的模板模块就是由静态文件组成的。其实除了模板模块外，在 Flask 项目中的其他位置也会经常用到静态文件。在本章的内容中，将详细讲解在 Flask Web 程序中处理静态文件的知识。

10.1　使用 Flask-Assets 扩展压缩静态文件

在使用 Flask 开发 Web 程序的过程中，经常会用到 CSS 或 JS 等静态文件来修饰页面，这些文件会占用大量的空间。使用库 webassets 可以压缩这些静态的 CSS 或 JS 文件。而 Flask-Assets 扩展是库 webassets 和 Flask 的集成，能够将这些静态文件打包成一个文件，并进行压缩处理。在本节的内容中，将详细讲解使用 Flask-Assets 扩展的知识。

10.1.1　Flask-Assets 基础

当用户浏览访问 Web 应用程序的时候，浏览器会将服务器中返回的内容加载和解析为 HTML 文件，然后再下载大量的 CSS 和 JS 文件，完整地将服务器的内容用静态技术展示出来，这个过程需要发送大量的 HTTP 请求。虽然现在很多浏览器能够支持并行下载功能，但这也是有限制的，这也就成了网页加载速度的瓶颈之一。

通过使用 Flask-Assets 扩展，可以将 Flask Web 程序中的多个 CSS 或 JS 文件合并成一个大的文件，并且将这个文件中的空白符和换行符去除，只有这样才能够让文件的大小减少至 30% 左右。而且 Flask-Assets 扩展还会使用特定的 HTTP Response header（HTTP 响应头），让浏览器缓存这些文件。只有在这些文件的内容被修改时才会再次下载，这个功能是一般的 HTTP 方式所不具备的。

在使用 Flask-Assets 扩展之前需要先通过如下命令进行安装。

```
$easy_install Flask-Assets
```

也可以使用如下 pip 命令进行安装。

```
$pip install Flask-Assets
```

1. 创建打包对象

假设 Flask 项目的资源文件保存在 static 目录中，其中又包含子目录 css、js 和 vendor，具体代码结构如下所示。

```
example/
  static/
    css/
      layout.less
    js/
      main.js
    vendor/10-
      bootstrap/
        css/
          bootstrap.css
        js/
          bootstrap.min.js
        jquery/
          jquery-1.10.12.min.js
```

在 webassets 中，资源文件会被分组并进行打包，例如下面是打包文件 assets.py 的配置代码。

```
from flask_assets import Bundle
common_css = Bundle(
    'vendor/bootstrap/css/bootstrap.css',
    Bundle(
        'css/layout.less',
        filters='less'
    ),
    filters='cssmin', output='public/css/common.css')

common_js = Bundle(
    'vendor/jquery/jquery-1.10.12.min.js',
    'vendor/bootstrap/js/bootstrap.min.js',
    Bundle(
        'js/main.js',
        filters='closure_js'
    ),
    output='public/js/common.js')
```

在上述代码中定义了两个打包对象，一个用来打包 CSS 文件，一个用来打包 JS 文件。并且还嵌套定义了打包对象，以便对打包对象指定不同的过滤器。

注意：webassets 是一个通用的、独立于依赖的库，用于管理 Web 应用程序中的静态文件。webassets 可以合并和压缩 Web 程序中的 CSS 和 JS 文件，支持各种不同的过滤器，并且支持使用 CoffeeScript 或 Sass 等编译器。

2. 使用打包文件

在使用 Flask-Assets 扩展时，需要首先创建一个 Environments 实例，并使用它初始化 Flask 应用，然后将 Bundle 对象注册到 Assets 上，例如下面的演示代码。

```
from flask import Flask
from flask_assets import Environment, Bundle
app = Flask(__name__)
assets = Environment(app)
js = Bundle('jquery.js', 'base.js', 'widgets.js', filters='jsmin', output='gen/
packed.js')
assets.register('js_all', js)
```

在上述代码中创建 Bundle 对象后，可以在 Bundle 对象传递任意数量的源文件作为参数，使用参数 output 设置输出文件路径，使用参数 filters 设置过滤器。此处所有文件的路径都是相对路径，以当前应用程序的静态文件路径作为设置标准。除此之外，还可以通过从外部文件中读取配置信息的方式创建 Bundle 对象，例如可以从 YAML 文件中读取配置信息。

Flask-Assets 扩展跟其他的 Flask 扩展一样，一个 Bundle 对象可以被多个 Flask 应用使用，只需要调用 Bundle 对象的 init_app 方法即可，例如下面的演示代码。

```
app = Flask(__name__)
assets = flask_assets.Environment()
assets.init_app(app)
```

在 Flask Web 程序中定义好资源文件 assets 后，可以将配置好的源文件进行合并与压缩处理，最终在页面中使用如下方式引用打包好之后的静态 JS 文件。

```
{% assets "js_all" %}
  <script type="text/javascript" src="{{ ASSET_URL }}"></script>
{% endassets %}
```

当第一次渲染模板的时候，Flask-Assets 都会对配置好的静态文件进行合并压缩处理。如果静态文件发生了变化，也会自动重新打包。如果在 app 的配置中设置 ASSETS_DEBUG = True，那么会单独输出每个源文件，而不是合并成一个文件。

3. 注册打包文件

例如在下面的代码中，使用 PythonAssetsLoader 加载配置信息，然后将打包对象注册到 Environment 中。

```
from flask_assets import Environment
from webassets.loaders import PythonLoader as PythonAssetsLoader
import assets
assets_env = Environment(app)
assets_loader = PythonAssetsLoader(assets)
for name, bundle in assets_loader.load_bundles().iteritems():
    assets_env.register(name, bundle)
```

4. Flask 蓝图

如果在 Flask Web 项目中用到了蓝图，此时可以通过给源文件加上蓝图的前缀的方式引用蓝图中的静态文件，例如下面的演示代码。

```
js = Bundle('app_level.js', 'blueprint/blueprint_level.js')
```

在上述演示代码中，Bundle 将打包如下所示的两个文件。

```
{APP_ROOT}/static/app_level.js
{BLUEPRINT_ROOT}/static/blueprint_level.js
```

开发者应该知道，在使用 Python 的 webassets 库时必须设置 directory 和 url 参数，但是在使用 Flask-Assets 的时候并不需要，因为 Flask-Assets 使用应用程序中的静态文件路径作为替代。但是在 Flask-Assets 中也可以自定义 directory 与 url，此时 Flask-Assets 就不能在 Flask 蓝图中使用了。

5. 直接在模板中进行配置

在 Flask Web 项目中，也可以直接在模板文件中配置打包文件，例如下面的演示代码。

```
{% assets filters="jsmin", output="gen/packed.js",
        "common/jquery.js", "site/base.js", "site/widgets.js" %}
  <script type="text/javascript" src="{{ ASSET_URL }}"></script>
{% endassets %}
```

6. 配置

在 Flask-Assets 中既可以通过 Environment 实例对象进行设置，也可以通过 app 来进行设置，例如下面的两条代码的功能是等效的。

```
assets_env.debug = True
app.config['ASSETS_DEBUG'] = True
```

如果想使用更多的配置选项，请读者查看 webassets 的官方文档。

7. 管理命令

在 Flask Web 项目中，可以使用 Flask-Script 来操作 Flask-Assets，在使用时需要导入 flask. ext. assets. ManageAssets 命令，例如下面的演示代码。

```
from flask.ext.assets import ManageAssets
manager = Manager(app)
manager.add_command("assets",ManageAssets(assets_env))
```

通过上述命令，开发者可以使用如下命令来重新打包资源文件。

```
$ ./manage.py assets rebuild
```

10.1.2　在线留言系统

在下面的实例中，演示了使用 Flask-Assets、SQLAlchemy 和 PostgreSQL 实现一个在线留言系统的过程。

源码路径：daima\10\10-1\Assets

1）编写文件 settings. py，功能是设置两种数据库的参数，具体实现代码如下所示。

```
class Config(object):
    SECRET_KEY = 'secret key'
class ProdConfig(Config):
    SQLALCHEMY_DATABASE_URI = 'postgresql://localhost/example'
class DevConfig(Config):
    DEBUG = True
    SQLALCHEMY_DATABASE_URI = 'sqlite:///example.db'
    SQLALCHEMY_ECHO = True
    ASSETS_DEBUG = True
```

通过上述代码，设置了系统可以使用 PostgreSQL 和 SQLite 两种数据库。

2）编写文件 models. py，功能是实现数据库模型设计，具体实现代码如下所示。

```
class User(db.Model):
    id = db.Column(db.Integer,primary_key=True)
    username = db.Column(db.String)
    message = db.Column(db.String)
    def __init__(self,username,message):
        self.username = username
        self.message = message
```

3）编写文件 assets. py，功能是设置打包文件的配置信息。定义两个打包对象，分别用来打包 CSS 文件和 JS 文件。文件 assets. py 的具体实现代码如下所示。

```
from flask_assets import Bundle
common_css = Bundle(
        'vendor/bootstrap/css/bootstrap.css',
        Bundle(
            'css/layout.less',
            filters='less'
            ),
        filters='cssmin',output='public/css/common.css')
```

```
common_js = Bundle(
    'vendor/jquery/jquery-1.8.3.min.js',
    'vendor/bootstrap/js/bootstrap.min.js',
    Bundle(
        'js/main.js',
        filters='closure_js'
        ),
    output='public/js/common.js')
```

4）编写文件__init__. py，功能是设置 URL 导航链接，具体实现流程如下所示。

① 使用 PythonAssetsLoader 加载配置信息，然后将打包对象注册到 Environment 中，具体实现代码如下所示。

```
app = Flask(_name_)
assets_env = Environment(app)
assets_loader = PythonAssetsLoader(example.assets)
for name,bundle in assets_loader.load_bundles().items():
    assets_env.register(name,bundle)
```

② 设置参数 prod，表示使用 PostgreSQL 数据库，具体实现代码如下所示。

```
env = os.environ.get('EXAMPLE_ENV','prod')#will default to production env if no
var exported
app.config.from_object('example.settings.% sConfig' % env.capitalize())
app.config['ENV'] =env
```

③ 设置系统配置参数，具体实现代码如下所示。

```
from example.models import *
app.config['DEBUG'] = True
app.config['SECRET_KEY'] = 'asldkjaslduredj'
# app.config['SQLALCHEMY_DATABASE_URI'] = 'sqlite://example.db'
```

④ 通过函数 home( )显示系统主页，具体实现代码如下所示。

```
@app.route('/',methods = ['GET','POST'])
def home():
    return render_template('index.html')
```

⑤ 编写函数 signup( )，功能是获取在表单中输入的用户名和留言信息，并将获取的信息添加到数据库中，具体实现代码如下所示。

```
@app.route('/signup',methods = ['GET','POST'])
def signup():
    user = User(request.form['username'], request.form['message'])
    db.session.add(user)
    db.session.commit()
    session['username'] = request.form['username']
    session['message'] = request.form['message']
    # return redirect(url_for('message'))
    return render_template('message.html', username = user.username, message =
user.message)
```

⑥ 编写函数 message（username），功能是查询数据库中某用户的信息，并在页面中显示此用户的留言信息，具体实现代码如下所示。

```
@app.route('/message/<username>',methods = ['GET','POST'])
def message(username):
    user = User.query.filter_by(username=username).first_or_404()
    return render_template('message.html',username = user.username,message = user.
message)
```

```
if __name__ == '__main__':
    app.run()
```

5）编写模板文件。

① 模板文件 index. html 用于显示系统主页内容，具体实现代码如下所示。

```
<form method = "post" action = "{{ url_for('signup') }}">
    <p><label>用户名:</label> <input type = "text" name = "username" required></Vp>
    <p><label>信息:</label> <textarea name = "message"></textarea></p>
    <p><button type = "submit">发送</button></p>
</form>
```

② 模板文件 layout. html 用于调用压缩后的静态文件渲染页面，分别调用文件 assets. py 中的 common_css 和 common_js 内容，具体实现代码如下所示。

```
<!doctype html>
<html lang = "en">
    <head>
        <title>发言</title>
        <meta http-equiv = "content-type" content = "text/html; charset = utf-8">
        <link rel = "shortcut icon" href = "{{ url_for('static',filename='favicon.ico') }}">
        {% assets "common_css" % }
            <link rel = "stylesheet" type = "text/css" href = "{{ ASSET_URL }}" />
            {% endassets % }
            {% assets "common_js" % }
                <script type = "text/javascript" src = "{{ ASSET_URL }}"></script>
                {% endassets % }
    </head>
    <body>
        {% block content % }{% endblock % }
    </body>
</html>
```

③ 模板文件 message. html 用于显示系统内某用户发布的留言信息，具体实现代码如下所示。

```
{% extends "layout.html" % }
{% block content % }
    <h1>{{ username }}的感慨是:</h1>
    <p>
        {{ message }}
    </p>
    <a href = "{{ url_for('home') }}">请发表感慨</a>
{% endblock % }
```

6）编写文件 manage. py，调用 Flask_Script 使用命令行的格式操作程序，具体实现代码如下所示。

```
from flask_script import Manager , Shell, Server
from flask_assets importManageAssets
from example import app,assets_env

manager = Manager(app)
manager.add_command("runserver" , Server())
manager.add_command("shell",Shell())
manager.add_command("assets",ManageAssets(assets_env))
manager.run()
```

定位到文件 manage. py 的目录，通过如下命令可以使用 Flask-Assets 压缩静态文件。

```
manage.py assets build
```

通过如下命令重新打包。

```
manage.py assets rebuild
```

打包后的目录结构如图 10-1 所示。

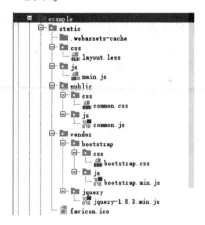

图 10-1　打包后的目录结构

通过如下命令运行 Flask Web 程序。

```
manage.py runserver
```

在浏览器中输入"http://1210.10.0.1:5000/"后的效果如图 10-2 所示，发布留言后的效果如图 10-3 所示。

图 10-2　系统主页的效果

图 10-3　发布留言后的效果

发布的留言信息保存在数据库中，如图 10-4 所示。

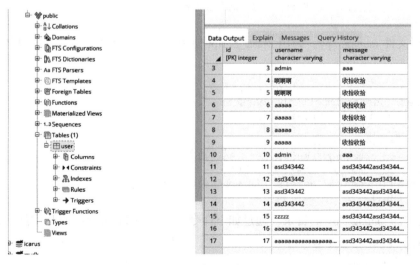

图 10-4　在数据库中保存的留言信息

10.2 使用 Flask-Themes 修饰 Web 程序

在 Web 网页设计应用中，Themes 通常被称为网页主体，用于设计网页的展示外观和样式，例如在 ASP. NET 中就有 Themes 这个概念。在 Flask Web 程序中，可以使用 Flask-Themes 扩展修饰 Web 的外观样式。

10.2.1 Flask-Themes 基础

通过使用 Flask-Themes 扩展，可以轻松地为 Flask Web 程序提供各种外观样式功能。

1. 编写 Themes 主题

Themes 是一个包含静态文件（例如 HTML 文件、CSS 文件、图像和 JavaScript 文件）和 Jinja2 模板的文件夹，其中包含一些元数据，例如下面是一个典型的 Themes 目录结构。

```
my_theme/
    info.json
    license.txt
    templates/
        layout.html
        index.html
    static/
        style.css
```

- 文件 info. json：包含和主题相关的元数据，使应用程序可以在必要时提供一个很好的交换接口。
- 文件 license. txt：是可选的，包含主题许可证的内容。
- 文件夹 templates：包含 Jinja2 之类的模板文件。
- 文件夹 static：包括样式文件、图片等静态文件。

2. 编写模板

Flask 默认使用 Jinja2 引擎作为模板，从主题加载的所有模板都将具有一个名为 theme 的全局函数，可以用于查找主题的模板。例如要从主题中扩展功能、导入或包含另一个模板，可以使用 theme（template_name）来设置，例如下面的演示代码。

```
{% extends theme('layout.html') %}
{% from theme('_helpers.html') import form_field %}
```

如果请求的模板名字在主题中不存在，那么将会回退到使用应用程序的模板。如果将 false 作为第二个参数进行传递，例如下面的演示代码，那么将只会返回到主题的模板。

```
{% include theme('header.html', false) %}
```

但是，仍然可以从应用程序中导入或包含模板，只需使用标签而不调用主题，例如下面的演示代码。

```
{% from '_helpers.html' import link_to %}
{% include '_jquery.html' %}
```

还可以使用函数 theme_static( )获取主题媒体文件的 URL，例如下面的演示代码。

```
<link rel=stylesheet href="{{ theme_static('style.css') }}">
```

3. info. json 字段

在文件 info. json 中保存和主题相关的元数据，主要包含如下所示的成员参数。

- application：必填参数，表示应用程序名字的标识符。
- identifier：必填参数，表示主题的标识符。此参数应该是一个 Python 标识符（以字母或下画线开头，其余可以是字母、下画线或数字），并且应该与主题文件夹的名称相匹配。
- name：主题的名称。
- author：必填参数，表示主题作者的名字，不必包含电子邮件地址。
- description：不是必填参数，用几句话描述主题。如果可以编写多种语言，则可以在表单 description_lc 中包含其他字段 ，其中 lc 是两个字母的语言代码，如 es 或 de。
- website：不是必填参数，表示主题网站的 URL。也可以是专门针对此主题的网站，包含此主题的主题集合的网站，也可以是作者的网站。
- license：不是必填参数，表示主题许可信息，例如 GPL、MIT/X11、Public Domain 或 Creative Commons BY-SA 3.0，可以将完整许可证的文本放在文件 license. txt 中。
- license_url：不是必填参数，如果不想在文件 license. txt 中包含许可证信息，可以设置使用查看文本内容的网站的 URL，这种方法适用于保存 GPL 或 Creative Commons 的许可证。
- preview：不是必填参数，表示主题的预览图像，应该是静态目录中图像的文件名。
- doctype：不是必填参数，表示主题使用的 HTML 版本，可以是 HTML4、HTML5 或 XHTML。
- options：不是必填参数，如果提供了此参数，那么应该是包含特定应用程序选项的字典（JSON 用语中的对象），需要检查应用程序的文档以查看它使用的选项。

注意：在文件 info. json 中设置上述字段时需要注意如下 3 点。

1）始终指定 doctype。

2）必须在 JSON 中使用包含字符串的双引号。

3）在大多数情况下只需更改布局模板和样式即可完全改变应用程序的外观。

4. 主题 API

在 Flask-Themes 扩展中主要提供了如下所示的 API。

1）类 flaskext. themes. Theme（path）：用于包含主题文件 info. json 中的元数据，参数 path 表示主题目录的路径。这是主题的根路径，主题中的所有文件都在这个路径下。

2）方法 flaskext. themes. setup_themes(app, loaders = None, app_identifier = None, manager_cls = <class 'flaskext. themes. ThemeManager'>, theme_url_prefix = '/_themes')：将 ThemeManager 添加到指定的 Flask 应用程序，然后注册所需要的视图和模板的模块来设置主题的基础结构。

- 参数 app：为其设置主题的 Flask 实例。
- 参数 loaders：可以使用的可迭代加载器，默认为 packaged_themes_loader 和 theme_paths_loader。
- 参数 app_identifier：要使用的应用程序的标识符。如果没有给出此参数，则默认为应用程序的导入名称。

- 参数 manager_cls：如果需要自定义管理器类，可以使用此参数传递它。
- 参数 theme_url_prefix：用于设置主题模块中的 URL 前缀，默认为 "/_themes"。

3）方法 flaskext. themes. render_theme_template(theme, template_name, _fallback = True, ＊＊ context)：用于使用主题渲染模板，例如下面的演示代码。

```
return render_theme_template(g.user.theme,'index.html', posts=posts)
```

如果_fallback 为 True，并且在主题中不存在 template，则会尝试使用应用程序的常规模板显示内容。各参数的具体说明如下所示。

- 参数 theme：主题实例或标识符。
- 参数 template_name：要呈现的模板的名称。
- 参数_fallback：设置是否使用常规模板。

4）方法 flaskext. themes. static_file_url(theme, filename, external = False)：获取主题中静态文件的 URL。

- 参数 theme：主题实例或标识符。
- 参数 filename：文件的名称。
- 参数 external：链接是否应该是外部的，默认为 False。

5）方法 flaskext. themes. get_theme(ident)：从当前应用程序的主题管理器中获取指定标识符的主题。参数 ident 表示主题的标识符。

6）方法 flaskext. themes. get_themes_list( )：返回当前应用程序主题管理器中所有主题的列表，按标识符进行排序。

7）类 flaskext. themes. ThemeManager(app, app_identifier, loaders = None)：此类用于加载和存储应用程序的所有主题。主题加载器只是一个可调用的、接受一个应用程序并返回一个可迭代的 Theme 实例。如果当前的应用程序有其他加载主题的方式，那么可以实现自己的加载器。

- 参数 app：表示要绑定的应用程序，每个实例仅适用于一个应用程序。
- 参数 app_identifier：在 info. json 中设置的 identifier 值。
- 参数 loaders：可以使用的可迭代加载器。默认值为 packaged_themes_loader 和 theme_ paths_loader，按此顺序排列。

8）方法 bind_app(app)：如果在创建管理器时未绑定应用程序，则会绑定它。应用程序必须在绑定加载器后才能工作。参数 app 表示 Flask 应用程序的实例。

9）方法 list_themes( )：按照排序生成所有的 Theme 对象。

10）方法 refresh( )：用于将所有的主题加载到主题字典中。加载器会按照给定的顺序进行调用，后面的主题会覆盖前面的主题。如果是无效的主题（例如应用程序标识符不正确）则会直接跳过。

11）方法 valid_app_id(app_identifier)：用于检查指定的应用程序标识符是否适用于此应用程序，默认检查指定的标识符是否与初始化时给定的标识符相匹配。参数 app_identifier 表示要检查的应用程序标识符。

12）方法 flaskext. themes. packaged_themes_loader(app)：查找随应用程序一起提供的主题，通常在一个应用程序的主题目录中的根目录中。

13）方法 flaskext. themes. theme_paths_loader（app）：检查应用程序的配置变量 THEME_PATHS、查找包含主题的目录。主题的标识符必须与其目录的名称相匹配。

14）方法 flaskext. themes. load_themes_from（path）：供默认加载器使用，参数 path 表示搜索主题的路径，可以在这个路径下找到有效的主题。

10.2.2　使用 Flask-Themes

在下面的实例中，演示了在 Flask Web 程序中使用 Flask-Themes 扩展的过程。

源码路径：daima\10\10-2\zhuti

1）创建一个 Flask 项目后，使用 Flask-Themes 扩展创建如下两套 Themes 主题：calmblue 和 plain。这两套主题保存在 themes 目录下，如图 10-5 所示。

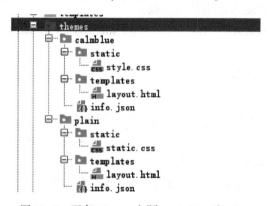

图 10-5　两套 Themes 主题：calmblue 和 plain

① 在 calmblue 目录下保存了一种主题样式，各程序文件的具体说明如下所示。
● CSS 样式文件是 style. css。
● 文件 info. json 用于设置主题参数选项。
● 文件 layout. html 用于显示导航栏目信息。
② 在 plain 目录下保存了另外一种主题样式，各程序文件的具体说明如下所示。
● CSS 样式文件是 style. css。
● 文件 info. json 用于设置当前主题的基本参数选项。
● 文件 layout. html 用于显示导航栏目信息。

2）编写 Python 程序文件 app. py，具体实现流程如下所示。

① 导入项目所需要的库，使用变量 DEFAULT_THEME 设置默认使用的主题是 calmblue，具体实现代码如下所示。

```
import yaml
from flask import (Flask, url_for, redirect, session, Markup, abort)
from flask_themes import setup_themes, render_theme_template, get_themes_
listfrom operator import attrgetter

DEFAULT_THEME = 'calmblue'
SECRET_KEY = 'not really secret'
```

② 创建 Flask App，设置应用项目的标识是 themesandbox，在这个 App 中应用前面创建的两个主题，具体实现代码如下所示。

```
app = Flask(__name__)
app.config.from_object(__name__)
setup_themes(app, app_identifier='themesandbox')
```

③ 定义类 Post，通过函数加载显示文件 posts.yaml 中的内容，通过函数__init__()实现 4 种内容的初始化，通过函数 content(self)显示 4 种内容信息，具体实现代码如下所示。

```
class Post(object):
    def __init__(self, data):
        self.slug = data['slug']
        self.body = data['body']
        self.title = data['title']
        self.created = data['created']
    @property
    def content(self):
        return Markup('\n\n'.join(
            '<p>% s</p>' % line for line in self.body.splitlines()
        ))
```

④ 定义类 PostStore，通过函数__init__()初始化 date 数据和 slug 标签，其中 slug 表示不同内容的标签。通过函数 add_posts()将内容添加到页面中，并根据 slug 标签列表显示对应的内容，具体实现代码如下所示。

```
class PostStore(object):
    def __init__(self):
        self.by_date = []
        self.by_slug = {}
    def add_posts(self, post_data):
        posts = [Post(post) for post in post_data]
        for post in posts:
            if post.slug in self.by_slug:
                raise RuntimeError("slugs must be unique")
            self.by_slug[post.slug] = post
        self.by_date.extend(posts)
        self.by_date.sort(key=attrgetter('created'), reverse=True)
store = PostStore()
```

⑤ 打开并读取保存信息内容的资源文件 posts.yaml，具体实现代码如下所示。

```
with app.open_resource('posts.yaml') as fd:
    post_data = yaml.load_all(fd)
    store.add_posts(post_data)
```

⑥ 设置单击导航中 "About" 链接后显示的内容，具体实现代码如下所示。

```
ABOUT_TEXT = Markup('<p>This is a demonstration of Flask-Themes.</p>')
```

⑦ 使用默认的主题渲染模板，具体实现代码如下所示。

```
def render(template, ** context):
    theme = session.get('theme', app.config['DEFAULT_THEME'])
    return render_theme_template(theme, template, ** context)
```

⑧ 设置系统主页显示的内容，具体实现代码如下所示。

```
@app.route('/')
def index():
    posts = store.by_date[:3]
    return render('index.html', posts=posts)
```

⑨ 设置 URL 导航 "/archive" 对应的模板文件，具体实现代码如下所示。

```
@app.route('/archive')
def archive():
    posts = store.by_date[:]
    return render('archive.html', posts=posts)
```

⑩ 设置 URL 导航 "/post/<slug>" 对应的模板文件，具体实现代码如下所示。

```
@app.route('/post/<slug>')
def post(slug):
    post = store.by_slug.get(slug)
    if post is None:
        abort(404)
    return render('post.html', post=post)
```

⑪ 设置 URL 导航 "/about" 对应的模板文件，具体实现代码如下所示。

```
@app.route('/about')
def about():
    return render('about.html', text=ABOUT_TEXT)
```

⑫ 设置 URL 导航 "/themes/" 对应的模板文件，具体实现代码如下所示。

```
@app.route('/themes/')
def themes():
    themes = get_themes_list()
    return render('themes.html', themes=themes)
```

⑬ 设置 URL 导航 "/themes/<ident>" 对应的模板文件，具体实现代码如下所示。

```
@app.route('/themes/<ident>')
def settheme(ident):
    if ident not in app.theme_manager.themes:
        abort(404)
    session['theme'] = ident
    return redirect(url_for('themes'))
```

⑭ 设置 URL 导航 "/themes/<ident>" 对应的模板文件，具体实现代码如下所示。

```
if __name__ == '__main__':
    app.run(debug=True)
```

3）在文件 posts.yaml 中通过 slug 标签保存了 5 种类型的信息，具体实现代码如下所示。

```
slug: introduction
created: 2019-010-01 16:00:00
title: Introduction
body: >
    使用主题使用主题使用主题使用主题使用主题使用主题
---
slug: creating-themes
created: 2019-010-01 14:00:00
title: Creating Themes
body: >
AAAAA
---
slug: inspirations
created: 2019-010-01 13:00:00
title: Theme System Inspirations
body: >
    CCCCCCCCCCCCC
---
slug: templates
```

```
created: 2019-010-01 11:00:00
title: Templates
body: >
    DDDDDDDDDDDDDDDDDDDDD
---
slug: adding-posts
created: 2019-010-01 9:00:00
title: Adding Posts
body: >
    EEEEEEEEEE
```

4）在项目工程主目录下的文件夹 templates 中，保存了本 Flask 项目的模板文件。

① 文件 index. html 是系统主页对应的模板文件，具体实现代码如下所示。

```
{% extends theme('layout.html') %}
{% from theme('_post.html') import show_post %}
{% set title = 'Index' %}
{% block body %}
{% for post in posts %}
{{ show_post(post) }}
<p class=permalink>{{ link_to('Permalink', 'post', slug=post.slug) }}</p>
{% endfor %}
{% endblock body %}
```

在上述代码中，通过 show_post(post) 设置在主页中显示的内容，通过 slug = post. slug 设置单击链接 “Permalink” 后显示的内容，其中链接参数 slug 和资源文件 posts. yaml 中的 slug 类型是对应的。

② 模板文件 themes. html 的功能是显示单击导航链接 “Themes” 后的页面内容，具体实现代码如下所示。

```
{% extends theme('layout.html') %}
{% from "_helpers.html" import link_to %}
{% set title = 'Themes' %}
{% block body %}
<h2>Theme Selection</h2>
{% for theme in themes %}
<h3>{{ theme.name }}</h3>
<p class=meta>
    By {{ theme.author }}{% if theme.license %}, license: {{ theme.license }}{% endif %}
</p>
<p>{{ theme.description }}</p>
<p class=select>{{ link_to('Select this theme', 'settheme', ident=theme.identifier) }}</p>
{% endfor %}
{% endblock body %}
```

在上述代码，用户可以选择使用哪个主题来修饰本 Web 项目。当单击链接 “Select this theme” 后，会根据传递的参数 theme. identifier 设置使用的主题。

其余模板文件的原理和上面的文件类似，为了节省本书篇幅，不再赘述。执行后的默认使用 calmblue 主题的主页效果如图 10-6 所示，使用 plain 主题后页面的执行效果如图 10-7 所示。

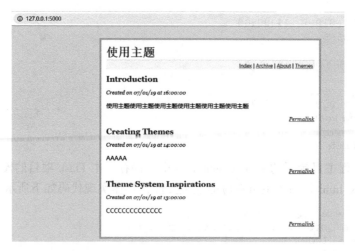

图 10-6　默认使用 calmblue 主题的主页效果

图 10-7　使用 plain 主题后的页面执行效果

第 11 章
开发 RESTful API

RESTful 不是具体开发和设计标准，而是一种软件架构风格和设计风格，提供了一组设计原则和约束条件。基于 RESTful 风格设计的软件可以更简洁、更有层次、更易于实现缓存等机制。在本章的内容中，将详细讲解在 Flask Web 程序中使用 RESTful API 技术的知识。

11.1 RESTful 基础

要想理解 RESTful 架构，需要先理解 Representational State Transfer 这个词组到底是什么意思，它的每一个词都有些什么含义。接下来将结合 REST 的原则，从资源的定义、获取、表述、关联、状态变迁等角度，详细讲解和 RESTful 相关的一些关键概念。

（1）资源与 URI

REST 的含义是表述性状态转移，其实指的就是资源的转移。任何事物，只要有被引用到的必要，它就是一个资源。资源可以是实体（例如手机号码），也可以是一个抽象概念（例如价值）。下面是一些资源的例子。

- 某用户的手机号码。
- 某用户的个人信息。
- 用户订购最多的 GPRS 套餐。

要让一个资源可以被识别，需要有个唯一标识，在 Web 中这个唯一标识就是 URI（Uniform Resource Identifier）。URI 既可以看成是资源的地址，也可以看成是资源的名称。如果某些信息没有使用 URI 来表示，那它就不能算是一个资源，只能算是资源的一些信息而已。URI 的设计应该遵循可寻址性原则，具有自描述性，需要在形式上给人以直觉上的关联。这里以机械工业出版社网站为例，列出了一些 URI。

```
http://www.cmpbook.com.cn/
http://www.cmpbook.com.cn/shopping/index
```

（2）统一资源接口

RESTful 架构应该遵循统一接口原则，统一接口包含了一组受限的预定义的操作，不论什么样的资源，都是通过使用相同的接口进行资源的访问。接口应该使用标准的 HTTP 方法如 GET、PUT 和 POST，并遵循这些方法的语义。

如果按照 HTTP 方法的语义来暴露资源，那么接口将会拥有安全性和幂等性的特性，例如 GET 和 HEAD 请求都是安全的，无论请求多少次都不会改变服务器状态。而 GET、HEAD、

PUT 和 DELETE 请求都是幂等的，无论对资源操作多少次，结果总是一样的，后面的请求并不会产生比第一次更多的影响。

（3）资源的表述

上面提到，在客户端通过 HTTP 方法可以获取资源。更加准确地说，客户端获取的只是资源的表述而已。资源在外界的具体呈现，可以有多种表述（或称为表现、表示）形式，在客户端和服务器端之间传送的也是资源的表述，而不是资源本身。例如可以使用 HTML、XML、JSON 等格式传递文本资源，可以使用 PNG 或 JPG 格式展现图片资源。资源的表述包括数据和描述数据的元数据，例如，HTTP 头 Content-Type 就是这样一个元数据属性。那么客户端如何知道服务器端提供哪种表述形式呢？答案是可以通过 HTTP 内容协商，客户端可以通过 Accept 请求一种特定格式的表述，服务器端则通过 Content-Type 告诉客户端资源的表述形式。

（4）资源的链接

REST 使用标准的 HTTP 方法来操作资源，但仅仅因此就理解成带 CURD 的 Web 数据库架构就太过于简单了。在浏览 Web 网页时，从一个链接跳到一个页面，再从另一个链接跳到另外一个页面，这个过程是通过"超媒体"把一个个资源链接起来的。要达到连续访问的这个目的，需要在表述格式中加入链接来引导客户端。在《RESTful Web Services》一书中，作者把这种具有链接的特性称为连通性。

11.2　RESTful Web Services

REST 架构的最初目的是为了适应万维网的 HTTP 协议。RESTful Web Services 概念的核心是资源。资源可以用 URI 来表示。客户端使用 HTTP 协议定义的方法来发送请求这些 URI，当然可能会导致这些被访问的资源状态的改变。

在 Web 应用领域中，HTTP 标准中处理资源的常用方法如下所示。

```
==========    ================    ========================
HTTP 方法          行为                  示例
==========    ================    ========================
GET           获取资源的信息        http://example.com/api/orders
GET           获取某个特定资源的信息 http://example.com/api/orders/123
POST          创建新资源           http://example.com/api/orders
PUT           更新资源            http://example.com/api/orders/123
DELETE        删除资源            http://example.com/api/orders/123
==========    ================    ========================
```

不需要将 REST 设计为特定的数据格式，例如在请求中的数据可以是 JSON 形式，或者有时候作为 URL 中的查询参数项。在下面的内容中，将简要介绍在 Flask 中操作 Web Service 的过程。

11.2.1　创建 Web Service

假设要编写一个待办事项应用程序，而且想要为它设计一个 Web Service。要做的第一件事情就是决定用什么样的根 URL 来访问该服务。例如可以通过如下 URL 来访问。

```
http://[hostname]/todo/api/v1.0/
```

在上述 URL 中包含应用程序的名称以及 API 的版本号，这种在 URL 中包含应用名称的做法，有助于提供一个命名空间以便区分同一系统上的其他服务。这种在 URL 中包含版本号的做法，能够帮助程序在以后的更新中，如果在新版本中存在新的和潜在不兼容的功能，可以不影响依赖于旧功能的应用程序。接下来的工作是选择由该服务展示的资源，因为在实例中只有任务，所以在待办事项中唯一的资源就是任务。假设在任务资源中需要使用如下所示的HTTP 方法。

- GET 方法 http://[hostname]/todo/api/v1.0/tasks：用于检索任务列表。
- GET 方法 http://[hostname]/todo/api/v1.0/tasks/[task_id]：用于检索某个任务。
- POST 方法 http://[hostname]/todo/api/v1.0/tasks：用于创建新任务。
- PUT 方法 http://[hostname]/todo/api/v1.0/tasks/[task_id]：用于更新任务。
- DELETE 方法 http://[hostname]/todo/api/v1.0/tasks/[task_id]：用于删除任务。

假设在定义的任务中有如下所示的一些属性。

- id：任务的唯一标识符，数字类型。
- title：简短的任务描述，字符串类型。
- description：具体的任务描述，文本类型。
- done：任务完成的状态，布尔型。

到目前为止，已经成功设计了一个简单的 Web Service，接下来需要实现这个 Web Service。

11.2.2　使用 Flask 实现 RESTful Web Service

因为在 Web Service 客户端需要提供添加、删除以及修改任务的服务，所以需要一种方式来存储任务，最直接的方式就是建立一个小型的数据库，但是数据库并不是本文的主体。也可以直接把任务列表存储在内存中，此时这些任务列表只会在 Web 服务器运行中工作，在结束的时候就失效。这种内存存储方式只是适用于自己开发的 Web 服务器，不适用于生产环境下的 Web 服务器。在生产环境下，必须搭建一个合适的数据库。

例如在下面的实例文件 first.py 中，实现了 Web Service 的第一个入口。

源码路径：daima\11\RESTful\first\first.py

```python
from flask import Flask, jsonify

app = Flask(__name__)

tasks = [
    {
        'id': 1,
        'title': u'Buy groceries',
        'description': u'Milk, Cheese, Pizza, Fruit, Tylenol',
        'done': False
    },
    {
        'id': 2,
        'title': u'Learn Python',
        'description': u'Need to find a good Python tutorial on the web',
        'done': False
    }
]

@app.route('/todo/api/v1.0/tasks', methods=['GET'])
def get_tasks():
    return jsonify({'tasks': tasks})
```

```
if __name__ == '__main__':
    app.run(debug=True)
```

在上述代码中没有使用数据库存储任务，而是创建了一个保存任务的内存数据库。此处使用字典和数组保存数据，数组中的每一个元素都具有上述定义任务的属性。方法 get_tasks() 用于访问 URI 为 /todo/api/v1.0/tasks 的页面，并且只允许使用 GET 的 HTTP 方法进行访问。方法 get_tasks() 的响应不是文本，返回的是 JSON 数据格式，使用 Flask 中的函数 jsonify 从数据结构中生成 JSON 数据。

在运行上述 Flask Web 程序文件 first. py 时，不建议使用网页浏览器来测试 Web Service，因为在网页浏览器中不方便模拟所有 HTTP 请求的方法。建议读者使用 curl 来测试上述 Web Service。

首先运行上面的程序文件 first. py 启动 Web Service，然后打开一个控制台窗口并运行以下命令。

```
C:\WINDOWS\system32>curl -i http://localhost:5000/todo/api/v1.0/tasks
HTTP/1.0 200 OK
Content-Type: application/json
Content-Length: 317
Server:Werkzeug/0.15.2 Python/3.6.0
Date: Mon, 27 May 2019 05:03:46 GMT

{
  "tasks": [
    {
      "description": "Milk, Cheese, Pizza, Fruit, Tylenol",
      "done": false,
      "id": 1,
      "title": "Buy groceries"
    },
    {
      "description": "Need to find a good Python tutorial on the web",
      "done": false,
      "id": 2,
      "title": "Learn Python"
    }
  ]
}
```

这样便成功地调用了 RESTful Service 中的函数 get_tasks()，接下来开始编写 GET 方法请求任务资源的第二个版本。

注意：在运行上述 curl 命令之前，一定要先运行上述 Python 程序文件 first. py，并且确保程序文件 first. py 的所在路径中没有汉字。

接下来在上面的程序文件 first. py 中修改函数 get_task()，用来返回一个单独的任务。

```
from flask import abort
@app.route('/todo/api/v1.0/tasks/<int:task_id>', methods=['GET'])
def get_task(task_id):
    task = filter(lambda t: t['id'] == task_id, tasks)
    if len(task) == 0:
        abort(404)
    return jsonify({'task': task[0]})
```

在上述代码中得到了 URL 中任务的 id，然后 Flask 把它转换成函数 get_task() 中的参数 task_id，通过这个参数可以搜索任务数组。如果在数据库中不存在这个 id，则会返回一个类似 404 的错误，提示"资源未找到"。如果能够找到相应的任务，那么只需将它用 jsonify 打包成 JSON 格式并将其发送作为响应即可，就像以前处理整个任务集合那样。此时调用 curl 请求命令的过程如下所示。

```
C:\WINDOWS\system32>curl -i http://localhost:5000/todo/api/v1.0/tasks/2
HTTP/1.0 200 OK
Content-Type: application/json
Content-Length: 152
Server:Werkzeug/0.15.2 Python/3.6.0
Date: Mon, 27 May 2019 06:45:09 GMT
{
  "task": {
    "description": "Need to find a good Python tutorial on the web",
    "done": false,
    "id": 2,
    "title": "Learn Python"
  }
}

C:\WINDOWS\system32>curl -i http://localhost:5000/todo/api/v1.0/tasks/3
HTTP/1.0 404 NOT FOUND
Content-Type: text/html
Content-Length: 232
Server:Werkzeug/0.15.2 Python/3.6.0
Date: Mon, 27 May 2019 06:47:14 GMT

<!DOCTYPE HTML PUBLIC "-//W3C//DTD HTML 3.2 Final//EN">
<title>404 Not Found</title>
<h1>Not Found</h1>
    <p>The requested URL was not found on the server. If you entered the URL manually
please check your spelling and try again.</p>
```

由此可见，当请求的是 id =2 的资源时，会获取到了对应的信息。但是当请求 id=3 的资源时返回了 404 错误。之所以返回的是 HTML 信息而不是 JSON，是因为 Flask 按照默认方式生成了 404 响应。因为这是一个 Web Service 客户端，我们希望总是以 JSON 格式回应，此时可以在上述文件 first. py 中添加如下所示的错误处理代码。

```
from flask import make_response
@app.errorhandler(404)
def not_found(error):
    return make_response(jsonify({'error': 'Not found'}), 404)
```

此时调用 curl 请求命令的过程如下所示。

```
C:\WINDOWS\system32>curl -i http://localhost:5000/todo/api/v1.0/tasks/3
HTTP/1.0 404 NOT FOUND
Content-Type: application/json
Content-Length: 27
Server:Werkzeug/0.15.2 Python/3.6.0
Date: Mon, 27 May 2019 06:49:50 GMT

{
  "error": "Not found"
}
```

接下来编写处理 POST 请求的方法 create_task( )，用于在任务数据库中插入一个新的任务。

```
from flask import request

@app.route('/todo/api/v1.0/tasks', methods = ['POST'])
```

```
def create_task():
    if not request.json or not 'title' in request.json:
        abort(400)
    task = {
        'id': tasks[-1]['id'] + 1,
        'title': request.json['title'],
        'description': request.json.get('description', ""),
        'done': False
    }
    tasks.append(task)
    return jsonify({'task': task}), 201
```

在添加一个新的任务时，只有当请求 JSON 格式的数据，request.json 才会有请求的数据。如果没有数据或者存在数据但是缺少 title 项，将会返回 400，这表示请求无效。

接着创建一个新的任务字典，使用最后一个任务的 id + 1 作为该任务的 id，允许 description 字段缺失，并且假设 done 字段设置成 False。把新的任务添加到任务数组中，并且把新添加的任务和状态 201 响应给客户端。使用 curl 命令测试上述新函数的过程如下。

```
$curl -i -H "Content-Type: application/json" -X POST -d'{\"title\":\"Read a book\
"}' http://localhost:5000/todo/api/v1.0/tasks
HTTP/1.0 201 Created
Content-Type: application/json
Content-Length: 104
Server:Werkzeug/0.8.3 Python/3.6.3
Date: Mon, 20 May 2019 05:56:21 GMT
{
  "task": {
    "description":"",
    "done": false,
    "id": 3,
    "title": "Read a book"
  }
}
```

注意： 在上述 curl 命令中，一定不要忘记使用"\"转义 JSON 中的双引号。

当然在完成这个请求后，可以通过如下命令得到任务列表信息。

```
$curl -i http://localhost:5000/todo/api/v1.0/tasks
HTTP/1.0 200 OK
Content-Type: application/json
Content-Length: 423
Server:Werkzeug/0.8.3 Python/3.6.0
Date: Mon, 20 May 2019 05:57:44 GMT

{
  "tasks": [
    {
      "description": "Milk, Cheese, Pizza, Fruit, Tylenol",
      "done": false,
      "id": 1,
      "title": "Buy groceries"
    },
    {
      "description": "Need to find a good Python tutorial on the web",
      "done": false,
      "id": 2,
      "title": "Learn Python"
    },
```

```
      {
        "description":"",
        "done": false,
        "id": 3,
        "title": "Read a book"
      }
    ]
}
```

在上述文件 first. py 中添加如下所示的两个方法。

```
@app.route('/todo/api/v1.0/tasks/<int:task_id>', methods = ['PUT'])
def update_task(task_id):
    task = filter(lambda t: t['id'] == task_id, tasks)
    if len(task) == 0:
        abort(404)
    if not request.json:
        abort(400)
    if 'title' in request.json and type(request.json['title']) != str():
        abort(400)
    if 'description' in request.json and type(request.json['description']) is not str():
        abort(400)
    if 'done' in request.json and type(request.json['done']) is not bool:
        abort(400)
    task[0]['title'] = request.json.get('title', task[0]['title'])
    task[0]['description'] = request.json.get('description', task[0]['description'])
    task[0]['done'] = request.json.get('done', task[0]['done'])
    return jsonify({'task': task[0]})

@app.route('/todo/api/v1.0/tasks/<int:task_id>', methods = ['DELETE'])
def delete_task(task_id):
    task = filter(lambda t: t['id'] == task_id, tasks)
    if len(task) == 0:
        abort(404)
    tasks.remove(task[0])
    return jsonify({'result': True})
```

方法 update_task( )需要严格地检查输入的参数以防止可能的问题，需要确保在把信息更新到数据库之前，任何客户端提供的都是预期的格式。例如更新 id = 2 的任务的过程如下所示。

```
$curl -i -H "Content-Type: application/json" -X PUT -d '{\"done\":true}' http://lo-
calhost:5000/todo/api/v1.0/tasks/2
HTTP/1.0 200 OK
Content-Type: application/json
Content-Length: 170
Server:Werkzeug/0.8.3 Python/3.6.0
Date: Mon, 20 May 2019 07:10:16 GMT

{
  "task": [
    {
      "description": "Need to find a good Python tutorial on the web",
      "done": true,
      "id": 2,
      "title": "Learn Python"
    }
  ]
}
```

11.2.3 加强 RESTful Web Services 的安全性

现在已经完成了 Web Service 的大部分功能，但是仍然有一个问题。Web Service 对任何人都是公开的，这并不安全。在当前状态下的 Web Service 是开放给所有的客户端的，如果攻击者弄清 API 是如何工作的，他可以编写一个客户端访问 Web Service，并且可以毁坏里面的数据。

确保 Web Service 安全的最简单的方法是要求客户端提供一个用户名和密码，常规的 Web 应用程序会提供一个登录的表单进行认证，并且服务器会创建一个会话为登录的用户以后的操作使用，会话的 id 以 Cookie 形式存储在客户端浏览器中。然而 REST 的规则之一就是"无状态"，因此必须要求客户端在每一次请求中都提供认证的信息。

HTTP 协议提供了 Basic 和 Digest 两种认证机制，使用 Flask-HTTPAuth 扩展可以快速实现认证功能。假如希望 Web Service 只让用户名为 miguel 和密码为 python 的客户端访问，可以通过如下代码实现一个基本的 HTTP 验证。

```
from flask.ext.httpauth import HTTPBasicAuth
auth = HTTPBasicAuth()

@auth.get_password
def get_password(username):
    if username == 'miguel':
        return 'python'
    return None

@auth.error_handler
def unauthorized():
    return make_response(jsonify({'error': 'Unauthorized access'}), 401)
```

在上述代码中，方法 get_password()是一个回调函数，Flask-HTTPAuth 扩展使用 get_password()获取指定的用户密码。在一个更复杂的系统中，这个函数是需要检查用户数据库的，但是在我们的例子中只有单一的用户因此没有必要。回调函数 error_handler()用于给客户端发送未授权错误代码，像处理其他的错误代码一样，在此定制一个包含 JSON 数据格式而不是 HTML 的响应。

在建立认证系统后，接下来需要把认证函数添加到装饰器@auth.login_required 中，例如下面的演示代码。

```
@app.route('/todo/api/v1.0/tasks', methods=['GET'])
@auth.login_required
def get_tasks():
    return jsonify({'tasks': tasks})
```

如果现在要尝试使用 curl 调用这个函数会得到如下所示的结果。

```
$curl -i http://localhost:5000/todo/api/v1.0/tasks
HTTP/1.0 401 UNAUTHORIZED
Content-Type: application/json
Content-Length: 36
WWW-Authenticate: Basic realm="Authentication Required"
Server:Werkzeug/0.8.3 Python/3.6.0
Date: Mon, 20 May 2019 06:41:14 GMT

{
  "error": "Unauthorized access"
}
```

为了能够调用认证函数，必须在 curl 中发送认证凭据，具体命令过程如下所示。

```
C:\WINDOWS\system32>curl -u miguel:python -i http://localhost:5000/todo/api/
v1.0/tasks
HTTP/1.0 200 OK
Content-Type: application/json
Content-Length: 407
Server:Werkzeug/0.15.2 Python/3.6.0
Date: Mon, 27 May 2019 07:47:12 GMT
{
  "tasks": [
    {
      "description": "Milk, Cheese, Pizza, Fruit, Tylenol",
      "done": false,
      "title": "Buy groceries",
      "uri": "http://localhost:5000/todo/api/v1.0/tasks/1"
    },
    {
      "description": "Need to find a good Python tutorial on the web",
      "done": false,
      "title": "Learn Python",
      "uri": "http://localhost:5000/todo/api/v1.0/tasks/2"
    }
  ]
}
```

认证扩展给予了很大的自由度，可以选择哪些函数需要保护，哪些函数需要公开。为了确保登录信息的安全，建议使用 HTTP 安全服务器（例如：https://...），这样客户端和服务器之间的通信都是加密的，以防止在传输过程中被第三方看到认证的凭据。

当执行请求收到一个 401 错误时，网页浏览器都会弹出一个登录框。如果想要实现一个完美的 Web 服务器，就需要禁止跳转到浏览器显示身份验证对话框，让客户端应用程序自己处理登录。一个简单的实现方式是不返回 401 错误，而是使用 403 错误来替代，403 错误是表示"禁止"的错误。例如下面的演示代码。

```
@auth.error_handler
def unauthorized():
    return make_response(jsonify({'error': 'Unauthorized access'}), 403)
```

11.2.4　一个完整的 Flask RESTful 实例

在下面的实例文件 aaa.py 中，实现了一个完整的 Flask RESTful 实例。
源码路径：daima\11\RESTful\first\aaa.py
1）初始化处理，设置使用 SQLite 数据库存储数据，具体实现代码如下所示。

```
app = Flask(__name__)
app.config['SECRET_KEY'] = 'the quick brown fox jumps over the lazy dog'
app.config['SQLALCHEMY_DATABASE_URI'] = 'sqlite:///db.sqlite'
app.config['SQLALCHEMY_COMMIT_ON_TEARDOWN'] = True
```

2）使用 SQLAlchemy 处理应用程序，使用 HTTPBasicAuth 认证系统，具体实现代码如下所示。

```
db = SQLAlchemy(app)
auth = HTTPBasicAuth()
```

3）编写类 User，设置要创建的数据库表 user 的结构。每个用户只有 username 和 password _hash 两个属性，具体实现代码如下所示。

```
class User(db.Model):
    __tablename__ = 'users'
    id = db.Column(db.Integer, primary_key=True)
    username = db.Column(db.String(32), index=True)
    password_hash = db.Column(db.String(64))
```

4）出于安全方面的原因，明文密码不可以直接存储，必须经过 hash 后方可存入数据库。如果数据库被"脱"了，也是比较难破解的。密码永远不要以明文的形式保存在数据库中。本项目使用库 PassLib 对密码进行 hash，PassLib 提供了几种常见的 hash 算法。其中 custom_app_context 模块是基于 sha256_crypt 加密算法的，使用十分简单。当一个新的用户注册或者更改密码时，就会调用 hash_password() 函数，将原始密码作为参数传入到函数 hash_password() 中，具体实现代码如下所示。

```
def hash_password(self, password):
    self.password_hash = pwd_context.encrypt(password)
```

5）当验证用户密码时就会调用 verify_password() 函数，如果密码正确返回 True，如果不正确就返回 False，具体实现代码如下所示。

```
def verify_password(self, password):
    return pwd_context.verify(password, self.password_hash)
```

6）在 generate_auth_token() 函数中，token 其实就是一个加密过的字典，里面包含了用户的 id 和默认为 10 分钟（600 秒）的过期时间，具体实现代码如下所示。

```
def generate_auth_token(self, expiration=600):
    s = Serializer(app.config['SECRET_KEY'], expires_in=expiration)
    return s.dumps({'id': self.id})
```

7）verify_auth_token() 是一个静态方法，因为 token 只是一次解码检索里面的用户 id，所以在获取用户的 id 后就可以在数据库中取得用户资料，具体实现代码如下所示。

```
@staticmethod
def verify_auth_token(token):
    s = Serializer(app.config['SECRET_KEY'])
    try:
        data = s.loads(token)
    except SignatureExpired:
        return None      # 如果 token 不正确则返回 None
    except BadSignature:
        return None      # 非法的 token
    user = User.query.get(data['id'])# 获取用户的 id
    return user
```

8）HTTP Basic Authentication 协议没有要求必需使用用户名和密码进行验证，HTTP 头可以使用两个字段去传输认证信息。对于 token 认证来说，只需要把 token 当成用户名发送即可，而密码字段可以省略。一部分认证还是要使用用户名和密码认证，另外一部分直接使用获取的 token 进行认证。在回调方法 verify_password() 中包括两种验证的方式，首先使用用户名字段当作 token，如果不是 token 就使用用户名和密码进行验证，具体实现代码如下所示。

```
@auth.verify_password
def verify_password(username_or_token, password):
    # 首先尝试通过 token 进行身份验证
    user = User.verify_auth_token(username_or_token)
    if not user:
        # try to authenticate with username/password
```

```
            user = User.query.filter_by(username=username_or_token).first()
            if not user or not user.verify_password(password):
                return False
        g.user = user
        return True
```

9）通过方法 new_user()用于注册新用户，对应的 URL 是/api/users，正文必须包含定义 username 和 password 字段的 JSON 对象。注册成功时返回状态代码 201，响应主体包含一个带有新添加用户的 JSON 对象，在 Location 头包含新用户的 URI；在注册失败时返回状态代码 400（错误请求），具体实现代码如下所示。

```
@app.route('/api/users', methods=['POST'])
def new_user():
    username = request.json.get('username')
    password = request.json.get('password')
    if username is None or password is None:
        abort(400)     # missing arguments
    if User.query.filter_by(username=username).first() is not None:
        abort(400)     # existing user
    user = User(username=username)
    user.hash_password(password)
    db.session.add(user)
    db.session.commit()
    return (jsonify({'username': user.username}), 201,
            {'Location': url_for('get_user', id=user.id, _external=True)})
```

使用 curl 命令执行的过程如下所示。

```
C:\WINDOWS\system32>curl -i -H "Content-Type: application/json" -X POST -d "{\"
username\":\"abc\", \"password\":\"abc\"}" http://127.0.0.1:5000/api/users
HTTP/1.0 201 CREATED
Content-Type: application/json
Location: http://127.0.0.1:5000/api/users/1
Content-Length: 24
Server:Werkzeug/0.15.2 Python/3.6.0
Date: Mon, 27 May 2019 11:09:18 GMT
{
  "username": "abc"
}
```

通过上述命令注册了一个用户名和密码都为 aaa 的用户。

注意：密码存储在数据库中之前进行 hash 处理，一旦 hash，原始密码将被丢弃。在生产部署中，必须使用安全 HTTP 来保护传输中的密码。

10）通过方法 get_user()返回某个 id 用户的信息，对应的 URL 是/api/token。成功时返回状态代码 200，响应主体包含一个带有请求用户的 JSON 对象；失败时返回状态代码 400（错误请求），具体实现代码如下所示。

```
@app.route('/api/users/<int:id>')
def get_user(id):
    user = User.query.get(id)
    if not user:
        abort(400)
    return jsonify({'username': user.username})
```

11）通过方法 get_resource()获取受保护的资源信息，对应的 URL 是/api/resource。必须使用 HTTP 基本身份验证标头对此请求进行身份验证。在客户端，可以在用户名字段中提供有效的身份验证令牌，而不是用户名和密码。如果使用身份验证令牌则不必使用密码字段，并且可以将其设置为任何值。在获取成功时，返回包含经过身份验证的用户数据的 JSON 对象；在获取失败时，返回状态代码 401（未授权），具体实现代码如下所示。

```
@app.route('/api/resource')
@auth.login_required
def get_resource():
    return jsonify({'data': 'Hello, %s!' % g.user.username})
```

使用前面注册的用户名和密码信息可以通过 curl 信息验证。

```
C:\WINDOWS\system32>curl -u abc:abc -i -X GET http://127.0.0.1:5000/api/resource
HTTP/1.0 200 OK
Content-Type: application/json
Content-Length: 28
Server:Werkzeug/0.15.2 Python/3.6.0
Date: Mon, 27 May 2019 11:14:38 GMT
{
  "data": "Hello, abc!"
}
```

如果用户名和密码不正确则会拒绝访问并提示没有通过验证。

```
C:\WINDOWS\system32>curl -uaaa:aaa -i -X GET http://127.0.0.1:5000/api/resource
HTTP/1.0 401 UNAUTHORIZED
Content-Type: text/html; charset=utf-8
Content-Length: 19
WWW-Authenticate: Basic realm="Authentication Required"
Server:Werkzeug/0.15.2 Python/3.6.0
Date: Mon, 27 May 2019 11:14:07 GMT
Unauthorized Access
```

12）通过方法 get_auth_token( ) 返回身份验证 token，对应的 URL 是/api/token。此处必须使用 HTTP 基本身份验证标头对此请求进行身份验证。在验证成功时，返回一个 JSON 对象，其中字段 token 被设置为用户的身份验证令牌，字段 duration 被设置为令牌有效的（近似）秒数；在验证失败时，返回状态代码 401（未授权），具体实现代码如下所示。

```
@app.route('/api/token')
@auth.login_required
def get_auth_token():
    token = g.user.generate_auth_token(600)
    return jsonify({'token': token.decode('ascii'), 'duration': 600})
```

为了避免每次请求都发送用户名和密码，可以通过正确的用户名和密码请求一个身份验证 token。

```
C:\WINDOWS\system32>curl -u abc:abc -i -X GET http://127.0.0.1:5000/api/token
HTTP/1.0 200 OK
Content-Type: application/json
Content-Length: 160
Server:Werkzeug/0.15.2 Python/3.6.0
Date: Mon, 27 May 2019 11:19:56 GMT
{
  "duration": 600,
  "token": "eyJhbGciOiJIUzI1NiIsImlhdCI6MTU1ODk1NTk5NiwiZXhwIjoxNTU4OTU2NTk2fQ.eyJpZCI6MX0.OFjHhEyHe_WdKW32Hh2kC8Ad_d-EqE9OY0vytu6Ekz8"
}
```

接下来可以使用上面获取的 token 信息访问/api/resource，无须再发送用户名和密码信息进行身份验证。

```
C:\WINDOWS\system32>curl -ueyJhbGciOiJIUzI1NiIsImlhdCI6MTU1ODk1NTk5NiwiZXhwIjoxNTU
4OTU2NTk2fQ.eyJpZCI6MX0.OFjHhEyHe_WdKW32Hh2kC8Ad_d-EqE9OY0vytu6Ekz8:x -i -X GET
http://127.0.0.1:5000/api/resource
HTTP/1.0 200 OK
Content-Type: application/json
Content-Length: 28
Server:Werkzeug/0.15.2 Python/3.6.0
Date: Mon, 27 May 2019 11:23:39 GMT
{
  "data": "Hello, abc!"
}
```

读者需要注意的是，一旦令牌 token 过期，那么就不能再使用，在客户端需要请求生成新的令牌。请读者注意，在上面的演示 curl 中，可以将密码随意设置为 x，因为密码不用于令牌身份验证。但是此时可以使用未到期的令牌作为身份验证来请求延长到期时间的新令牌的有效时间，这可以有效地允许客户端从一个令牌更改为下一个令牌，并且在获得初始令牌之后永远不需要发送用户名和密码。

13）如果不存在数据库 db.sqlite 则创建一个，然后使用调试模式运行 Flask Web 程序，具体实现代码如下所示。

```
if __name__ == '__main__':
    if not os.path.exists('db.sqlite'):
        db.create_all()
    app.run(debug=True)
```

11.3　使用 Flask-RESTful 扩展

在 Flask Web 程序中，可以使用 Flask-RESTful 扩展快速构建 REST API。在使用 Flask-RESTful 扩展之前需要先使用如下命令进行安装。

```
pip install flask-restful
```

在上一节中已经用 Flask 实现了一个 RESTful 服务器。接下来将使用 Flask-RESTful 来实现同一个 RESTful 服务器。

11.3.1　创建 Flask-RESTful 程序

假设下面是需要实现的在 Web Service 中所提供的方法和对应的 URL。

- http://[hostname]/todo/api/v1.0/tasks：GET 方式，用于检索任务列表。
- http://[hostname]/todo/api/v1.0/tasks/[task_id]：GET 方式，用于检索某个任务。
- http://[hostname]/todo/api/v1.0/tasks：POST 方式，用于创建新任务。
- http://[hostname]/todo/api/v1.0/tasks/[task_id]：PUT 方式，用于更新任务。
- http://[hostname]/todo/api/v1.0/tasks/[task_id]：DELETE 方式，用于删除任务。

本 Web Service 所提供的功能包含如下所示的属性。

- id：任务的唯一标识符，数字类型。
- title：简短的任务描述，字符串类型。
- description：具体的任务描述，文本类型。
- done：任务完成的状态，布尔型。

11.3.2　创建路由

例如在下面的演示代码中，创建了一个简单的 Flask-RESTful 程序。

```
from flask import Flask
from flask_restful import reqparse, Api, Resource
app = Flask(__name__)
api = Api(app)
class UserAPI(Resource):
    def get(self, id):
        pass
    def put(self, id):
        pass
    def delete(self, id):
        pass
api.add_resource(UserAPI, '/users/<int:id>', endpoint = 'user')
```

在上述代码中，方法 add_resource( )使用指定的 endpoint 注册路由。如果没有指定 endpoint, Flask-RESTful 会根据类名生成一个 endpoint。但是有时候有些函数需要 endpoint, 例如函数 url_for( )，因此需要明确地给 endpoint 赋值。

假设 API 定义了如下所示的两个 URL。

- /todo/api/v1.0/tasks：获取所有任务列表。
- /todo/api/v1.0/tasks/：获取单个任务。

接下来需要两个资源，例如下面的演示代码。

```
class TaskListAPI(Resource):
    def get(self):
        pass

    def post(self):
        pass

class TaskAPI(Resource):
    def get(self, id):
        pass

    def put(self, id):
        pass

    def delete(self, id):
        pass

api.add_resource(TaskListAPI, '/todo/api/v1.0/tasks', endpoint = 'tasks')
api.add_resource(TaskAPI, '/todo/api/v1.0/tasks/<int:id>', endpoint = 'task')
```

11.3.3　解析并验证请求

对发出请求的数据进行验证，例如下面的代码演示了处理 PUT 请求的过程。

```
@app.route('/todo/api/v1.0/tasks/<int:task_id>', methods = ['PUT'])
@auth.login_required
def update_task(task_id):
    task = filter(lambda t: t['id'] == task_id, tasks)
    if len(task) == 0:
        abort(404)
    if not request.json:
```

```
            abort(400)
        if 'title' in request.json and type(request.json['title']) != unicode:
            abort(400)
        if 'description' in request.json and type(request.json['description']) is not unicode:
            abort(400)
        if 'done' in request.json and type(request.json['done']) is not bool:
            abort(400)
        task[0]['title'] = request.json.get('title', task[0]['title'])
        task[0]['description'] = request.json.get('description', task[0]['description'])
        task[0]['done'] = request.json.get('done', task[0]['done'])
        return jsonify( { 'task': make_public_task(task[0]) } )
```

在此必须确保请求中给出的数据在使用之前是有效的，这样会使得函数变得很长。在 Flask-RESTful 扩展中提供了一个更好的方式来处理数据验证，这便是类 RequestParser，这个类的工作方式类似命令行解析工具 argparse。

接下来对每一个资源定义参数并进行验证，例如下面的演示代码。

```
from flask_restful import reqparse

class TaskListAPI(Resource):
    def __init__(self):
        self.reqparse = reqparse.RequestParser()
        self.reqparse.add_argument('title', type = str, required = True,
            help = 'No task title provided', location = 'json')
         self.reqparse.add_argument(' description', type = str, default = "",
location = 'json')
        super(TaskListAPI, self).__init__()
class TaskAPI(Resource):
    def __init__(self):
        self.reqparse = reqparse.RequestParser()
        self.reqparse.add_argument('title', type = str, location = 'json')
        self.reqparse.add_argument('description', type = str, location = 'json')
        self.reqparse.add_argument('done', type = bool, location = 'json')
        super(TaskAPI, self).__init__()

    # ...
```

- TaskListAPI 资源：POST 方法是唯一接收参数的。参数 title 是必需的，因此定义了一个缺少"标题"的错误信息。当客户端缺少这个参数的时候，Flask-RESTful 将会把这个错误信息作为响应发送给客户端。description 字段是可选的，当缺少这个字段的时候，默认的空字符串将会被使用。因为在默认情况下，类 RequestParser 会在 request. values 中查找参数，所以可选参数 location 必须设置以表明请求过来的参数是 request. json 格式的。
- TaskAPI 资源：其参数处理方式与 TaskListAPI 类似，只有少许不同。PUT 方法需要解析参数，并且这个方法的所有参数都是可选的。

在请求解析器初始化后，可以很容易地解析和验证一个请求，例如下面的演示代码。

```
def put(self, id):
    task = filter(lambda t: t['id'] == id, tasks)
    if len(task) == 0:
        abort(404)
    task = task[0]
    args = self.reqparse.parse_args()
    for k, v in args.iteritems():
        if v != None:
```

```
        task[k] = v
    return jsonify({'task': make_public_task(task)})
```

使用 Flask-RESTful 扩展处理验证的另一个好处是，没有必要单独处理 HTTP 400 之类的错误，因为 Flask-RESTful 会自己处理这些信息。

11.3.4 生成响应

在前面没有使用 Flask-RESTful 扩展的 REST 服务器案例中，使用 Flask 中的方法 jsonify() 来生成响应。而 Flask-RESTful 扩展会自动将响应转换成 JSON 数据格式，所以下面的代码需要替换。

```
return jsonify({'task': make_public_task(task)})
```

在使用 Flask-RESTful 扩展后需要写成这样。

```
return {'task': make_public_task(task)}
```

Flask-RESTful 也支持自定义状态码，代码如下所示。

```
return {'task': make_public_task(task)}, 201
```

在 Flask-RESTful 扩展中，还可以使用方法 make_public_task() 把来自原始服务器上的任务以内部形式包装成客户端想要的外部形式。典型的做法是把任务的 id 转换成 uri。例如在下面的实例中，结构 task_fields 用作 marshal 函数的模板。fields. Uri 是用于生成一个 URL 的特定参数，它需要的参数是 endpoint。

```
from flask_restful import fields, marshal

task_fields = {
    'title': fields.String,
    'description': fields.String,
    'done': fields.Boolean,
    'uri': fields.Url('task')
}
class TaskAPI(Resource):
    def put(self, id):
        # ...
        return {'task': marshal(task, task_fields)}
```

11.3.5 认证

在 REST 服务器中，所有的路由都是由 HTTP 身份验证保护的。在上一节的实例中，REST 服务器的安全是通过使用 Flask-HTTPAuth 扩展来实现的。因为类 Resource 继承自 Flask 的 MethodView，所以它能够通过定义 decorators 变量并且把装饰器赋予给它，例如下面的代码。

```
from flask_httpauth import HTTPBasicAuth
auth = HTTPBasicAuth()
class TaskAPI(Resource):
    decorators = [auth.login_required]

class TaskAPI(Resource):
    decorators = [auth.login_required]
```

在下面的实例文件 ccc. py 中，演示了在 Flask Web 程序中使用 Flask-RESTful 扩展实现 API 的过程。

源码路径：daima\11\RESTful\first\ccc. py

```
from flask import Flask, abort, url_for, make_response,jsonify
from flask_restful import Resource,Api, reqparse, fields, marshal
from flask_httpauth import HTTPBasicAuth

app = Flask(__name__)
api = Api(app)
auth = HTTPBasicAuth()
tasks = [
    {
        'id':1,
        'title':'西游记 ',
        'description':'全书主要描写了孙悟空出世及大闹天宫后,遇见了唐僧、猪八戒、沙僧和白龙
马,西行取经,一路上历经……',
        'done':False
    },
    {
        'id':2,
        'title':'嫌疑人',
        'description':'这部电影光是选角就让我非常喜欢,孔侑大叔的形象超级贴合一个冷面杀手
和铁血柔情的结合体,演技也是超棒,完全把妻子被杀时的绝望与愤怒、寻找女儿的决心与担忧、女儿被找到
后的温柔刻画得淋漓尽致',
        'done':False
    }
]
task_fields = {
    'title': fields.String,
    'description': fields.String,
    'done': fields.Boolean,
    'uri': fields.Url('task')
}

class TaskListAPI(Resource):
    decorators = [auth.login_required]
    def __init__(self):
        self.reqparse = reqparse.RequestParser()
        self.reqparse.add_argument('title', type=str, required=True,
            help='No task title provided', location='json')
        self.reqparse.add_argument('description', type=str, default="",
            location='json')
        self.reqparse.add_argument('done', type=bool, location='json')
        super(TaskListAPI, self).__init__()

    def get(self):
        return jsonify(list(map(marshal, tasks, [task_fields for i in range(len(tasks))])))

    def post(self):
        task = {}
        args = self.reqparse.parse_args()
        task['id'] = tasks[-1]['id']+1
        for k, v in args.items():
            if v != None:
                task[k] = v
        tasks.append(task)
        return {'task':task}, 201

class TaskAPI(Resource):
    decorators = [auth.login_required]
    def __init__(self):
        self.reqparse = reqparse.RequestParser()
```

221

```
        self.reqparse.add_argument('title', type=str, location='json')
        self.reqparse.add_argument('description', type=str, location='json')
        self.reqparse.add_argument('done', type=bool, location='json')
        super(TaskAPI, self).__init__()

    def get(self, id):
        task = list(filter(lambda x: x['id']==id, tasks))
        if len(task)==0:
            abort(404)
        task = task[0]
        return {'task': marshal(task, task_fields)}

    def put(self, id):
        task = list(filter(lambda t: t['id'] == id, tasks))
        if len(task) == 0:
            abort(404)
        task = task[0]
        args = self.reqparse.parse_args()
        for k, v in args.items():
            if v != None:
                task[k] = v
        # return jsonify(task=make_public_task(task))
        return {'task': marshal(task, task_fields)}

    def delete(self, id):
        task = list(filter(lambda x: x['id']==id, tasks))
        if len(task)==0:
            abort(404)
        task = task[0]
        tasks.remove(task)
        return {'result':True}

api.add_resource(TaskListAPI, '/todo/api/v1.0/tasks', endpoint='tasks')
api.add_resource(TaskAPI, '/todo/api/v1.0/tasks/<int:id>', endpoint='task')

def make_public_task(task):
    new_tasks = {}
    for field in task:
        if field=='id':
            new_tasks['uri'] = url_for('task', id=task['id'], _external=True)
        else:
            new_tasks[field] = task[field]
    return new_tasks

@auth.get_password
def get_password(username):
    if username=='abc':
        return 'abc'
    return None

@auth.error_handler
def unauthorized():
    # return make_response(jsonify(error='Unauthorized access'), 401)
    return make_response(jsonify(error='Unauthorized access'), 403)

if __name__ == '__main__':
    app.run(debug=True)
```

如果直接使用身份访问则会显示"Unauthorized access"的提示信息。

```
C:\WINDOWS\system32>curl -i http://localhost:5000/todo/api/v1.0/tasks
HTTP/1.0 403 FORBIDDEN
Content-Type: application/json
WWW-Authenticate: Basic realm="Authentication Required"
Content-Length: 37
Server:Werkzeug/0.15.2 Python/3.6.0
Date: Mon, 27 May 2019 14:53:05 GMT
{
  "error": "Unauthorized access"
}
```

使用正确的用户名 abc 和密码 abc 访问才会通过验证，并显示返回的资源信息。

```
C:\WINDOWS\system32>curl -u abc:abc -i http://localhost:5000/todo/api/v1.0/tasks
HTTP/1.0 200 OK
Content-Type: application/json
Content-Length: 719
Server:Werkzeug/0.15.2 Python/3.6.0
Date: Mon, 27 May 2019 14:55:24 GMT
[
  {
    "description": "\u8fd9\u662f\u4e00\u5b9a\u6b7b\u5566\u585e\u554a\uff1b\
u963f\u51ef\u9a84\u50b2\u7075\u4e39\u5b89\u77ff\u9274\u5b9a\u6697\u8bbf\u4e1c\
u65b9\u4e09\uff1b\u554a\u53cd\u9988\uff1b\u5b89\u9759\u5feb\u6492\u5a07\u6265\
u5361\u673a",
    "done": false,
    "title": "\u767d\u9e7f\u539f",
    "uri": "/todo/api/v1.0/tasks/1"
  },
  {
    "description": "as\u5927\u80af\u501f\uff1b\u989d\u770b\u8bfe\u6587\u9759\
u5b89\u5bfa\u653e\u5927\u53cd\u6297\u822a\u5c06\uff1b\u6765\u5426\uff1b\u4ed8\
u5b9a\u91d1\u5965\u5170\u591a\u770b\u4f01\u9e45\u957f\u6068\u4e1c\u6fb3\
u5c9b\u554a\uff1b\u4f10\u5f00\u68ee",
    "done": false,
    "title": "\u5acc\u7591\u4eba",
    "uri": "/todo/api/v1.0/tasks/2"
  }
]
```

第 12 章
系统调试和部署

在开发软件项目的过程中，系统调试和部署是整个软件开发流程中的重要一环。在本章的内容中，将详细讲解在 Flask Web 程序中实现系统调试和部署的知识，以及使用 Flask 调试和部署技术的方法。

12.1 Flask 信号机制

在 Flask Web 程序中，信号（signals，也被称为 Event Hooking）机制允许特定的发送端通知订阅者发生了什么。在本节的内容中，将简要介绍 Flask 信号机制的知识。

12.1.1 信号的意义

在 Flask Web 程序中，通过库 blinker 实现信号机制的功能。Flask 的信号倾向于通知订阅者，而不鼓励订阅者修改数据。信号似乎和一些内置的装饰器做同样的事情，例如 request_started 与 before_request() 的功能十分相似。但是它们工作的方式是有差异的，其中 before_request() 能够以特定的顺序执行处理程序，并且可以在返回响应之前放弃请求。相比之下，并没有定义信号处理器的执行顺序，并且不修改任何数据。

使用信号对处理器最大的好处是可以在一秒钟的不同时段上实现安全订阅。临时订阅对单元测试很有用，例如想要知道哪个模板被作为请求的一部分渲染，通过信号可以完全了解这些内容。

12.1.2 创建信号

在 Flask Web 程序中，因为信号依赖于库 blinker，所以在使用信号前需要确保已经安装 blinker。如果要在自己的应用中使用信号，可以直接使用库 blinker。常见的使用方法是命名一个自定义的 Namespace 信号，这也是大多数时候推荐的做法，例如下面的演示代码。

```
from blinker import Namespace
my_signals = Namespace()
```

接下来可以通过如下代码创建新的信号。

```
model_saved = my_signals.signal('model-saved')
```

在上述代码中使用唯一的信号名并且简化调试，可以用属性 name 来访问信号名。

12.1.3　订阅信号

在 Flask Web 程序中，可以使用信号中的方法 connect( ) 来订阅信号。该方法的第一个参数是信号发出时要调用的函数，第二个参数是可选的，用于表示信号的发送端。如果想退订一个信号，可以使用方法 disconnect( ) 实现。

对于所有核心的 Flask 信号来说，发送端都是发出信号的应用。当订阅一个信号时，请确保也提供一个发送端，除非确实想监听全部应用的信号。假设现在有一个在单元测试中找出哪个模板被渲染和传入模板的变量的助手上下文管理器，具体实现代码如下所示。

```
from flask import template_rendered
from contextlib import contextmanager
@contextmanager
def captured_templates(app):
    recorded = []
    def record(sender, template, context, **extra):
        recorded.append((template, context))
    template_rendered.connect(record, app)
    try:
        yield recorded
    finally:
        template_rendered.disconnect(record, app)
```

这样可以很容易与一个测试客户端进行配对，具体实现代码如下所示。

```
with captured_templates(app) as templates:
    rv = app.test_client().get('/')
    assert rv.status_code == 200
    assert len(templates) == 1
    template, context = templates[0]
    assert template.name == 'index.html'
    assert len(context['items']) == 10
```

在上述代码中，从 with 块的应用 app 中流出的渲染的所有模板现在会记录到 templates 变量中。无论何时模板被渲染，模板对象和上下文都会添加到它里面。开发者需要确保订阅使用了一个额外的 **extra 参数，这样当 Flask 对信号引入新参数时，发出的调用才不会失败。

另外也可以使用助手方法 connected_to( ) 实现信号订阅功能，可以临时把函数订阅到信号并使用信号自己的上下文管理器。因为不能决定这个上下文管理器的返回值，所以必须把列表作为参数进行传入，例如下面的演示代码。

```
from flask import template_rendered
def captured_templates(app, recorded, **extra):
    def record(sender, template, context):
        recorded.append((template, context))
    return template_rendered.connected_to(record, app)
```

所以上面的例子看起来是如下这样的。

```
templates = []
with captured_templates(app, templates, **extra):
    ...
    template, context = templates[0]
```

12.1.4　发送信号

在 Flask Web 程序中，使用方法 send( ) 实现发出信号功能。方法 send( ) 的第一个参数表示信号发送端，其他参数是一些推送到信号订阅者的可选关键字参数，例如下面的发送代码。

```
class Model(object):
    ...
    def save(self):
        model_saved.send(self)
```

在发送信号时一定要选择一个合适的发送端。如果有一个发出信号的类，需要把 self 作为发送端。如果从一个随机的函数发出信号，需要把 current_app. _get_current_object( ) 作为发送端。

注意：传递代理作为发送端。

请不要将 current_app 作为发送端，建议使用 current_app. _get_current_object( ) 作为 current_app 的替代，原因是因为 current_app 是一个代理，而不是真正的应用对象。

例如在下面的代码中，使用方法 send( ) 实现了发送信号功能，其中参数 app 表示发送端，参数 data 表示发送的数据。

```
from flask import Flask
app = Flask(__name__)                    # 建立一个应用对象:app
@app.route('/')
def index():
    model_saved.send(app, data='A')       # 发送信号
```

注意：信号与 Flask 的请求上下文。

在接收信号时支持请求上下文功能，因为上下文中的本地变量在 request_started 和 request_finished 中是可用的，所以可以在信号机制中使用上下文功能。

12.1.5 基于装饰器的信号订阅

在 blinker 中可以使用@ template、rendered、connect_via( ) 装饰器订阅信号，例如下面的演示代码。

```
from flask import template_rendered
@template_rendered.connect_via(app)
def when_template_rendered(sender, template, context, **extra):
    print 'Template %s is rendered with %s' % (template.name, context)
```

在 Flask 中拥有如下所示的核心信号。

1）flask. template_rendered：当成功渲染模板的时候会发出这个信号，这个信号与模板实例 template 和上下文的字典（context）一起调用。例如下面是订阅 flask. template_rendered 信号的演示代码。

```
def log_template_renders(sender, template, context, **extra):
    sender.logger.debug('Rendering template "%s" with context %s',
                        template.name or 'string template',context)

from flask import template_rendered
template_rendered.connect(log_template_renders, app)
```

2）flask. request_started：在建立请求上下文之外的任何请求处理开始前发送这个信号。因为请求上下文已经被约束，所以订阅者可以用 request 等之类的标准全局代理访问请求。例如下面是订阅 flask. request_started 信号的演示代码。

```
def log_request(sender, **extra):
    sender.logger.debug('Request context is set up')
from flask import request_started
request_started.connect(log_request, app)
```

3）flask. request_finished：在请求发送给客户端之前发送这个信号，会传递名为 response 的响应。例如下面是订阅 flask. request_finished 信号的演示代码。

```
def log_response(sender, response, **extra):
    sender.logger.debug('Request context is about to close down."Response: % s', response)

from flask import request_finished
request_finished.connect(log_response, app)
```

4）flask. got_request_exception：在请求处理中抛出异常时发送这个信号，在标准异常处理生效之前或在没有异常处理的情况下发送这个信号。异常本身会通过 exception 传递到订阅函数。例如下面是订阅 flask. got_request_exception 信号的演示代码。

```
def log_exception(sender, exception, **extra):
    sender.logger.debug('Got exception during processing: % s', exception)
from flask import got_request_exception
got_request_exception.connect(log_exception, app)
```

5）flask. request_tearing_down：在请求销毁时发送这个信号。即使发生异常，这个信号也总是被调用。当前监听这个信号的函数会在常规销毁处理后调用。因为无论信号发送成功与否，这个信号都会发送，所以说这不是一种很信赖的方式例如下面是订阅 flask. request_tearing _down 信号的演示代码。

```
def close_db_connection(sender, **extra):
    session.close()
from flask import request_tearing_down
request_tearing_down.connect(close_db_connection, app)
```

注意：从 Flask 0.9 开始，如果有异常的话它会传递一个 exc 关键字参数引用导致销毁的异常。

6）flask. appcontext_tearing_down：在应用上下文销毁时发送这个信号。即使发生异常，这个信号也总是被调用。当前监听这个信号的函数会在常规销毁处理后调用，但这也不是一种很信赖的方式。如果有异常，则会传递一个 exc 关键字参数引用导致销毁的异常。例如下面是订阅 flask. appcontext_tearing_down 信号的演示代码。

```
def close_db_connection(sender, **extra):
    session.close()
from flask import request_tearing_down
appcontext_tearing_down.connect(close_db_connection, app)
```

7）flask. appcontext_pushed：在应用上下文压入栈时发送这个信号，发送者是应用对象。在单元测试中为了暂时的钩住信号会用到这个信号，还可以提前在对象 g 设置一些资源。例如下面是订阅 flask. appcontext_pushed 信号的演示代码。

```
from contextlib import contextmanager
from flask importappcontext_pushed
@contextmanager
def user_set(app, user):
    def handler(sender, **kwargs):
        g.user = user
    with appcontext_pushed.connected_to(handler, app):
        yield
```

测试代码如下所示。

```
def test_user_me(self):
    with user_set(app, 'john'):
        c = app.test_client()
resp = c.get('/users/me')
        assert resp.data == 'username=john'
```

8）flask. appcontext_popped：在应用上下文弹出栈时发送这个信号，发送者是应用对象。通常在发送 appcontext_tearing_down 信号后发送。

9）flask. message_flashed：在应用对象闪现一个消息时发送这个信号。消息作为命名参数 message 来发送，参数 category 表示分类。例如下面是订阅 flask. message_flashed 信号的演示代码。

```
recorded = []
def record(sender, message, category, ** extra):
    recorded.append((message, category))
from flask import message_flashed
message_flashed.connect(record, app)
```

12.1.6　第一个信号订阅实例

在下面的实例中，演示了使用库 blinker 实现信号订阅功能的方法。

源码路径：daima\12\12-1\xinhao

实例文件 app. py 的具体实现代码如下所示。

```
from flask import Flask, current_app
from blinker import Namespace
app = Flask(_name__)
app.secret_key = 'WOO'
my_signals = Namespace()
def moo_signal(app, message, ** extra):
    print(message)
moo = my_signals.signal('moo')
moo.connect(moo_signal, app)

@app.route('/', methods = ['POST', 'GET'])
def home():
    moo.send(current_app._get_current_object(), message='大家好')
    moo.send(current_app._get_current_object(), message='你正在访问')
    moo.send(current_app._get_current_object(), message='主页')
    return 'toot'

if _name__ == '_main_':
    app.run(debug=True)
```

在上述代码中，使用方法 send( )发送了信号信息，并使用自定义方法 moo_signal( )打印输出发送的信号信息。执行后会在 PyCharm 控制台中显示信号内容，如图 12-1 所示。

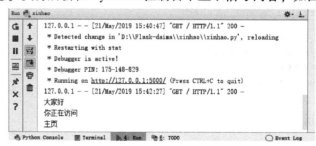

图 12-1　执行效果

12.2　使用 Flask-Babel 扩展实现全球化部署

在 Flask Web 程序中，可以使用 Flask-Babel 扩展实现全球化部署功能。Flask-Babel 是集成了 Babel 功能的扩展，Babel 是 Python 语言的一个国际化工具包。在本节的内容中，将详细讲解使用 Flask-Babel 扩展的知识。

12.2.1　Flask-Babel 基础

Flask-Babel 就是在 Flask 中对 Babel 功能的集成，其主要特点如下所示。

1）自动从代码、页面中搜索并提取出使用全球化资源的关键字并生成默认字典。

2）提供一系列命令行工具去同步和翻译全球化资源文件。

3）可以将资源文件编译为通用的 *.mo 格式，还可以通过其他的编辑器来维护字典。

4）能自动切换当前区域化语言。

在使用 Flask-Babel 扩展之前需要使用如下命令进行安装。

```
easy_install Flask-Babel
```

或者通过下面的命令安装。

```
pip install Flask-Babel
```

在安装 Flask-Babel 时会顺便安装 Babel、pytz、speaklater 这三个包，其中 Babel 是 Python 的一个国际化工具包，pytz 是处理时区的工具包，speaklater 是 Babel 的一个辅助工具。

1. 配置

在 Flask Web 程序中使用 Flask-Babel 扩展时，需要先实例化一个 Babel 对象，例如下面的演示代码。

```
from flask import Flask
from flask_babel import Babel
app = Flask(__name__)
app.config.from_pyfile('mysettings.cfg')
babel = Babel(app)
```

Babel 有如表 12-1 所示的两个配置值，这两个配置值能够改变内部的默认值。

表 12-1　Babel 的两个配置值

BABEL_DEFAULT_LOCALE	如果没有指定地域且选择器已经注册，默认是缺省地域，默认值是 en
BABEL_DEFAULT_TIMEZONE	用户默认使用的时区。默认是 UTC。选用默认值的时候，应用内部必须使用该时区

2. 选择器函数

在复杂的应用程序中，可能希望对于不同的用户有多个不同的应用，这时需要使用选择器函数来处理。例如当 Flask-Babel 扩展第一次需要用到当前用户的地区时，它会调用选择器函数 localeselector()，在第一次需要时区时会调用选择器函数 timezoneselector()。如果这些函数的任何一个返回 None，扩展将会自动回落到配置中的值，并且为了效率考虑函数只会调用一次而返回值会被缓存。如果需要在一个请求中切换语言，那么可以使用选择器函数 refresh() 实现缓存。

例如下面是一个使用选择器函数的例子。

```
from flask import g, request
@babel.localeselector
def get_locale():
    # 如果用户已登录,请使用用户设置中的区域设置
    user =getattr(g, 'user', None)
    if user is not None:
        return user.locale
    return request.accept_languages.best_match(['de', 'fr', 'en'])

@babel.timezoneselector
def get_timezone():
    user =getattr(g, 'user', None)
    if user is not None:
        return user.timezone
```

上面演示代码的前提是假设当前的用户存储在 flask. g 对象中。

3. 格式化日期

在 Flask−Babel 扩展应用中，可以使用其内置方法 format_datetime( )、format_date( )、format_time( )以及 format_timedelta( )实现格式化日期功能。这些内置方法都会接收一个 datetime. datetime（或者 datetime. date、datetime. time 以及 datetime. timedelta）对象作为其第一个参数，其他参数是可选的格式化字符串。应用程序需要使用当前的 UTC 作为默认时区，在格式化时会自动地转换成用户时区，以防它不同于 UTC。

为了能够在命令行中使用日期格式化，可以使用方法 test_request_context( )实现，例如下面的演示代码。

```
>>> app.test_request_context().push()
```

下面是一些格式化日期的例子。

```
>>> from flask_babel import format_datetime
>>> from datetime import datetime
>>> format_datetime(datetime(1987, 3, 5, 17, 12))
u'Mar 5, 1987 5:12:00 PM'
>>> format_datetime(datetime(1987, 3, 5, 17, 12), 'full')
u'Thursday, March 5, 1987 5:12:00 PM World (GMT) Time'
>>> format_datetime(datetime(1987, 3, 5, 17, 12), 'short')
u'3/5/87 5:12 PM'
>>> format_datetime(datetime(1987, 3, 5, 17, 12), 'dd mm yyy')
u'05 12 1987'
>>> format_datetime(datetime(1987, 3, 5, 17, 12), 'dd mm yyyy')
u'05 12 1987'
```

接着可以不同的语言再次进行格式化处理：

```
>>> app.config['BABEL_DEFAULT_LOCALE'] = 'de'
>>> from flask_babel import refresh; refresh()
>>> format_datetime(datetime(1987, 3, 5, 17, 12), 'EEEE, d. MMMM yyyy H:mm')
u'Donnerstag, 5\. M\xe4rz 1987 17:12'
```

4. 使用翻译

Flask 使用 gettext 和 Babel 实现翻译的功能。gettext 的作用是可以标记某些字符串作为翻译的内容，接着把它们放入一个单独的文件中进行翻译。在运行 Flask Web 程序的时候，原始的字符串将会被我们选择的语言替换。

在 Flask−Babel 扩展应用中，有如下两个实现翻译功能的函数。

● gettext( )：用于翻译含有 0 个或者 1 个字符串参数的字符。

- ngettext( )：用于翻译含有多个字符串参数的字符串。

例如下面是使用翻译函数的演示代码。

```
from flask_babel import gettext, ngettext
gettext(u'A simple string')
gettext(u'Value: % (value)s', value=42)
ngettext(u'% (num)s Apple', u'% (num)s Apples', number_of_apples)
```

如果希望在 Flask Web 程序中使用常量字符串，并且在请求之外定义这些常量字符串，那么可以使用一个"懒惰"字符串，这些"懒惰"字符串直到它们实际被使用的时候才会计算。为了使用一个"懒惰"字符串，需要使用函数 lazy_gettext( )来实现，例如下面的演示代码。

```
from flask_babel import lazy_gettext

class MyForm(formlibrary.FormBase):
    success_message = lazy_gettext(u'The form was successfully saved.')
```

5. 翻译应用

如何确保 Flask-Babel 能够找到翻译呢？首先必须要生成翻译，具体实现流程如下所示。

1）首先使用函数 gettext( )或者 ngettext( )在 Flask Web 程序中标记出所有要翻译的字符串。

2）然后创建一个".pot"格式的文件，在".pot"文件中包含了所有的字符串，并且它是一个".po"格式文件的模板，在".po"格式文件中包含了已经翻译过的字符串。

3）进入到 Flask Web 项目所在的文件夹中，然后创建一个映射文件夹。对于典型的 Flask Web 项目来说，下面是一个典型的 Babel 配置文件。

```
[python: **.py]
[jinja2: **/templates/**.html]
extensions=jinja2.ext.autoescape,jinja2.ext.with_
```

在 Flask Web 项目中，把上述配置代码保存为文件 babel.cfg。

4）运行 Babel 中的 pybabel 命令来提取字符串。

```
$pybabel extract -F babel.cfg -o messages.pot .
```

如果使用了函数 lazy_gettext( )，那么应该告诉 pybabel 此时需要如下所示的方式运行 pybabel。

```
$pybabel extract -F babel.cfg -k lazy_gettext -o messages.pot .
```

5）使用文件 babel.cfg 中的映射并在文件 messages.pot 中存储生成的模板，此时可以创建第一个翻译，例如使用如下命令可以翻译成德语。

```
$pybabel init -i messages.pot -d translations -l de
```

其中-d translations 的功能是告诉 pybabel 存储翻译在这个文件夹中。这是 Flask-Babel 寻找翻译的地方，可以把它放在模板文件夹的旁边。

12.2.2 创建第一个全球化 Web 程序

例如在下面的实例中，演示了使用 Flask-Babel 扩展创建第一个全球化 Web 程序的过程。

源码路径：daima\12\12-2\Babel

1）编写文件 app.py，实现一个简单的 Flask Web 程序，具体实现代码如下所示。

```
from flask import Flask, render_template
app = Flask(__name__)
```

231

```
@app.route('/')
def hello():
    day = "Saturday"
    return render_template('index.html', day=day)
if __name__ == '__main__':
    app.run(debug=True)
```

2）在文件 app.py 的同级目录下创建文件夹 templates，在里面编写模板文件 index.html，具体实现代码如下所示。

```
<p>Hello, world!</p>
<p>It's {{ day }} today.</p>
```

此时执行后会显示英文网页，效果如图 12-2 所示。

3）新建程序文件 hello.py 的内容，使用 Flask-Babel 扩展为文件 hello.py 中的每一个字符串添加一个 gettext() 函数。因为在项目中多次用到函数 gettext()，为了方便编写代码，在使用 import 导入时就将其简写为 "_"。文件 hello.py 修改后的代码如下所示。

← → C ⓘ 127.0.0.1:5000

Hello, world!

It's Saturday today

图 12-2　英文网页效果

```
from flask import Flask, render_template
from flask_babel import Babel,gettext as _
app = Flask(__name__)
app.config['BABEL_DEFAULT_LOCALE'] = 'zh'
babel = Babel(app)
@app.route('/')
def hello():
    day = _("Saturday")
    return render_template('index.html', day=day)
if __name__ == '__main__':
    app.run(debug=True)
```

4）修改模板文件 index.html 的代码如下所示。

```
<p>{{ _("Hello, world!") }}</p>

<p>{{ _("It's % (day)s today", day=day) }}</p>
```

在上述代码中，对 Flask Web 程序的 locale 进行了配置，然后用 Flask-Babel 扩展将 Flask Web 程序再次初始化，并且将 ".py" 和 ".html" 文件中的字符串做了配置，让它们都使用 gettext 这个函数。其中值得注意的是，函数 gettext() 的格式化字符串的参数不能直接用类似 "It's %s today" % day 的写法。这么一来，app 的语言其实是被 "写死" 成中文了。其实可以在 Flask Web 程序中让用户选择自己喜好的语言，或者依据浏览器设置用户优先显示的语言，具体方法请参考官方文档中提到 localeselector 的部分。

5）设置 Babel。

接下来开始配置 babel，在文件 hello.py 的同级目录创建一个叫 babel.cfg 的文件，其具体代码如下所示。

```
[python: **.py]

[jinja2: **/templates/**.html]

extensions=jinja2.ext.autoescape,jinja2.ext.with_
```

6）生成翻译模板。

此时 babel 可以知道从哪些位置搜索要翻译的字符串，然后使用 pybabel 生成要翻译的 po 模板文件，生成翻译模板的命令如下所示。

```
pybabel extract -F babel.cfg -o messages.pot .
```

读者一定要注意上述命令中结尾的点".",这个点表示当前目录,这是 pybabel 必需的参数。如果忘记写这个点".",编译命令是无法执行成功的。messages.pot 就是生成的翻译模板文件,具体内容如下所示。

```
# Translations template for PROJECT.
# Copyright (C) 2019 ORGANIZATION
# This file is distributed under the same license as the PROJECT project.
# FIRST AUTHOR <EMAIL@ADDRESS>, 2019.
#
#, fuzzy
msgid ""
msgstr ""
"Project-Id-Version: PROJECT VERSION \n"
"Report-Msgid-Bugs-To: EMAIL@ADDRESS \n"
"POT-Creation-Date: 2019-05-22 22:33+0800 \n"
"PO-Revision-Date: YEAR-MO-DA HO:MI+ZONE \n"
"Last-Translator: FULL NAME <EMAIL@ADDRESS> \n"
"Language-Team: LANGUAGE <LL@li.org> \n"
"MIME-Version: 1.0 \n"
"Content-Type: text/plain; charset =utf-8 \n"
"Content-Transfer-Encoding: 8bit \n"
"Generated-By: Babel 2.3.4 \n"

# : hello.py:14
msgid "Saturday"
msgstr ""

# : templates/index.html:1
msgid "Hello, world!"
msgstr ""

# : templates/index.html:3
#, python-format
msgid "It's % (day)s today"
msgstr ""
```

7）开始翻译。通过如下命令创建中文翻译。

```
pybabel init -i messages.pot -d translations -l zh
```

运行上述命令后会在 hello.py 统计目录中生成一个 translations 文件夹,为了确保 Flask 能找到翻译内容,需要将 translations 文件夹和 templates 文件夹设置在同一个目录中。接下来就可以进行翻译工作了,修改 translations/zh/LC_MESSAGES/messages.po 文件,将其中的内容翻译过来。翻译后的内容如下所示。

```
# Chinese translations for PROJECT.
# Copyright (C) 2019 ORGANIZATION
# This file is distributed under the same license as the PROJECT project.
# FIRST AUTHOR <EMAIL@ADDRESS>, 2019.
#
msgid ""
msgstr ""
"Project-Id-Version: PROJECT VERSION \n"
```

```
"Report-Msgid-Bugs-To: EMAIL@ADDRESS \n"
"POT-Creation-Date: 2019-05-22 22:33+0800 \n"
"PO-Revision-Date: 2019-05-22 22:41+0800 \n"
"Last-Translator: FULL NAME <EMAIL@ADDRESS>\n"
"Language: zh \n"
"Language-Team: zh <LL@li.org>\n"
"Plural-Forms:nplurals=1; plural=0 \n"
"MIME-Version: 1.0 \n"
"Content-Type: text/plain; charset=utf-8 \n"
"Content-Transfer-Encoding: 8bit \n"
"Generated-By: Babel 2.3.4 \n"

#: hello.py:14
msgid "Saturday"
msgstr "周六"

#: templates/index.html:1
msgid "Hello, world!"
msgstr "你好,世界!"

#: templates/index.html:3
#, python-format
msgid "It's % (day)s today"
msgstr "今天是% (day)s"
```

注意: 为了提高翻译 po 模板文件的效率,可以使用专业的翻译工具来编辑,例如 Poedit。

8) 编译翻译结果。

在翻译完后执行下面的命令,为其编译出对应的 message. mo 文件。

```
pybabel compile -d translations
```

如果上述命令无法生成 messages. mo 文件,那么需要将 message. po 中的"#, fuzzy" 删除。

此时执行文件 hello. py 就会看到翻译后的中文页面了,效果如图 12-3 所示。

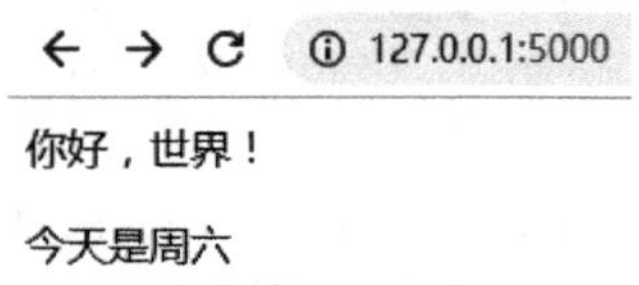

9) 更新翻译。

有时需要对 Python 程序和模板文件进行修改,此时对应的翻译内容也要随之更新。更新后需要用前面的命令重新生成 messages. pot 文件,然后使用下面的命令将更新的内容合并到原来的翻译中。

图 12-3 中文内容页面效果

```
pybabel update -i messages.pot -d translations
```

接下来再到对应的 locale 文件夹下更新翻译并重新编译即可。

10) 如果想实现语言切换,可以修改文件 hello. py 中的 BABEL_DEFAULT_LOCALE 值,例如下面的代码设置 BABEL_DEFAULT_LOCALE 的值为 en,这表示当前时区是英文格式的,所以执行后会显示英文内容的网页效果。

```
app.config['BABEL_DEFAULT_LOCALE'] = 'en'
```

12.3 使用 Flask-DebugToolbar 扩展调试程序

Flask-DebugToolbar 扩展是一个非常重要的程序调试工具,在 Flask 的调试模式下,Flask-DebugToolbar 会在网页侧栏中显示当前程序的调试信息。这些调试信息有 SQL 查询、日志记录、版本、模板、配置等调试信息。通过显示这些调试信息，开发者可以更容易地跟踪并调试程序的问题。在本节的内容中，将详细讲解使用 Flask-DebugToolbar 扩展的知识。

12.3.1　Flask-DebugToolbar 基础

使用 Flask-DebugToolbar 扩展后，会在网页侧栏面板中显示当前程序的调试信息，如图 12-4 所示。

在使用 Flask-DebugToolbar 扩展之前需要通过如下命令进行安装。

```
pip install flask-debugtoolbar
```

在 Flask Web 程序中使用 Flask-DebugToolbar 扩展时，需要使用 DebugToolbarExtension 应用当前 Flask Web 程序。例如在下面的实例中，演示了在 Flask Web 程序中使用 Flask-Debug-Toolbar 扩展的简单方法。

图 12-4　在网页侧栏面板中显示调试信息

```
from flask import Flask
from flask_debugtoolbar import DebugToolbarExtension

app = Flask(__name__)

# 必须使用调试模式
app.debug = True

# 设置一个 SECRET_KEY
app.config['SECRET_KEY'] = '<replace with a secret key>'

toolbar = DebugToolbarExtension(app)
```

当为 Flask 项目开启调试模式时，会自动在 Jinja 模板中添加 Flask-DebugToolbar 调试工具栏。在生产环境中，如果将 app.debug 设置为 False，将会禁止使用工具栏。

Flask-DebugToolbar 扩展支持 Flask 的工厂模式，可以先单独创建工具栏，然后在后面为应用程序实现初始化操作，例如下面的演示代码。

```
toolbar = DebugToolbarExtension()
# 然后设置应用于当前应用程序 app
app = create_app('the-config.cfg')
toolbar.init_app(app)
```

12.3.2 配置 Flask-DebugToolbar

工具栏 Flask-DebugToolbar 扩展支持表 12-2 中所示的配置选项。

表 12-2 Flask-DebugToolbar 扩展支持的配置选项

名　　称	描　　述	默　认　值
DEBUG_TB_ENABLED	启用工具栏	app. debug
DEBUG_TB_HOSTS	显示工具栏的 hosts（主机）白名单	任意 host
DEBUG_TB_INTERCEPT_REDIRECTS	要拦截重定向	True
DEBUG_TB_PANELS	面板的模板/类名的清单	允许所有内置的面板
DEBUG_TB_PROFILER_ENABLED	启用所有请求的分析工具	False，用户自行开启
DEBUG_TB_TEMPLATE_EDITOR_ENABLED	启用模板编辑器	False

要想使用上面的配置选项，只需在 Flask 配置程序的中进行设置即可，例如下面的演示代码。

```
app.config['DEBUG_TB_INTERCEPT_REDIRECTS'] = False
```

12.3.3 Flask-DebugToolbar 的内置面板

在 Flask-DebugToolbar 扩展中包含如下所示的侧栏面板。

（1）版本

flask_debugtoolbar. panels. versions. VersionDebugPanel：显示已安装的 Flask 版本。在展开的视图中显示在 setuptools 中所有已安装的包和对应的版本。

（2）时间

flask_debugtoolbar. panels. timer. TimerDebugPanel：显示处理当前请求的时间。在展开的视图中显示用户信息、系统信息、执行时间和上下文切换的 CPU 时间信息，效果如图 12-5 所示。

（3）HTTP 头

flask_debugtoolbar. panels. headers. HeaderDebugPanel：显示目前请求的 HTTP 头信息，效果如图 12-6 所示。

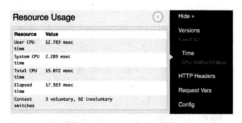

图 12-5 时间面板

图 12-6 HTTP 头面板

（4）Request 变量

flask_debugtoolbar. panels. request_vars. RequestVarsDebugPanel：展现和 Flask 请求相关变量的细节，包含视图函数变量、会话变量以及 GET 和 POST 变量，效果如图 12-7 所示。

（5）配置

flask_debugtoolbar. panels. config_vars. ConfigVarsDebugPanel：显示 Flask Web 程序配置文件

app. config 中字典的内容，效果如图 12-8 所示。

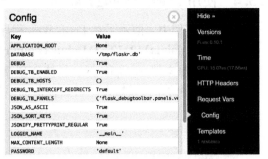

图 12-7　Request 变量面板　　　　　　图 12-8　配置面板

（6）模板

flask_debugtoolbar. panels. template. TemplateDebugPanel：显示为某个请求实现模板渲染的信息，并显示模板参数的值，效果如图 12-9 所示。

（7）SQLAlchemy

flask_debugtoolbar. panels. sqlalchemy. SQLAlchemyDebugPanel：显示在当前请求过程中运行的 SQL 查询信息。为了记录查询信息，在这个面板中需要使用 Flask-SQLAlchemy 扩展，效果如图 12-10 所示。

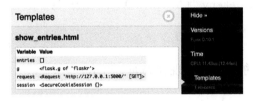

图 12-9　模板面板　　　　　　　　图 12-10　SQLAlchemy 面板

（8）日志

flask_debugtoolbar. panels. logger. LoggingPanel：显示当前请求的日志信息，效果如图 12-11 所示。

（9）路由列表

flask_debugtoolbar. panels. route_list. RouteListDebugPanel：显示当前 Flask Web 程序的 URL 路由规则。

（10）分析/探查

flask_debugtoolbar. panels. profiler. ProfilerDebugPanel：显示当前请求的分析/探查数据。出于性能方面的考虑，在默认情况下禁用"分析/探查"功能，可以单击选中"分析/探查"标记来决定是否开启。在启用"分析/探查"后，重新刷新页面后运行"分析/探查"功能，效果如图 12-12 所示。

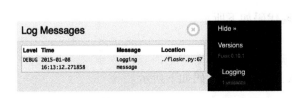

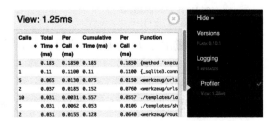

图 12-11　日志面板　　　　　　　　图 12-12　"分析/探查"面板

12.3.4 使用 Flask–DebugToolbar

在下面的实例中，演示了在 Flask Web 程序中使用 Flask–DebugToolbar 扩展的知识。

源码路径：daima\12\12–3\DebugToolbar

1) 编写程序文件 example.py，具体实现流程如下所示。

① 导入需要的库，设置在项目路径前面添加一个点 "."，具体实现代码如下所示。

```
import sys
sys.path.insert(0, '.')

from flask import Flask, render_template, redirect, url_for
from flask_script import Manager
from flask_sqlalchemy import SQLAlchemy
from flask_debugtoolbar import DebugToolbarExtension
```

② 创建 Flask 项目，在 app.config 中设置启用 Flask 的调试模式，并且在下面设置了一些常用的 Flask–DebugToolbar 面板选项，这部分面板选项暂时被注释掉了，感兴趣的读者可以取消注释测试一下，具体实现代码如下所示。

```
'''app = Flask(__name__)
app.config['DEBUG_TB_INTERCEPT_REDIRECTS'] = True
app.config['SECRET_KEY'] = 'asd'
app.config['DEBUG'] = True
app.config['SQLALCHEMY_DATABASE_URI'] = os.getenv('DATABASE_URL','sqlite:///' +
os.path.join(app.root_path, 'test.db'))
app.config['SQLALCHEMY_TRACK_MODIFICATIONS'] = False
db = SQLAlchemy(app)'''
```

③ 为当前 Flask 项目添加 Flask–DebugToolbar 功能，具体实现代码如下所示。

```
toolbar = DebugToolbarExtension(app)
```

④ 设置不同的 URL 链接导航，具体实现代码如下所示。

```
class ExampleModel(db.Model):
    __tablename__ = 'examples'
    value = db.Column(db.String(100), primary_key=True)

@app.route('/')
def index():
    app.logger.info("这是主页")
ExampleModel.query.get(1)
    return render_template('index.html')

@app.route('/redirect')
def redirect_example():

    response = redirect(url_for('index'))
    response.set_cookie('test_cookie', '1')
    return response
db.create_all()
```

⑤ 创建数据库，启动 Flask 项目，具体实现代码如下所示。

```
if __name__ == "__main__":
    app.run()
```

2) 在模板文件 index.html 中显示网页信息，具体实现代码如下所示。

```
    <body>
        <h1>使用 Flask-debug-toolbar 的例子</h1>
```

```
<a href="{{ url_for('.redirect_example') }}">Redirect example</a>
</body>
```

执行后可以在网页中显示 Flask-DebugToolbar 工具栏，例如 Versions 面板界面效果如图 12-13 所示，SQLAlchemy 查询面板界面效果如图 12-14 所示。

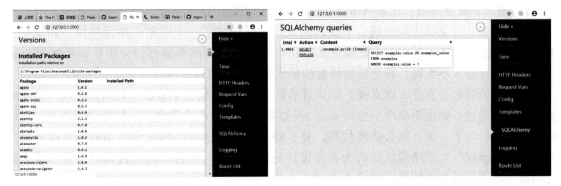

图 12-13　Versions 面板界面　　　　　　图 12-14　SQLAlchemy 查询面板界面

Config 面板界面效果如图 12-15 所示。

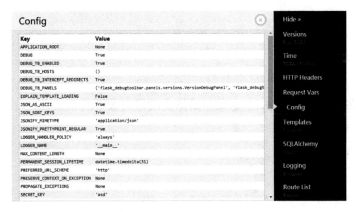

图 12-15　Config 面板界面

12.4　使用 Flask-Testing 扩展

在 Flask Web 程序中，可以使用 Flask-Testing 扩展实现单元测试功能。在本节的内容中，将详细讲解使用 Flask-Testing 扩展的知识，为读者步入本书后面知识的学习打下基础。

12.4.1　Python 中的单元测试

单元测试（模块测试）是开发者编写的一小段代码，用于检验被测代码的一个很小的、很明确的功能是否正确。举个例子，一部手机由许多零部件组成，在正式组装前，手机内部的各零部件，如 CPU、内存、电池、摄像头等都要进行测试，这就是单元测试。

在 Web 开发过程中，单元测试实际上就是一些断言（assert）代码。断言就是判断一个函数或对象中的一个方法所产生的结果是否符合自己期望的那个结果。Python 中断言是声明布尔值为真的判定，如果表达式为假会发生异常。

例如在使用 Python 的内置库函数 abs( )时，可以编写出如下几种测试代码。

1）输入正数，比如 1、1.2、0.99，期待返回值与输入相同。

2）输入负数，比如-1、-1.2、-0.99，期待返回值与输入相反。

3）输入 0，期待返回 0。

4）输入非数值类型，比如 None、[ ]、{ }，希望抛出 TypeError。

把上面的几种测试代码放到一个测试模块里，就构成了一个完整的单元测试。如果单元测试通过，则说明库函数 abs( )能够正常工作。如果单元测试不通过，说明要么函数有 bug，要么测试条件输入不正确，总之需要修复使单元测试能够通过。

单元测试通过后有什么意义呢？如果对函数 abs( )的代码做了修改，只需要再跑一遍单元测试，如果通过，则说明修改不会对 abs( )函数原有的行为造成影响。如果测试不通过，说明修改与原有行为不一致，要么修改代码，要么修改测试。这种以测试为驱动的开发模式最大的好处是，确保一个程序模块的行为符合设计的测试用例。在将来修改代码时，可以最大限度地保证该模块行为仍然是正确的。

（1）举例说明

假设编写类 Dict，这个类的行为和 dict(字典)一致，但是可以通过属性来访问，例如下面的演示代码。

```
>>> d = Dict(a=1, b=2)
>>> d['a']
1
>>> d.a
1
```

假设类 Dict 在文件 mydict.py 中定义，具体实现代码如下所示。

```
class Dict(dict):

    def __init__(self, **kw):
        super(Dict, self).__init__(**kw)

    def __getattr__(self, key):
        try:
            return self[key]
        except KeyError:
            raise AttributeError(r"'Dict' object has no attribute '%s'" % key)

    def __setattr__(self, key, value):
        self[key] = value
```

为了编写单元测试，需要引入 Python 自带的 unittest 模块。编写测试文件 mydict_test.py，具体实现代码如下所示。

```
import unittest
from mydict import Dict
class TestDict(unittest.TestCase):
    def test_init(self):
        d = Dict(a=1, b='test')
        self.assertEquals(d.a, 1)
        self.assertEquals(d.b, 'test')
        self.assertTrue(isinstance(d, dict))

    def test_key(self):
        d = Dict()
```

```
        d['key'] = 'value'
        self.assertEquals(d.key, 'value')

    def test_attr(self):
        d = Dict()
        d.key = 'value'
        self.assertTrue('key' in d)
        self.assertEquals(d['key'], 'value')

    def test_keyerror(self):
        d = Dict()
        with self.assertRaises(KeyError):
            value = d['empty']

    def test_attrerror(self):
        d =Dict()
        with self.assertRaises(AttributeError):
            value = d.empty
```

在编写上述单元测试代码时，需要编写一个继承 unittest.TestCase 的测试类。以 test 开头的方法就是测试方法，不以 test 开头的方法不被认为是测试方法，在测试的时候不会被执行。

在编写每一类测试代码时都需要编写一个 test_xxx() 方法。因为 unittest.TestCase 提供了很多内置的条件判断，所以只需调用这些方法就可以断言输出是否为我们所期望的。Python 中的常用的断言是 assertEquals()。

```
self.assertEquals(abs(-1), 1) # 断言函数返回的结果与 1 相等
```

Python 另一种常用的断言是期待抛出指定类型的 Error，例如当通过 d['empty'] 访问不存在的 key 时，断言会抛出 KeyError。

```
with self.assertRaises(KeyError):
    value = d['empty']
```

当通过 d.empty 访问不存在的 key 时，我们期待抛出 AttributeError。

```
with self.assertRaises(AttributeError):
    value = d.empty
```

（2）运行单元测试

在编写好单元测试后可以运行单元测试，简单的运行方式是在测试文件 mydict_test.py 的最后添加如下两行代码。

```
if __name__ == '__main__':
    unittest.main()
```

这样就可以把文件 mydict_test.py 当作正常的 Python 脚本来运行。

```
python mydict_test.py
```

还有另外一种常见的运行方法，在命令行通过参数-m unittest 直接运行单元测试。

```
python -m unittest mydict_test
.....
----------------------------------------------------------------------
Ran 5 tests in 0.000s

OK
```

建议大家通过参数-m unittest 直接运行单元测试，因为这样可以一次性批量运行多个单元测试，并且有很多工具可以自动运行这些单元测试。

（3）setUp( )与 tearDown( )

可以在单元测试中编写两个特殊的方法：setUp( )和 tearDown( )，会在每调用一个测试方法的前后分别执行这两个方法。假设想用测试启动一个数据库，这时可以在 setUp( )方法中连接数据库，在 tearDown( )方法中关闭数据库，这样就不必在每个测试方法中重复相同的代码具体实现代码如下所示。

```
class TestDict(unittest.TestCase):

    def setUp(self):
        print('setUp...')

    def tearDown(self):
        print('tearDown...')
```

接下来可以再次运行测试，看看每个测试方法调用前后是否会打印出"setUp..."和"tearDown..."。

12.4.2　Flask-Testing 基础

在使用 Flask-Testing 扩展之前，需要使用如下 pip 命令进行安装。

```
pip install Flask-Testing
```

也可以使用如下 easy_install 命令安装 Flask-Testing。

```
easy_install Flask-Testing
```

还可以从版本控制系统（GitHub）中下载 Flask-Testing 的最新版本。

```
git clone https://github.com/jarus/flask-testing.git
cd flask-testing
python setup.py develop
```

1. 编写测试用例

在 Flask Web 程序中使用 Flask-Testing 扩展时，需要将测试继承于类 TestCase，例如下面的演示代码。

```
from flask_testing import TestCase

class MyTest(TestCase):

    pass
```

并且必须定义 create_app 方法，该方法能够返回一个 Flask 实例，例如下面的演示代码。

```
from flask import Flask
from flask_testing import TestCase

class MyTest(TestCase):

    def create_app(self):

        app = Flask(__name__)
        app.config['TESTING'] = True
        return app
```

如果不定义 create_app，则会抛出 NotImplementedError 异常。

2. 使用 LiveServer 测试

如果想通过 Selenium 或者无头浏览器［指没有用户图形界面的（GUI）的浏览器，目前被广泛运用于 Web 爬虫和自动化测试中〕运行测试，则可以使用 LiveServerTestCase 实现，例如下面的演示代码。

```
import urllib2
from flask import Flask
from flask_testing import LiveServerTestCase
class MyTest(LiveServerTestCase):
    def create_app(self):
        app = Flask(__name__)
        app.config['TESTING'] = True
        # Default port is 5000
        app.config['LIVESERVER_PORT'] = 8943
        return app
    def test_server_is_up_and_running(self):
        response = urllib2.urlopen(self.get_server_url())
        self.assertEqual(response.code, 200)
```

在上述代码中，方法 get_server_url 会返回 "http://localhost:8943"。

3. 测试 JSON 响应

如果正在测试一个返回 JSON 数据的视图函数，那么可以使用 Response 对象的特殊属性 JSON 来测试输出，例如下面的演示代码。

```
@app.route("/ajax/")
def some_json():
    return jsonify(success=True)
class TestViews(TestCase):
    def test_some_json(self):
        response = self.client.get("/ajax/")
        self.assertEquals(response.json, dict(success=True))
```

4. 不渲染模板

如果在测试时需要处理模板渲染，那么将会耗费大量的时间。如果不想在测试中渲染模板，可以通过属性 render_templates 设置禁用渲染模板功能，例如下面的演示代码。

```
class TestNotRenderTemplates(TestCase):
    render_templates = False
    def test_assert_not_process_the_template(self):
        response = self.client.get("/template/")
        assert "" == response.data
```

当设置不渲染模板后，Flask 仍然会发送渲染模板的信号，此时可以使用方法 assert_template_used 检查模板是否被渲染，例如下面的演示代码。

```
class TestNotRenderTemplates(TestCase):
    render_templates = False
    def test_assert_mytemplate_used(self):
        response = self.client.get("/template/")
        self.assert_template_used('mytemplate.html')
```

在关闭渲染模板功能后，执行测试时的速度会更加快，并且可以单独测试视图函数的逻辑。

5. 使用 Twill

Twill 是一门通过使用命令行界面浏览网页的简单语言。在 Flask-Testing 扩展中内置了一个辅助类，用来创建使用 Twill 功能的测试例子，例如下面的演示代码。

```
def test_something_with_twill(self):
    with Twill(self.app, port=3000) as t:
        t.browser.go(t.url("/"))
```

注意：Twill 目前只支持 Python 2. x，不能在 Python 3 及以上版本使用。

6. 测试 SQLAlchemy

假设在 Flask Web 程序中使用了 Flask-SQLAlchemy 扩展，那么首先需要确保数据库的 URI 是设置成开发环境而不是生产环境。其次，一个好的测试习惯是在每一次测试执行的时候先创建表，在结束的时候删除表，这样保证测试环境的干净，例如下面的演示代码。

```
from flask_testing import TestCase
from myapp import create_app, db
class MyTest(TestCase):
    SQLALCHEMY_DATABASE_URI = "sqlite://"
    TESTING = True
    def create_app(self):
        return create_app(self)
    def setUp(self):
        db.create_all()
    def tearDown(self):
        db.session.remove()
        db.drop_all()
```

我们需要注意的是，在运行测试的时候会创建一个新的 SQLAlchemy 会话（session）。并且在每一个测试用例的结尾会调用方法 db. session. remove( )，这样做的目的是为了确保及时删除 SQLAlchemy 会话。

另外，Flask-SQLAlchemy 会在每一个请求结束的时候删除 SQLAlchemy 会话。正因为如此，每次调用 client. get( )或者其他客户端方法后，SQLAlchemy 会话连同添加到它当中的任何对象都会被删除，例如下面的演示代码。

```
class SomeTest(MyTest):
    def test_something(self):
        user = User()
        db.session.add(user)
        db.session.commit()
        assert user in db.session
        response = self.client.get("/")
        assert user in db.session
```

接下来如果想要在数据库上做进一步的操作，则必须使用 db. session. add(user) 重新添加 user 实例。如果在数据库中已经创建表，则可以在 setUp( )中为数据库增加一组实例。如果想要使用数据集功能，请使用 Fixture，其里面包含了对 SQLAlchemy 的支持。

7. 运行测试用例

（1）使用 unittest

unittest 是 Python 语言的内置单元测试库，建议把所有的测试放在一个文件里面，这样可以使用函数 unittest. main( )继续测试。函数 unittest. main( )将会发现类 TestCase 中的所有测试方法。读者需要注意的是，所有的测试方法和类必须以 test 开头（不区分大小写），只有这样才能被自动识别出来，例如下面是一个测试用例的实现文件。

```
import unittest
import flask_testing
if __name__ == '__main__':
    unittest.main()
```

接下来就可以用 python tests. py 命令执行测试了。

例如在下面的实例文件 123. py 中，演示了在 Flask 中使用 unittest 进行单元测试的方法。

源码路径：daima\12\12-4\danyuan\123.py

```
from flask import Flask,jsonify
from flask_testing import TestCase
import unittest
app = Flask(__name__)
@app.route("/ajax/")
def some_json():
    return jsonify(success=False)


class TestViews(TestCase):
    def create_app(self):
        app.config['TESTING'] = True
        return app
    def test_some_json(self):
        response = self.client.get("/ajax/")
        '''
                判断返回的 JSON 对象是不是{'success':True}
        '''
        self.assertEquals(response.json, dict(success=True))

if __name__ == '__main__':
    unittest.main()
```

执行后会显示如下所示的测试过程。

```
Testing started at 14:03 ...
  "C:\Program Files \Anaconda3 \python.exe" "H:\JetBrains \PyCharm 2017.3.3 \helpers
\pycharm\_jb_pytest_runner.py" --path D:/Flask-daima/kuozhan/danyuan/123.py
  Launching py.test with arguments D:/Flask-daima/kuozhan/danyuan/123.py in D:\
Flask-daima \kuozhan \danyuan


===================== test session starts =====================
platform win32 -- Python 3.6.0,pytest-3.0.5, py-1.5.2, pluggy-0.4.0
rootdir: D:\Flask-daima \kuozhan \danyuan, inifile:
collected 1 items
123.py F
123.py:17 (TestViews.test_some_json)
self = <123.TestViews testMethod=test_some_json>

    def test_some_json(self):
        response = self.client.get("/ajax/")
        '''
判断返回的 JSON 对象是不是{'success':True}
        '''
>       self.assertEquals(response.json, dict(success=True))
EAssertionError: {'success': False} != {'success': True}
E        - {'success': False}
E        ?              ^^^^^
E
E        + {'success': True}
E        ?              ^^^

123.py:23:AssertionError


======================= FAILURES =======================
_____TestViews.test_some_json _____

self = <123.TestViews testMethod=test_some_json>
```

```
    def test_some_json(self):
        response = self.client.get("/ajax/")
        '''
```
判断返回的 JSON 对象是不是{'success':True}
```
        '''
>       self.assertEquals(response.json, dict(success=True))
EAssertionError: {'success': False} != {'success': True}
E       - {'success': False}
E       ?              ^^^^
E
E       + {'success': True}
E       ?              ^^^
E
123.py:23:AssertionError
==================== 1 failed in 1.51 seconds ====================
Process finished with exit code 0
```

（2）使用 nose

在 Flask Web 程序中，nose 是对 unittest 的扩展，使得 Python 的测试工作更加简单。nose 会自动发现测试代码并执行，nose 提供了大量的插件，比如测试输出的 xUnitcompatible 和覆盖测试报表等。nose 不使用特定的格式，不需要一个类容器，甚至不需要 import nose，这也就意味着它在写测试用例时不需要使用额外的 API。

12.4.3 实现 Twill + Flask-Testing 测试

Twill 是一个 Python 库，支持表格、Cookies 等标准 Web 功能。Twill 通过简单的 Python 接口支持自动化的 Web 测试。在现实应用中，除了使用 Twill 进行程序测试外，还经常使用 Twill 实现压力测试和登录测试功能。

在使用 Twill 之前，可以使用如下命令进行安装。

```
pip install twill
```

例如在下面的实例中，演示了基于 Twill + Flask-Testing 实现单元测试的方法。

源码路径：daima\12\12-4\twill_site

1）编写文件__init__. py，设置 Flask app 的 URL 路径导航功能，具体实现代码如下所示。

```
from flask import Flask, render_template, flash, redirect, url_for
TWILL_ENABLED = True
SECRET_KEY = 'secret'
DEBUG = True
def create_app():
    app = Flask(__name__)
    app.config.from_object(__name__)
    @app.route("/")
    def index():
        return render_template("index.html")

    @app.route("/submit/", methods=("POST",))
    def submit():
        flash("Form submitted")
        return redirect(url_for("index"))
    return app
```

2）在模板文件 index. html 中设置一个表单。

3）编写文件 tests. py，使用 Twill 和 Flask-Testing 实现单元测试功能，具体实现代码如下所示。

```
from twill.errors import TwillException
from flask_testing import TestCase, Twill
from todos import create_app
class TestViews(TestCase):
    def create_app(self):
        app = create_app()
        self.twill = Twill(app)
        return app

    def test_manually(self):
        with self.twill as t:
            t.browser.go(self.twill.url("/"))
            t.browser.showforms()
            t.browser.submit(0)

    def test_bad_manually(self):
        with self.twill as t:
            t.browser.go(self.twill.url("/foo/"))
            t.browser.showforms()
            self.assertRaises(TwillException, t.browser.submit, 1)
```

在本实例中，故意使用了 Python 2 版本的 Twill，所以在执行测试后会显示错误提示信息。在 PyCharm 中的测试效果如图 12-16 所示。

图 12-16　测试效果

4）编写文件 run. py，功能是创建并启动 Flask Web 程序，具体实现代码如下所示。

```
from todos import create_app
if __name__ == "__main__":
    app = create_app()

        app.run()
```

执行后会运行 Flask Web 程序，在浏览器中输入 "http://127.0.0.1:5000/" 后会显示对应的视图信息，执行效果如图 12-17 所示。

图 12-17　执行效果

12.4.4　为留言板系统添加单元测试功能

在下面的实例中，演示了在 Flask 在线留言板系统中添加单元测试功能的过程。

源码路径：daima\12\12-4\blog-master

1）在配置文件 config. py 中设置数据库的名字和管理员的账号信息，具体实现代码如下所示。

```
DATABASE = 'blog.db'
DEBUG = True
SECRET_KEY = 'development key'
USERNAME = 'admin'
PASSWORD = '123456'
```

2）编写模型文件 models. py，功能是使用 executescript( )执行指定的 SQL 语句，在配置文件 config. py 中设置数据库并创建对应的数据表。文件 models. py 的具体实现代码如下所示。

```
import sqlite3
from contextlib import closing
def connect_db(config):
    return sqlite3.connect(config)

def init_db(app):
    with closing(connect_db(app.config['DATABASE'])) as db:
        with app.open_resource('schema.sql', mode='r') as f:
            db.cursor().executescript(f.read())
        db.commit()
```

3）编写文件 views. py，功能是为 URL 导航链接创建对应的视图界面，具体实现代码如下所示。

```
@main.before_request
def before_request():
    g.db = connect_db(runapp.app.config['DATABASE'])
@main.teardown_request
def teardown_request(exception):
    db = getattr(g, 'db', None)
    if db is not None:
        db.close()
@main.route('/')
def show_entries():
    cur = g.db.execute('select title, text from entries order by iddesc')
    entries = [dict(title=row[0], text=row[1]) for row in cur.fetchall()]
    return render_template('show_entries.html', entries=entries)

@main.route('/add', methods=['POST'])
def add_entry():
    if not session.get('logged_in'):
        abort(401)
    g.db.execute('insert into entries (title, text) values (?, ?)',
                [request.form['title'], request.form['text']])
    g.db.commit()
    flash('New entry was successfully posted')
    return redirect(url_for('main.show_entries'))

@main.route('/login', methods=['GET', 'POST'])
def login():
    error = None
    if request.method == 'POST':
        if request.form['username'] != runapp.app.config['USERNAME']:
            error = 'Invalid username'
        elif request.form['password'] != runapp.app.config['PASSWORD']:
            error = 'Invalid password'
        else:
            session['logged_in'] = True
            flash('You were logged in')
            return redirect(url_for('main.show_entries'))
    return render_template('login.html', error=error)
@main.route('/logout')
```

```
def logout():
    session.pop('logged_in', None)
    flash('You were logged out')
    return redirect(url_for('main.show_entries'))
```

4）编写模板文件 login. html 实现用户登录表单界面。

5）编写模板文件 show_entries. html 用于显示系统内的所有留言信息，并提供发布留言表单。

6）文件 runapp. py 用于使用 bootstrap 包装 Flask Web 程序，然后创建数据库并启动当前 Flask Web 程序。

执行后会在主页显示留言发布表单，并显示已经发布的留言信息，如图 12-18 所示。

图 12-18　在线留言系统

7）编写单元测试文件 tests. py，使用 unittest 实现单元测试功能。文件 tests. py 的具体实现代码如下所示。

```
import os
import runapp
import unittest
import tempfile

class FlaskrTestCase(unittest.TestCase):

    def setUp(self):
        self.db_fd,runapp.app.config['DATABASE'] = tempfile.mkstemp()
        runapp.app.config['TESTING'] = True
        self.app = runapp.app.test_client()
        runapp.init_db(runapp.app)

    def tearDown(self):
        os.close(self.db_fd)
        os.unlink(runapp.app.config['DATABASE'])

    # 测试访问 URL 根节点应出现 "No entries here so far"
    def test_empty_db(self):
        rv = self.app.get('/')
        assert 'No entries here so far' in rv.data

    def login(self, username, password):
        return self.app.post('/login', data = dict(username = username,password =
password),
```

```
                        follow_redirects=True)

    def logout(self):
        return self.app.get('/logout', follow_redirects=True)

# 测试登录及日志输入输出
    def test_login_logout(self):
        rv = self.login('admin', '123456')
        assert 'You were logged in' in rv.data
        rv = self.logout()
        assert 'You were logged out' in rv.data
        rv = self.login('adminx', 'default')
        assert 'Invalid username' in rv.data
        rv = self.login('admin', 'defaultx')
        assert 'Invalid password' in rv.data

# 测试发布新留言功能
    def test_messages(self):
        self.login('admin', '123456')
        rv = self.app.post('/add', data=dict(
            title='<Hello>',
            text='<strong>HTML</strong> allowed here'
        ), follow_redirects=True)
        assert 'No entries here so far' not in rv.data
        assert '&lt;Hello&gt;' in rv.data
        assert '<strong>HTML</strong> allowed here' in rv.data

if __name__ == '__main__':
    unittest.main()
```

通过上述代码，分别实现了如下所示的 3 个测试模块。

① 测试访问 URL 根节点。

② 测试用户登录及日志输入输出。

③ 测试发布新留言功能。

在 PyCharm 中的单元测试效果如图 12-19 所示。

图 12-19　单元测试效果

第 13 章
计数器模块

在 Web 网站系统中，经常需要使用计数器功能，例如统计某个网页的访问量，在线投票系统等。在本章的内容中，将详细讲解使用 Flask 框架开发计数器程序的知识，并通过具体实例来讲解开发各种计数器系统的过程。

13.1　使用 Session 实现计数器功能

在本书前面的内容中曾经讲解过 Session 的知识，使用它能够在服务器端存储用户的信息。在 Flask Web 程序中，可以使用 Session 保存计数器的统计数字。在本节的内容中，将详细讲解使用 Session 实现计数器功能的知识。

13.1.1　简易 Session 计数器

源码路径：daima\13\session

在下面的实例中，使用 Session 实现了一个简单的计数器。为了提高项目的灵活性，提供了计数器重置功能和单击按钮增加 2 的功能。本实例的具体实现流程如下所示。

1）编写文件 session.py，主要定义了如下所示的 3 个方法。

- 函数 index()：使用 Session 实现计数器功能，设置初始次数是 0，每刷新一次递增 1。
- 函数 double()：单击模板文件的 "+2" 按钮后会在当前计数基础之上加 2。
- 函数 reset()：单击模板文件的 "重置" 按钮后会将 Session 中的计数重置为 0。

文件 session.py 的主要实现代码如下所示。

```
from flask import Flask, request, redirect, render_template, session
app = Flask(__name__)
app.secret_key = "parseltongue"

@app.route('/')
def index():
    if session.get('x', None) == None:
        session['x'] = 0
    else:
        session['x'] += 1
    print(session['x'])
    return render_template('counter.html')

@app.route('/double', methods = ['POST'])
```

```
def double():
    session['x'] += 1
    return redirect('/')

@app.route('/reset', methods=['POST'])
def reset():
    session['x'] = 0
    return redirect('/')

if __name__ == '__main__':
    app.run(debug=True)
```

2）在模板文件 counter. html 中显示在 Session 中统计的数字，并显示"+2"按钮和"重置"按钮。文件 counter. html 的主要实现代码如下所示。

```
<body>
    <h1>简易计数器</h1>
    <p>{{ session['x'] }} times.</p>
    <form action='/double' method='post'>
        <input type="submit" value="+2">
    </form>
    <br>
    <form action='/reset' method='post'>
        <input type="submit" value="重置">
    </form>
</body>
```

执行文件 session. py，在浏览器中输入"http：//1213. 0. 0. 1：5000/"后会显示计数器的数字，每刷新一次页面会使计数器值递增加 1，执行效果如图 13-1 所示。

13. 1. 2　Session 计数器的升级版

在下面的实例中，实现了本章上一个实例的升级版，本实例的具体实现流程如下所示。

1）首先看程序文件 server. py，主要定义了如下所示的几个方法。

图 13-1　执行效果

- 函数 index( )：指向模板文件 index. html，使用 Session 实现计数器功能，设置初始次数是 0，每刷新一次递增 1。
- 函数 add2( )：指向模板文件 add2. html。
- 函数 process( )：功能是每次刷新页面后使当前计数加 2。
- 函数 reset( )：指向模板文件 reset. html。
- 函数 doreset( )：功能是将 Session 中的计数重置为 1。

源码路径：daima\13\session2

文件 server. py 的具体实现代码如下所示。

```
from flask import Flask, render_template, request, redirect, session
app = Flask(__name__)
app.secret_key = 'ThisIsSecret' # you need to set a secret key for security purposes

@app.route('/')
def index():
```

252

```
  if 'counter' in session.keys():
     session['counter']+=1
     print('得到计数器')
     counter = session['counter']
     print(counter)
     return render_template('index.html')
  else:
     session['counter'] = 0
     counter = session['counter']
     print('没有计数器')
     print(counter)
     return render_template('index.html')

@app.route('/add2')
def add2():
   return render_template('add2.html')

@app.route('/process', methods=['POST'])
def process():
   session['counter']+=2
   return redirect('/add2')

@app.route('/reset')
def reset():
   return render_template('reset.html')

@app.route('/doreset', methods=['POST'])
def doreset():
   session['counter']=1
   return redirect('/reset')

if __name__ == '__main__':
   app.run(debug=True)
```

2）在模板文件 index.html 中显示当前计数器的数值，主要实现代码如下所示。

```
<body>
    <h1>Counter</h1>
    <H3>{{session['counter']}} times</H3>
</body>
```

3）在模板文件 add2.html 中设置一个"重载"按钮，单击此按钮后调用函数 process( )使计数器递增 2。文件 add2.html 的主要实现代码如下所示。

```
<body>
    <h1>计数器重载</h1>
    <H3>{{session['counter']}}次</H3>
    <form action='/process' method='post'>
        <input type='submit' value='重载'>
    </form>
</body>
```

4）在模板文件 reset.html 中设置一个"重置"按钮，单击此按钮后调用函数 doreset( )重置计数器的数值。文件 reset.html 的主要实现代码如下所示。

```
<body>
    <h1>计数器重置</h1>
    <H3>{{session['counter']}}次</H3>
    <form action='/doreset' method='post'>
        <input type='submit' value='重置'>
```

```
    </form>
</body>
```

执行后的效果如图 13-2 所示。

Counter

3 times

计数器重置

1次

重置

图 13-2　执行效果

13.2　多线程计数器

当用户访问某个 Flask 页面时，如果实现了一个计数器功能，假设同时有两个用户访问该页面，则计数应增加 2。在 Python 程序中，实现同时计数的功能比较复杂。假设当前计数为 0，如果两个用户都以足够接近的时间访问这个网页，则每个用户可以获得值 0，并将其增加到 1，然后将其返回。为了保证计数器的准确性，可以使用多线程技术 multiprocessing. Value 来解决，只要在创建 multiprocessing. Value 后生成进程，就可以跨进程同步访问共享的计数器值。例如在下面的实例文件 three. py 中，演示了使用 multiprocessing. Value 实现多线程计数器的过程。

源码路径：daima\13\three

```python
from flask import Flask,jsonify
from multiprocessing import Value

counter = Value('i', 0)
app = Flask(__name__)

@app.route('/')
def index():
    with counter.get_lock():
        counter.value += 1

    return jsonify(count=counter.value)

if __name__ == '__main__':
    app.run(debug=True)
```

执行后会显示计数器的统计数据，效果如图 13-3 所示。

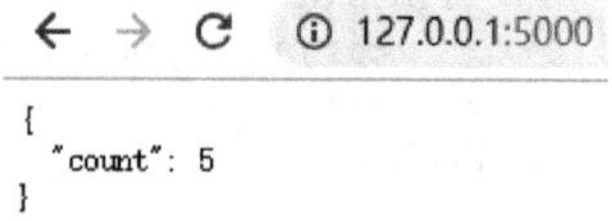

13.3　使用 redis 保存计数数据

```
{
    "count": 5
}
```

图 13-3　执行效果

前面的 Session 和多线程计数器都不是十分灵活，其实可以将统计数字保存到数据库中。因为只是保存统计数字，为了提高系统的效率，可以使用 redis 保存计数数据。redis 是一个 "key-value" 类型的存储系统，为开发者提供了丰富的数据结构，包括 lists、sets、ordered sets 和 hashes，还包括了对这些数据结构的丰富操作。

13.3.1　简易 redis 计数器

在下面的实例中，为了实现一个高性能的计数器程序，使用第三方库 flask_socketio 封装了 Flask 项目，然后将计数器数字保存到 redis 中，运行效率要远远优于前面的 3 个计数器实例。本实例的具体实现流程如下所示。

源码路径：daima\13\four

1）编写文件 four.py，建立和指定 redis 服务器的连接，然后将统计数字保存到 redis 中，并且使用 flask_socketio 封装了整个 Flask Web 程序。文件 four.py 的具体实现代码如下所示。

```python
import redis
from flask import Flask, render_template
from flask_socketio import SocketIO

app = Flask(__name__)
kv_store = redis.Redis(host='1213.0.0.1', port=6379)
socketio = SocketIO(app)

@app.route('/')
def main():
    c = kv_store.incr('hit_count')
    return render_template("main.html", count=c)

@socketio.on('connect', namespace="/count")
def ws_connect():
    c = kv_store.get('hit_count')
    socketio.emit('message', {'count': c}, namespace="/count")

if __name__ == '__main__':
    socketio.run(app)
```

通过上述代码，在 redis 中存储的数据是键值对：hit_count 和 count。

2）在模板文件 main.html 中使用 JavaScript 监听用户的访问量，然后显示在 redis 中存储的统计数据。

开始运行程序，将命令行定位到 redis 的安装目录，通过如下命令启动 redis。

```
redis-server redis.windows.conf
```

官方还提供了针对 Windows 系统的开源版本，读者下载后可以用微软的 Visual Studio 运行即可。成功启动 redis 后的界面效果如图 13-4 所示。

然后运行 Flask Web 程序，在浏览器中输入 "http://1213.0.0.1:5000/" 后会显示计数器的统计数字，执行效果如图 13-5 所示。

图 13-4　成功启动 redis 后的界面效果　　　图 13-5　执行效果

255

13.3.2　精准点赞计数器

在本章前面的实例中，同一个用户刷新页面后也会被统计为一次。如果有很多故意刷新页面的行为，那么这个统计数就不精确了。在现实中有很多应用需要精准的统计数，例如商品点赞数可以反映商品体验的好坏。如果不能精准统计商品点赞数，那么这个计数器就没有实际意义了。在下面的实例中，同样使用 redis 统计数据，同时显示了一个精确数字和不精确数字。

源码路径：daima\13\five

1）编写文件 extensions.py，功能是使用指定的 redis 存储统计的数据，其中用 view-count 存储不精准的访问数，用 like-count 存储精准的点赞数。文件 extensions.py 的具体实现代码如下所示。

```
redis = Redis(host='1213.0.0.1', port=6379)

def _is_like(path, through=False):
    key = 'like-done:{}:{}'.format(session.sid, path)
    done = redis.get(key)
    if not done and through:
        redis.set(key, 1)
    return True if done else False

class CounterSession(object):
    def __init__(self, app=None):
        self.app = app
        if app is not None:
            self.init_app(app)

    def init_app(self, app):
        app.context_processor(self.context_processor)
        app.after_request(self.after_request)
        app.add_url_rule('/like', view_func=Like.as_view('like'))

    def context_processor(self):
        path = request.path
        view_key = '{}:{}'.format('view-count', path)
        view_count = redis.get(view_key) or 0
        like_key = '{}:{}'.format('like-count', path)
        like_count = redis.get(like_key) or 0
        like_done = _is_like(path)

        return dict(view_count=view_count,
                    like_count=like_count,
                    path=path,
                    like_done=like_done)
```

2）编写模板文件 example.html，调用 Bootstrap 显示统计数据，主要实现代码如下所示。

```
<h3>Path : {{ path }}</h3>
{{ count_this_path() }}
```

3）编写模板文件 inline.html，如果当前用户已经单击了"喜欢"按钮，则不能再重复单击这个按钮。

4）编写文件 main.py，设置运行 Flask Web 程序的路径导航，主要实现代码如下所示。

```
app = Flask(__name__, template_folder=".")
SESSION_TYPE = 'redis'
app.config.from_object(__name__)
```

```
Session(app)
cr = CounterRedis(app)

@app.route("/")
def index():
    return render_template('example.html')

@app.route("/world")
def world():
    return render_template('example.html')

if __name__ == "__main__":
    app.debug = True
    app.run()
```

先运行 redis 服务器，然后运行 Flask Web 程序，在浏览器中的执行效果如图 13-6 所示。会发现可以精准地统计点赞数，点过赞的用户不能再单击。

Path : /

访问 b'11'　👍喜欢 b'1'

图 13-6　执行效果

13.4　在线投票系统

在 Web 应用程序中，在线投票系统也是一种计数器应用。在投票系统中需要统计每一个投票选项的得票数，这个得票数就是一个计数器的数值。因为通常在投票系统中有多个投票选项，所以可以将投票系统看成是多个计数器的应用程序。在本节的内容中，将详细讲解在 Flask Web 程序中开发在线投票系统的过程。

13.4.1　基于轮询的简易投票系统

在下面的实例中，能够每隔 10 秒钟向服务器获取投票的结果。
源码路径：daima\13\six
1）编写程序文件 six.py，基于轮询实现简易投票系统，具体功能如下所示。
● 在 USERS 中设置 3 个投票选项。
● 通过方法 user_list() 及时获取用户的得票数。
● 通过方法 vote() 实现投票功能，将被投票选项的值加 1。
● 通过方法 get_vote() 获取具体投票信息。
实例文件 six--1.py 的具体实现代码如下所示。

```
from flask import Flask, render_template, request,jsonify
app = Flask(__name__)
USERS = {
    '1': {'name': '赵敏', 'count': 1},
    '2': {'name': '芷若', 'count': 3},
    '3': {'name': '小昭', 'count': 3},
}
@app.route('/user/list')
def user_list():
    import time
    return render_template('index.html', users=USERS)

@app.route('/vote', methods=['POST'])
```

```python
def vote():
uid = request.form.get('uid')
    USERS[uid]['count'] += 1
    return "投票成功"
@app.route('/get/vote', methods=['GET'])
def get_vote():
    return jsonify(USERS)
if __name__ == '__main__':
    app.run(threaded=True)
```

2）在模板文件 index.html 中，监听用户在某个选项是否双击鼠标右键，如果双击右键则表示投票这一选项，并且通过函数 get_vote( )获取各选项的投票信息。文件 index.html 的主要实现代码如下所示。

```html
<body>
    <ul id="userList">
        {% for key,val in users.items() %}
            <liuid="{{key}}">{{val.name}} ({{val.count}})</li>
        {% endfor %}
    </ul>

    <script src="https://cdn.bootcss.com/jquery/3.3.0/jquery.min.js"></script>
    <script>

        $(function () {
            $('#userList').on('dblclick','li',function () {
                var uid =$(this).attr('uid');
                $.ajax({
                    url:'/vote',
                    type:'POST',
                    data:{uid:uid},
                    success:function (arg) {
                        console.log(arg);
                    }
                })
            });
        });
        /*
        获取投票信息
        */
        function get_vote() {
            $.ajax({
                url:'/get/vote',
                type:"GET",
                dataType:'JSON',
                success:function (arg) {
                    $('#userList').empty();
                    $.each(arg,function (k,v) {
                        var li = document.createElement('li');
                        li.setAttribute('uid',k);
                        li.innerText = v.name + "(" + v.count +')';
                        $('#userList').append(li);
                    })
                }
            })
        }
        setInterval(get_vote,3000);
    </script>
</body>
```

在浏览器中输入"http://1213.0.0.1:5000/user/list"后可以查看投票界面，在某选项双击右键表示投这一选项，执行效果如图 13-7 所示。在浏览器中输入"http://1213.0.0.1:5000/get/vote"后可以查看投票信息，如图 13-8 所示。

图 13-7　投票界面　　　　　　　　　图 13-8　投票信息

13.4.2　长轮询投票系统

在前面的投票系统中，需要频繁地向服务器发送请求获取票数，这样实时性的效果一般。在下面的实例中，将基于长轮询实现一个投票系统。编写文件 seven.py，基础功能和上一个实例相同，区别是设置如果没有人来投票，服务器会把所有用户的请求暂停 10 秒，并返回原有的信息。如果有人在这 10 秒内投票，则直接返回最新的投票结果给所有投过的用户。实例文件 seven.py 的具体实现代码如下所示。

源码路径：daima\13\seven

```
from flask import Flask, render_template, request,jsonify, session
import uuid
import queue
app = Flask(__name__)
app.secret_key = 'asdfasdfasd'

USERS = {
    '1':{'name':'赵敏', 'count': 1},
    '2':{'name':'芷若', 'count': 0},
    '3':{'name':'小昭', 'count': 0},
}

QUEQUE_DICT = {
    #'asdfasdfasdfasdf':Queue()
}
@app.route('/user/list')
def user_list():
    user_uuid = str(uuid.uuid4())
    QUEQUE_DICT[user_uuid] = queue.Queue()

    session['current_user_uuid'] = user_uuid
    return render_template('index.html', users=USERS)

@app.route('/vote', methods=['POST'])
def vote():
uid = request.form.get('uid')
    USERS[uid]['count'] += 1
    for q in QUEQUE_DICT.values():
```

```
        q.put(USERS)
    return "投票成功"

@app.route('/get/vote', methods=['GET'])
def get_vote():
    user_uuid = session['current_user_uuid']
    q = QUEQUE_DICT[user_uuid]
    ret = {'status': True, 'data': None}
    try:
        users = q.get(timeout=10)
        ret['data'] = users
    except queue.Empty:
        ret['status'] = False
    return jsonify(ret)
if __name__ == '__main__':
    app.run(threaded=True)
```

在上述代码中，基于队列 queue 阻塞实现了暂停请求功能。模板文件和上一个实例的类似，执行效果如图 13-9 所示。

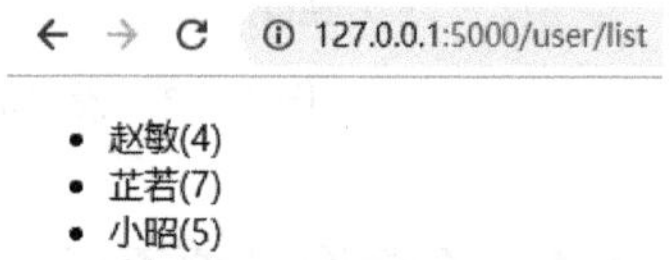

- 赵敏(4)
- 芷若(7)
- 小昭(5)

图 13-9 执行效果

13.5 完整的在线投票系统

在本节的内容中，将介绍一个完整的在线投票系统的实现过程。在本实例中，可以随时新建一个投票，并设置投票的选项和有效时间。为了便于调用维护，使用 JavaScript 技术实现了 API 接口功能。

源码路径：daima\13\eight

13.5.1 系统配置

在文件 config.py 中设置项目的基本配置信息，主要包括数据库路径、密钥、SQLALCHEMY 路径、Celery 发送状态信息和具体事项。

```
import os

DB_PATH = os.path.join(os.path.dirname(__file__), 'votr.db')
SECRET_KEY = 'development key'  # keep this key secret during production
SQLALCHEMY_DATABASE_URI = 'sqlite:///{}'.format(DB_PATH)
CELERY_BROKER = 'amqp://guest@localhost//'
CELERY_RESULT_BACKEND = 'amqp://'
SQLALCHEMY_TRACK_MODIFICATIONS = False
DEBUG = True
```

13.5.2 创建数据库

本项目使用 SQLite 数据库存储信息，在模型文件 models.py 中实现数据库的创建功能。文件 models.py 的具体实现代码如下所示。

```
db = SQLAlchemy(app)

# 供其他模型继承的基模型
class Base(db.Model):
    __abstract__ = True

    id = db.Column(db.Integer, primary_key=True, autoincrement=True)
```

```python
    date_created = db.Column(db.DateTime, default=db.func.current_timestamp())
    date_modified = db.Column(db.DateTime, default=db.func.current_timestamp(),
                        onupdate=db.func.current_timestamp())
# 用户信息
class Users(Base):
    email = db.Column(db.String(100), unique=True)
    username = db.Column(db.String(50), unique=True)
    password = db.Column(db.String(300))  # incase password hash becomes too long
    def __repr__(self):
        return self.username
# 投票主题
class Topics(Base):
    title = db.Column(db.String(500))
    status = db.Column(db.Boolean, default=True)  # to mark poll as open or closed
    create_uid = db.Column(db.ForeignKey('users.id'))
    close_date = db.Column(db.DateTime)
    created_by = db.relationship('Users', foreign_keys=[create_uid],
                            backref=db.backref('user_polls', lazy='dynamic'))
    def __repr__(self):
        return self.title
    # 返回 jsonified 字典
    def to_json(self):
        return {
                'title': self.title,
                'options': [{'name': option.option.name,
                            'vote_count': option.vote_count}
                            for option in self.options.all()],
                'close_date': self.close_date,
                'status': self.status,
                'total_vote_count': self.total_vote_count
            }

    @hybrid_property
    def total_vote_count(self, total=0):
        for option in self.options.all():
            total += option.vote_count
        return total

    @total_vote_count.expression
    def total_vote_count(cls):
        return select([func.sum(Polls.vote_count)]).where(Polls.topic_id == cls.id)

# 投票选项
class Options(Base):
    name = db.Column(db.String(200), unique=True)
    def __repr__(self):
        return self.name

    def to_json(self):
        return {
                'id':uuid.uuid4(),  # Generates a random uuid
                'name': self.name
            }

# 将主题和选项连接在一起的投票模型
class Polls(Base):

    # 列
    topic_id = db.Column(db.Integer, db.ForeignKey('topics.id'))
    option_id = db.Column(db.Integer, db.ForeignKey('options.id'))
```

```
    vote_count = db.Column(db.Integer, default=0)

    #关系声明,可以更容易地访问polls模型
    topic = db.relationship('Topics', foreign_keys=[topic_id],
                    backref=db.backref('options', lazy='dynamic'))
    option = db.relationship('Options', foreign_keys=[option_id])

    def __repr__(self):
        return self.option.name
class UserPolls(Base):
    topic_id = db.Column(db.Integer, db.ForeignKey('topics.id'))
    user_id = db.Column(db.Integer, db.ForeignKey('users.id'))
    topics = db.relationship('Topics', foreign_keys=[topic_id],
                    backref=db.backref('voted_on_by', lazy='dynamic'))
    users = db.relationship('Users', foreign_keys=[user_id],
                    backref=db.backref('voted_on', lazy='dynamic'))
if __name__ == "__main__":
    db.create_all()
```

在上述代码中,使用 SQLAlchemy 生成了数据表,执行后会在项目目录中生成一个名为 votr.db 的数据库文件。

13.5.3 异步处理

为了提高运行效率,本项目使用 Celery 实现异步并发处理。编写文件 tasks.py 实现 Celery 多任务处理,具体实现代码如下所示。

```
import sqlalchemy
from sqlalchemy.orm import sessionmaker
from models import Topics
from votr import celery

def connect(uri):
    """连接到数据库并返回会话"""
    uri = uri
    # create_engine()的返回值是我们的连接对象
    con = sqlalchemy.create_engine(uri)
    # 创建一个 Session
    Session = sessionmaker(bind=con)
    session = Session()
    return con, session

@celery.task
def close_poll(topic_id, uri):
    con, session = connect(uri)
    topic = session.query(Topics).get(topic_id)
    topic.status = False
    session.commit()
    return '成功投票关闭!'
```

13.5.4 实现基本功能

编写文件 votr.py 实现本项目的基本功能,具体实现流程如下所示。

1) 编写函数 make_celery(),使用 Celery 实现并发功能,具体实现代码如下所示。

```
def make_celery(votr):
    celery = Celery(
        votr.import_name, backend=votr.config['CELERY_RESULT_BACKEND'],
```

```
        broker = votr.config['CELERY_BROKER']
    )
    celery.conf.update(votr.config)
    TaskBase = celery.Task

    class ContextTask(TaskBase):
        abstract = True

        def __call__(self, *args, **kwargs):
            with votr.app_context():
                return TaskBase.__call__(self, *args, **kwargs)
    celery.Task = ContextTask

    return celery
```

2）设置 Flask 项目名字，并从配置文件加载信息，具体实现代码如下所示。

```
votr = Flask(__name__)

votr.register_blueprint(api)

# 从配置文件加载信息
if os.getenv('APP_MODE') == "PRODUCTION":
    votr.config.from_object('production_settings')
else:
    votr.config.from_object('config')

db.init_app(votr)  # Initialize the database

migrate = Migrate(votr, db, render_as_batch=True)
```

3）创建 Celery 对象，并使用 flask_admin 创建管理员，具体实现代码如下所示。

```
celery = make_celery(votr)

admin = Admin(votr, name='Dashboard', index_view=TopicView(Topics, db.session,
url='/admin', endpoint='admin'))
admin.add_view(AdminView(Users, db.session))
admin.add_view(AdminView(Polls, db.session))
admin.add_view(AdminView(Options, db.session))
admin.add_view(AdminView(UserPolls, db.session))
```

4）设置系统主页的 URL 导航，具体实现代码如下所示。

```
@votr.route('/')
def home():
    return render_template('index.html')
```

5）定义方法 signup()实现用户注册功能，并设置对应页面的 URL 导航，具体实现代码如下所示。

```
@votr.route('/signup', methods=['GET', 'POST'])
def signup():
    if request.method == 'POST':
        # 获取表单信息
        email = request.form['email']
        username = request.form['username']
        password = request.form['password']
        # 哈希密码
        password = generate_password_hash(password)
        user = Users(email=email, username=username, password=password)
        db.session.add(user)
```

263

```
            db.session.commit()
            flash('感谢注册,请登录!')
            return redirect(url_for('home'))
        # 这是一个 GET 请求,只需呈现模板
        return render_template('signup.html')
```

6) 定义方法 login( ) 实现用户登录验证功能,并设置对应页面的 URL 导航,具体实现代码如下所示。

```
@votr.route('/login', methods = ['POST'])
def login():
# 不需要检查请求类型,因为如果向此 URL 发出除了 POST 以外的请求,
# Flask 将引发一个错误的请求.
    username = request.form['username']
    password = request.form['password']
    user = Users.query.filter_by(username=username).first()
    if user:
        password_hash = user.password
        if check_password_hash(password_hash, password):
            # 如果密码正确
            session['user'] = username
            flash('登录成功!')
    else:
        # 在数据库中找不到这个用户
        flash('用户名或密码不正确,请重试.', 'error')
    return redirect(request.args.get('next') or url_for('home'))
```

7) 定义方法 logout( ) 实现登录用户的退出功能,并设置对应页面的 URL 导航,具体实现代码如下所示。

```
@votr.route('/logout')
def logout():
    if 'user' in session:
        session.pop('user')
        flash('我们希望能再见到你!')
    return redirect(url_for('home'))
```

8) 定义方法 polls( ) 显示系统内的所有投票主题,并设置对应页面的 URL 导航,具体实现代码如下所示。

```
@votr.route('/polls', methods = ['GET'])
def polls():
    return render_template('polls.html')
```

9) 定义方法 poll(poll_name) 显示系统内指定名称的投票主题,并设置对应页面的 URL 导航,具体实现代码如下所示。

```
@votr.route('/polls/<poll_name>')
def poll(poll_name):
    return render_template('index.html')
```

13.5.5 模板文件

1) 编写模板文件 index. html,如果用户没有登录则显示登录表单,如果已经登录则显示投票信息。

2) 在其他模板文件中调用脚本文件 polls. js 中的代码实现发布新投票主题功能。在脚本文件 polls. js 中,实现了本项目 API 接口的定制功能,能够生成返回 JSON 格式数据的 API 接口。

最后测试本项目，登录后的执行效果如图 13-10 所示，用户注册页面的执行效果如图 13-11 所示。

図 13-10　系统主页　　　　　　　　　　　　図 13-11　注册页面

用户登录成功后的主页效果如图 13-12 所示。根据文件 votr. py 中的 URL 导航，通过链接 /polls/< poll _ name > 可以显示某个主题的投票信息，例如在浏览器中输入 "http://1213. 0. 0. 1:5000/polls/新版《倚天屠龙记》最美女主" 后会显示这个投票主题的详细信息，如图 13-13 所示。

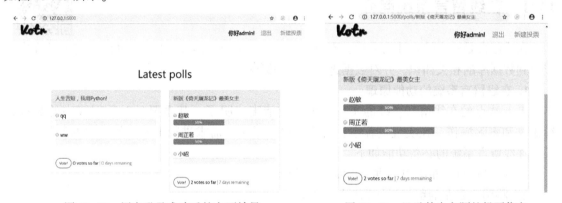

图 13-12　用户登录成功后的主页效果　　　　图 13-13　显示某个主题的投票信息

根据脚本文件 polls. js 设置 API 的代码，可以通过链接 /api/poll/ 查看某个主题的 JSON 数据。例如在浏览器中输入 "http://1213. 0. 0. 1:5000/api/poll/新版《倚天屠龙记》最美女主" 后会显示这个投票主题的 JSON 数据信息，如图 13-14 所示。

图 13-14　API 接口返回的 JSON 数据

第14章
在线留言系统模块

随着互联网的普及和发展，生活中对互联网的应用也越来越广泛。越来越多的人使用网络进行交流，而作为交流方式之一的在线留言系统更是深受人们的青睐。通过在线留言系统，可以实现用户之间信息的在线交流。在本章的内容中，将详细讲解使用 Flask 实现一个在线留言系统的知识。

14.1 在线留言系统简介

在线留言是一个综合性的系统，不仅是表单数据的发布处理过程，而且在实现过程中会应用到数据库的相关知识，并对数据进行添加和删除操作。

1. 在线留言系统的功能原理

Web 站点的在线留言系统的实现原理比较清晰、明了，其主要是对数据库中的数据进行添加和删除操作。在实现过程中，往往是根据系统的需求进行不同功能模块的设计。

在线留言系统的必备功能如下。

1）提供信息发布表单，供用户发布新的留言。

2）将用户发布的留言添加到系统数据库中。

3）在页面内显示系统数据库中的留言数据。

4）对某条留言进行在线回复。

5）删除系统内不需要的留言。

2. 在线留言系统的构成模块

一个典型的在线留言本系统由如下 4 个模块构成。

1）信息发表模块：用户可以在系统上发布新的留言信息。

2）信息显示模块：用户发布的留言信息能够在系统上显示。

3）留言回复模块：可以对用户发布的留言进行回复，以实现相互间的信息交互。

4）系统管理模块：站点管理员能够对发布的信息进行管理控制。

在线留言系统运行流程如图 14-1 所示。

通过前面的介绍，我们初步了解了在线留言本系统的功能原理和具体的运行流程。在接下来的内容中，将通过一个具体的在线留言本模块实例，向读者讲解一个典型的在线留言本系统的具体设计流程。

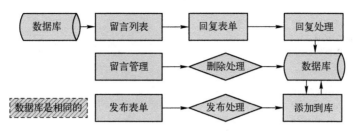

图 14-1 在线留言系统运行流程图

14.2 在线留言系统实例概述

本实例的实现文件主要由如下模块文件构成。

1) 系统配置文件: 功能是对项目程序进行总体配置, 设置系统运行时所需要的公用参数。

2) 数据库文件: 功能是搭建系统数据库平台, 保存系统内的数据信息。

3) 留言列表文件: 功能是将系统内的留言信息以列表样式显示出来。

4) 发布留言模块: 功能是向系统内添加新的留言数据。

5) 留言管理页面: 功能是删除系统内不需要的留言数据。

6) 模板文件: 用于显示各页面的内容。

14.3 系统配置

在开发过程中, 为了提高系统的重用性和开发效率。特意将经常用到的功能进行封装, 在一个单独文件中编写这些信息, 在系统中需要这些功能时直接调用这个模块文件即可。在本节的内容中, 将详细讲解实现系统配置功能的过程。

源码路径: daima\14\microblog

14.3.1 总体配置

在文件 config.py 中实现系统配置功能, 为了便于系统的发布和调试, 在类 Config 中设置了产品配置信息, 在类 DevelopmentConfig 中设置了开发调试配置信息。文件 config.py 的主要实现代码如下所示。

```
basedir = os.path.abspath(os.path.dirname(__file__))

class Config:
    BOOTSTRAP_SERVE_LOCAL = True
    SECRET_KEY = "Hard to guess string"
    SQLALCHEMY_COMMIT_ON_TEARDOWN = True
    SQLALCHEMY_TRACK_MODIFICATIONS = True
    FLASKY_MAIL_SUBJECT_PREFIX = '[Flasky]'
    FLASKY_MAIL_SENDER = "Flasky Admin <test@gmail.com>"
    FLASKY_ADMIN = "xx@xx.com"
    MAIL_SERVER = "smtp.qq.com"
    MAIL_PORT = 465
    MAIL_USE_TLS = True
    MAIL_USE_SSL = False
    MAIL_USERNAME = "371972484@qq.com"
```

```
        MAIL_PASSWORD = ""
        @staticmethod
        def init_app(app):
            pass

    class DevelopmentConfig(Config):
        DEBUG = True
        TEMPLATES_AUTO_RELOAD = True
        MAIL_SERVER = "smtp.qq.com"
        MAIL_PORT = 465
        MAIL_USE_TLS = True
        MAIL_USE_SSL = False
        MAIL_USERNAME = "371972484@qq.com"
        MAIL_PASSWORD = ""
        SQLALCHEMY_DATABASE_URI = "sqlite:///"+os.path.join(basedir,"data-dev.sqlite")
        FLASKY_POSTS_PER_PAGE = os.environ.get("FLASKY_POSTS_PER_PAGE") or 8
        FLASKY_FOLLOWERS_PER_PAGE =  os.environ.get("FLASKY_FOLLOWERS_PER_PAGE") or 8
        UPLOADED_PHOTOS_DEST = os.path.join(basedir,"app/uploads")

    class TestingConfig(Config):
        TESTING = True
        SQLALCHEMY_DATABASE_URI = "sqlite:///"+os.path.join(basedir,"data-test.sqlite")

    class ProductionConfig(Config):
        SQLALCHEMY_DATABASE_URI = "sqlite:///"+os.path.join(basedir,"data.sqlite")

    config = {
        "development":DevelopmentConfig,
        "testing":TestingConfig,
        "productin":ProductionConfig,
        "default":DevelopmentConfig
    }
```

通过上述代码，设置了系统需要的邮箱服务器和数据库信息。

14.3.2 数据库设计

在文件 models.py 中定义数据库模型，设置系统需要的数据表的结构。文件 models.py 的主要实现流程如下所示。

1）设置表 Role，用于保存用户的角色级别。这是一个典型的一对多关系，一个角色可属于多个用户，而每个用户只能有一个角色，具体实现代码如下所示。

```
class Role(db.Model):
    __tablename__="roles"
    id = db.Column(db.Integer, primary_key=True)
    name = db.Column(db.String(64),unique=True)
    default = db.Column(db.Boolean, default=False, index=True)
    permissions = db.Column(db.Integer)
    users = db.relationship("User",backref="role", lazy="dynamic")
    def __repr__(self):
        return "<Role % r>"% self.name

    @staticmethod
    def insert_roles():
        roles = {
            "User" : (Permission.FOLLOW | Permission.COMMENT | Permission.WRITE_ARTICLES, True),
            "Moderator" : (Permission.FOLLOW | Permission.COMMENT | Permission.WRITE_
ARTICLES | Permission.MODERATE_COMMENTS, False ),
```

```
                "Administrator" : (0xff, False)
        }

        for r in roles:
            role = Role.query.filter_by(name=r).first()
            if role is None:
                role = Role(name=r)
            role.permissions = roles[r][0]
            role.default = roles[r][1]
            db.session.add(role)
        db.session.commit()
```

2）设置表 Follow，用于保存用户的关注信息，这是一个关联表模型。在使用多对多关系时，通常需要存储所关联两个实体之间的额外信息，这种信息只能存储在关联表中。例如对于本实例中的会员用户之间的关注来说，可以存储用户关注另一个用户的日期，这样就能按照时间顺序列出所有关注者，具体实现代码如下所示。

```
class Follow(db.Model):
    __tablename__ = 'follows'
    follower_id = db.Column(db.Integer, db.ForeignKey('users.id'),primary_key=True)
    followed_id = db.Column(db.Integer, db.ForeignKey('users.id'),primary_key=True)
    timestamp = db.Column(db.DateTime, default=datetime.utcnow)
```

3）编写表 User，用于保存系统内的所有会员用户信息，具体实现代码如下所示。

```
class User(UserMixin, db.Model):
    __tablename__ = "users"
    id = db.Column(db.Integer, primary_key=True)
    email = db.Column(db.String(64), unique=True, index=True)
    username = db.Column(db.String(64),unique=True, index=True)
    location = db.Column(db.String(64))
    about_me = db.Column(db.Text())
    member_since = db.Column(db.DateTime(),default=datetime.utcnow)
    last_seen = db.Column(db.DateTime(),default=datetime.utcnow)
    password_hash = db.Column(db.String(128))
    confirmed = db.Column(db.Boolean, default=False)
    image_filename = db.Column(db.String, default="user/default.png",nullable=True)
    image_url = db.Column(db.String,nullable=True)
    role_id = db.Column(db.Integer, db.ForeignKey("roles.id"))
    posts = db.relationship("Post",backref="author", lazy="dynamic")
    comments = db.relationship("Comment",backref="author", lazy="dynamic")
    followed = db.relationship('Follow',
                        foreign_keys=[Follow.follower_id],
                        backref=db.backref('follower', lazy='joined'),
                        lazy='dynamic',
                        cascade='all, delete-orphan')
    followers = db.relationship('Follow',
                        foreign_keys=[Follow.followed_id],
                        backref=db.backref('followed', lazy='joined'),
                        lazy='dynamic',
                        cascade='all, delete-orphan')

    def __init__(self, **kwargs):
        super(User, self).__init__(**kwargs)
        if self.role is None:
            if self.email == current_app.config["FLASKY_ADMIN"]:
                self.role = Role.query.filter_by(permissions=0xff).first()
            if self.role is None:
                self.role = Role.query.filter_by(default=True).first()
```

```
            self.image_url = photos.url("user/default.png")
            self.follow(self)

    @property
    def password(self):
        raise AttributeError("Password is not a readable attribute")
    @property
    def followed_posts(self):
        return Post.query.join(Follow, Follow.followed_id == Post.author_id)
.filter(Follow.follower_id == self.id)

    @password.setter
    def password(self,password):
        self.password_hash = generate_password_hash(password)

    def verify_password(self,password):
        return check_password_hash(self.password_hash, password)

    def generate_confirmation_token(self, expiration=3600):
        s = Serializer(current_app.config["SECRET_KEY"],expiration)
        return s.dumps({"confirm":self.id})

    def confirm(self, token):
        s = Serializer(current_app.config["SECRET_KEY"])
        try:
            data = s.loads(token)
        except:
            return False
        if data.get("confirm") != self.id:
            return False
        self.confirmed = True
        db.session.add(self)
        return True
```

在上述**加粗**部分的代码中，followed 和 follower 之间的关系被定义为单独的一对多关系。为了消除外键的歧义，在此使用可选参数 foreign_keys 设置的外键来定义关系，而且 db.backref( )参数并不是指定这两个关系之间的引用关系，而是回溯引用 Follow 模型，回溯引用的设置参数是：lazy = "joined"。通过使用该模式，可以立即从连接查询中加载相关对象。在这两个关系中，user 方面设定的 lazy 参数的作用不一样。参数 lazy 都在"一"这一侧设定，而返回的结果是"多"这一侧中的记录。参数 dynamic 返回的是查询对象。

参数 cascade 用于配置在父对象上执行的操作相关对象的影响，例如可以将层叠对象设置为：将用户添加到数据库会话后，要把所有关系的对象都添加到会话中。在删除对象时，默认的层叠行为是把对象关联的所有相关对象的外键设为空值。但是在关联表中，删除记录后正确的行为是把执行该记录的实体也删除，因为只有这样才能有效地销毁联结，这就是层叠选项值 delete-orphan 的作用。如果将 delete-orphan 设置为 all，则表示启动所有默认的层叠选项。

4) 编写表 Post，用于保存系统内的所有留言信息，具体实现代码如下所示。

```
class Post(db.Model):
    __tablename__ = "posts"
    id = db.Column(db.Integer, primary_key=True)
    title = db.Column(db.String(64))
    body = db.Column(db.Text)
    timestamp = db.Column(db.DateTime, index=True, default=datetime.utcnow)
    author_id = db.Column(db.Integer, db.ForeignKey("users.id"))
```

```
body_html = db.Column(db.Text)
comments = db.relationship("Comment",backref="post", lazy="dynamic")
```

5）设置表 Comment，用于存储系统中对留言的评论信息，在每条留言下面可以有多条不同的评论信息，具体实现代码如下所示。

```
class Comment(db.Model):
    __tablename__ = "comments"
    id = db.Column(db.Integer, primary_key=True)
    body = db.Column(db.Text)
    body_html = db.Column(db.Text)
    timestamp = db.Column(db.DateTime, index=True, default=datetime.utcnow)
    disable = db.Column(db.Boolean,default=False)
    author_id = db.Column(db.Integer, db.ForeignKey("users.id"))
    post_id = db.Column(db.Integer, db.ForeignKey("posts.id"))

    @staticmethod
    def on_changed_body(target, value,oldvalue, initiator):
        allowed_tags = ['a', 'abbr', 'acronym', 'b', 'blockquote', 'code',
                        'em', 'i', 'li', 'ol', 'pre', 'strong', 'ul',
                        'h1', 'h2', 'h3', 'p']
        target.body_html = bleach.linkify(bleach.clean(
            markdown(value, output_format='html'),
            tags=allowed_tags, strip=True))

db.event.listen(Comment.body, 'set', Comment.on_changed_body)
```

14.4　留言数据显示模块

在本节的内容中，开始讲解留言数据显示模块的实现过程。此模块的功能是将系统数据库内的留言信息以列表的样式显示出来，并提供新留言发布表单，将发表的数据添加到系统数据库中。

14.4.1　视图文件

在包目录 main 下编写文件 views. py，设置 URL 对应的视图界面，具体实现流程如下所示。

1）函数 index( )对应系统主页，功能是在列表显示系统数据库中的留言信息。并且能够验证用户是否登录，如果登录用户是管理员则会显示管理链接，具体实现代码如下所示。

```
@main.route("/", methods=["GET","POST"])
def index():
    form = PostForm()
    page = request.args.get('page', 1, type=int)
    show_followed = False
    show_yours = False
    if current_user.is_authenticated:
        show_followed = bool(request.cookies.get('show_followed', ''))
        show_yours = bool(request.cookies.get('show_yours', ''))
    if show_followed:
        query = current_user.followed_posts
    elif show_yours:
        query = Post.query.filter_by(author=current_user)
    else:
        query = Post.query
    pagination = query.order_by(Post.timestamp.desc()).paginate(page, per_page=
current_app.config['FLASKY_POSTS_PER_PAGE'], error_out=False)
```

```
    posts = pagination.items
    return render_template('index.html', form=form, posts=posts,show_followed=
show_followed, pagination=pagination,show_yours=show_yours)
```

系统主页界面如图 14-2 所示。

图 14-2　系统主页界面

2）设置 URL 链接 "/admin" 对应的视图处理函数，当用户登录此页面时通过函数 for_admins_only( )判断用户是否为管理员，具体实现代码如下所示。

```
@main.route('/admin', methods=["GET","POST"])
@login_required
@admin_required
def for_admins_only():
    return "For administrators!"
```

3）函数 user( )对应于 "/user/<username>"，用于显示登录用户基本信息的视图页面，具体实现代码如下所示。

```
@main.route("/user/<username>",methods=["GET","POST"])
def user(username):
    user = User.query.filter_by(username=username).first()
    if user is None:
        abort(404)
    page = request.args.get("page",1,type=int)
    pagination = user.posts.order_by(Post.timestamp.desc()).paginate(page, per_
page=current_app.config['FLASKY_POSTS_PER_PAGE'],error_out=False)
    posts = pagination.items
    return render_template("user.html", user=user, posts=posts,pagination=pagi-
nation)
```

4）函数 edit_user( )对应于 "/editProfile"，用于显示修改当前登录用户简介信息的视图页面，具体实现代码如下所示。

```
@main.route("/editProfile",methods=["GET","POST"])
@login_required
def edit_user():
    form =EditProfileForm()
    if form.validate_on_submit():
        current_user.location = form.location.data
        current_user.about_me = form.about_me.data
```

272

```
    if form.photo.data:
        current_user.image_filename = photos.save(form.photo.data,name =
"user/" + current_user.username + ".")
        current_user.image_url = photos.url(current_user.image_filename)
    db.session.add(current_user)
    return redirect(url_for("main.user",username=current_user.username))
form.location.data=current_user.location
form.about_me.data=current_user.about_me
return render_template("editProfile.html", form=form, image_url=current_us-
er.image_url)
```

执行效果如图 14-3 所示。

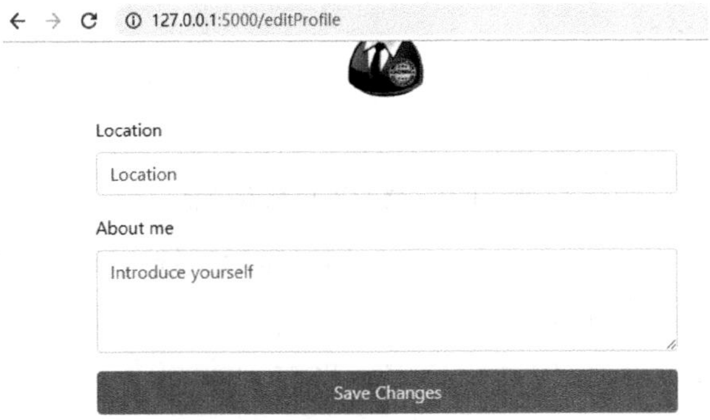

图 14-3　修改用户简介信息

5）函数 edit_profile_admin( )对应于"/edit-profile/<int:id>"，用于显示修改当前登录用户基本信息的视图页面，具体实现代码如下所示。

```
@main.route('/edit-profile/<int:id>', methods =['GET', 'POST'])
@login_required
@admin_required
def edit_profile_admin(id):
    user = User.query.get_or_404(id)
    form = EditProfileAdminForm(user=user)
    if form.validate_on_submit():
        user.email = form.email.data
        user.username = form.username.data
        user.confirmed = form.confirmed.data
        user.role = Role.query.get(form.role.data)
        user.location = form.location.data
        user.about_me = form.about_me.data
        if form.photo.data:
            user.image_filename = photos.save(form.photo.data, name ="user/" + us-
er.username+".")
            user.image_url = photos.url(user.image_filename)
        db.session.add(user)
        return redirect(url_for('.user', username=user.username))
    form.email.data = user.email
    form.username.data = user.username
    form.confirmed.data = user.confirmed
    form.role.data = user.role_id
    form.location.data = user.location
    form.about_me.data = user.about_me
    return render_template('editProfile.html', form=form, user=user,image_url =
user.image_url)
```

执行效果如图 14-4 所示。

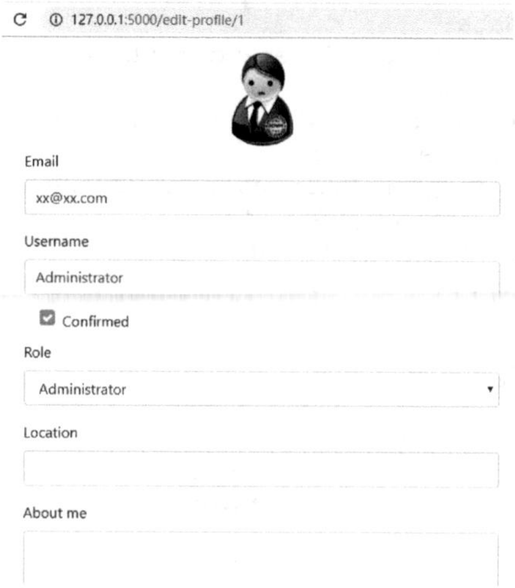

图 14-4 修改用户基本信息

6）函数 post( )对应于"/post/<int:id>"，用于显示系统主页列表中某一条留言详细信息的视图页面，具体实现代码如下所示。

```
@main.route("/post/<int:id>",methods=['GET','POST'])
def post(id):
    show_more = False
    post = Post.query.get_or_404(id)
    form = CommentForm()
    if current_user.can(Permission.COMMENT) and form.validate_on_submit():
        comment = Comment(body=form.body.data,author=current_user._get_current
_object(),post=post)
        db.session.add(comment)
        return redirect(url_for('main.post',id=id))
    page = request.args.get('page', 1, type=int)
    pagination = Comment.query.filter_by(post_id=id,disable=False).order_by
(Comment.timestamp. desc ()).paginate (page, per_page=current_app.config['FLASKY_
POSTS_PER_PAGE'], error_out=False)
    comments = pagination.items
    return render_template("post.html", form=form,posts=[post],comments=com-
ments,pagination=pagination,show_more=show_more)
```

执行效果如图 14-5 所示。

图 14-5 某条留言的详细信息

7）函数 create_post( )对应于"/createPost"，用于显示发布一条新留言信息的视图页面，具体实现代码如下所示。

```
@main.route("/createPost", methods = ["GET","POST"])
@login_required
def create_post():
    form = PostForm()
    if current_user.can(Permission.WRITE_ARTICLES) and form.validate_on_submit():
        post = Post(title=form.title.data,body=form.body.data,author=current_user.
_get_current_object())
        db.session.add(post)
        db.session.commit()
        return redirect(url_for('main.post',id=post.id))
    return render_template("editPost.html",form=form,createPostFlag=True)
```

执行效果如图 14-6 所示。

图 14-6　发布留言

8）函数 edit_post( )对应于"/editPost/<int:id>"，用于显示修改某条已经发布的留言信息的视图页面，具体实现代码如下所示。

```
@main.route("/editPost/<int:id>", methods = ['GET', 'POST'])
@login_required
def edit_post(id):
    post = Post.query.get_or_404(id)
    if current_user != post.author and not current_user.can(Permission.ADMINISTER):
        abort(403)
    form = PostForm()
    if form.validate_on_submit():
        post.body = form.body.data
        post.title = form.title.data
        db.session.add(post)
        return redirect(url_for("main.post",id=post.id))
    form.body.data = post.body
    form.title.data = post.title
    return render_template("editPost.html",form=form)
```

执行效果如图 14-7 所示。

9）函数 follow( )对应于"/follow/<username>"，用于显示关注系统内某一会员用户的视图页面，具体实现代码如下所示。

```
@main.route('/follow/<username>')
@login_required
```

```
@permission_required(Permission.FOLLOW)
def follow(username):
    user = User.query.filter_by(username=username).first()
    if user is None:
        flash('Invalid user.')
        return redirect(url_for('main.index'))
    if current_user.is_following(user):
        flash('You are already following this user.')
        return redirect(url_for('main.user', username=username))
    current_user.follow(user)
    return redirect(url_for('main.user', username=username))
```

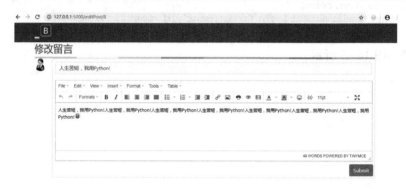

图 14-7 修改留言

执行效果如图 14-8 所示。

图 14-8 关注用户

10）函数 unfollow( )对应于"/unfollow/<username>"，用于显示取消关注系统内某一会员用户的视图页面，具体实现代码如下所示。

```
@main.route('/unfollow/<username>')
@login_required
@permission_required(Permission.FOLLOW)
def unfollow(username):
    user = User.query.filter_by(username=username).first()
    if user is None:
        flash('Invalid user.')
        return redirect(url_for('.index'))
    if not current_user.is_following(user):
        flash('You are not following this user.')
        return redirect(url_for('.user', username=username))
    current_user.unfollow(user)
    return redirect(url_for('.user', username=username))
```

11）函数 followers( )对应于"/followers/<username>"，用于显示系统内某一会员用户的关注者信息列表的视图页面，具体实现代码如下所示。

```
@main.route('/followers/<username>')
def followers(username):
    user = User.query.filter_by(username=username).first()
    if user is None:
        flash('Invalid user.')
        return redirect(url_for('.index'))
    page = request.args.get('page', 1, type=int)
    pagination = user.followers.paginate(
        page, per_page=current_app.config['FLASKY_FOLLOWERS_PER_PAGE'],
        error_out=False)
    follows = [{'user': item.follower, 'timestamp': item.timestamp}
               for item in pagination.items]
    return render_template('followers.html', user=user, title="Followers of",
                           endpoint='.followers', pagination=pagination,
                           follows=follows)
```

执行效果如图 14-9 所示。

图 14-9 关注用户列表

12）函数 show_all( )对应于"/all"，用于显示系统内所有留言信息列表的视图页面，具体实现代码如下所示。

```
@main.route('/all')
@login_required
def show_all():
    resp = make_response(redirect(url_for('.index')))
    resp.set_cookie('show_followed', '', max_age=30*24*60*60)
    resp.set_cookie('show_yours', '', max_age=30*24*60*60)

    return resp
```

13）函数 show_yours( )对应于"/yours"，用于显示系统内当前用户发布的所有留言信息列表的视图页面，具体实现代码如下所示。

```
@main.route('/yours')
@login_required
def show_yours():
resp = make_response(redirect(url_for('.index')))
resp.set_cookie('show_yours', '1', max_age=30*24*60*60)
resp.set_cookie('show_followed', '', max_age=30*24*60*60)
    return resp
```

14）函数 moderate_comments( )对应于"/moderate-comments"，用于显示系统内所有对留言的评论信息列表的视图页面，具体实现代码如下所示。

```
@main.route("/moderate-comments", methods=["GET","POST"])
@permission_required(Permission.MODERATE_COMMENTS)
@login_required
def moderate_comments():
    page = request.args.get('page', 1, type=int)
    pagination = Comment.query.order_by(Comment.timestamp.desc()).paginate
(page, per_page=current_app.config['FLASKY_POSTS_PER_PAGE'], error_out=False)
    comments = pagination.items
    return render_template('comments.html', pagination=pagination,comments=com-
ments)
```

执行效果如图 14-10 所示。

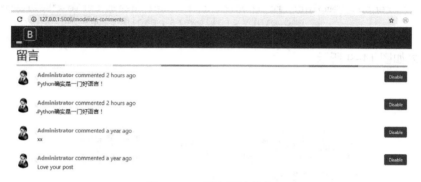

图 14-10 所有评论信息

14.4.2 表单文件

在包目录 main 下编写文件 forms.py，功能是获取系统内所有表单中的数据，然后提交给前面介绍的视图文件 views.py 进行处理。文件 forms.py 的具体实现流程如下所示。

1）通过类 PostForm 获取发布留言表单中的信息，具体实现代码如下所示。

```
class PostForm(FlaskForm):
    title = StringField(validators=[DataRequired(),Length(1, 64)])
    body = TextAreaField(validators=[DataRequired()],render_kw={"placeholder":"
Loading..."})
    submit = SubmitField("Submit")
```

2）通过类 CommentForm 获取发布评论表单中的信息，具体实现代码如下所示。

```
class CommentForm(FlaskForm):
    body = PageDownField(validators=[DataRequired()],render_kw={"placeholder":"
Leave your comment"})
    submit = SubmitField("Comment")
```

3）通过类 NameForm 获取用户表单中的信息，具体实现代码如下所示。

```
class NameForm(FlaskForm):
    name = StringField("What's your name?",validators=[DataRequired(), Email()],
render_kw={"placeholder": "Enter User Name"})
    submit =SubmitField("Submit")
```

4）通过类 EditProfileForm 获取修改用户基本资料表单中的信息，具体实现代码如下所示。

```
class EditProfileForm(FlaskForm):
    photo =FileField(validators=[FileAllowed(photos,"Only image supported")])
    location = StringField("Location",render_kw={"placeholder": "Location"})
    about_me =TextAreaField("About me",render_kw={"placeholder": "Introduce
yourself"})
    submit =SubmitField("Save Changes")
```

5）通过类 EditProfileAdminForm 获取修改用户详细资料表单中的信息，分别对表单中的邮箱和用户名进行验证，具体实现代码如下所示。

```python
class EditProfileAdminForm(FlaskForm):
    photo = FileField(validators=[FileAllowed(photos,"Only image supported")])
    email = StringField('Email',validators=[DataRequired(), Length(1, 64),
                                Email()])
    username = StringField('Username',validators=[
        DataRequired(), Length(1, 64), Regexp('^[A-Za-z][A-Za-z0-9_.]*$', 0,
                                'Usernames must have only letters,'
                                'numbers, dots or underscores')])
    confirmed = BooleanField('Confirmed')
    role = SelectField('Role', coerce=int)
    location = StringField('Location',validators=[Length(0, 64)])
    about_me = TextAreaField('About me')
    submit = SubmitField('Submit')

    def __init__(self, user, *args, **kwargs):
        super(EditProfileAdminForm, self).__init__(*args, **kwargs)
        self.role.choices = [(role.id, role.name)
                            for role in Role.query.order_by(Role.name).all()]
        self.user = user

    def validate_email(self, field):
        if field.data != self.user.email and \
                User.query.filter_by(email=field.data).first():
            raise ValidationError('Email already registered.')

    def validate_username(self, field):
        if field.data != self.user.username and \
                User.query.filter_by(username=field.data).first():
            raise ValidationError('Username already in use.')
```

到此为止，本章的在线留言系统的核心知识就介绍完毕。另外在源码中的 auth 包目录中保存了实现用户登录验证功能的源码，具体实现模式和上面介绍的留言数据显示模块类似，也是分别通过视图文件和表单文件实现的。为了节省本书篇幅，这部分内容将不再进行讲解。

第 15 章
富文本编辑器模块

在开发 Web 网站系统的过程中，经常需要使用富文本编辑器。富文本编辑器是一种可内嵌于浏览器、所见即所得的文本编辑器。例如在 BBS 论坛系统中，可以使用富文本编辑器发送样式美观的帖子，通过富文本编辑器可以设置帖子文本的大小、颜色，还可以设置在帖子中添加图片和视频。在本章的内容中，将详细讲解在 Flask Web 程序中使用富文本编辑器的知识。

15.1 使用 UEditor

UEditor 是由百度开发团队推出的一款所见即所得的富文本 Web 编辑器产品，其特点是轻量和可定制，并且基于 MIT 协议开源，允许自由使用和修改代码。在本节的内容中，将详细讲解在 Flask Web 程序中使用 UEditor 编辑器的知识。

15.1.1 在 Flask 项目中使用 UEditor

在 Flask 项目中使用 UEditor 的基本流程如下所示。

1）登录 UEditor 官网并下载 UEditor 源码，例如下载 1.4.3 PHP UTF-8 版本的 UEditor。

2）解压下载的 UEditor 源码，并将解压后的文件复制到 Flask Web 程序的 static 目录中，最终的目录结构如下所示。

```
|static/
||ueditor/
|||+dialogs/
|||+lang/
|||+php/
|||+themes/
|||+third-party/
|||-config.json
|||-index.html
|||-ueditor.all.js
|||-ueditor.all.min.js
|||-ueditor.config.js
|||-ueditor.parse.js
|||-ueditor.parse.min.js
```

3）接下来开始在 Flask Web 项目中加入 UEditor 功能。首先在 Flask Web 程序的 templates 目录中新建文件 index.html，然后在<head>标记对中添加如下所示的代码。

```
<script type = "text / javascript" charset = "utf - 8" src = "{{ url_for ('static',
filename='ueditor/ueditor.config.js') }}"></script>
   <script type = "text / javascript" charset = "utf - 8" src = "{{ url_for ('static',
filename='ueditor/ueditor.all.min.js') }}"> </script>
   <script type = "text / javascript" charset = "utf - 8" src = "{{ url_for ('static',
filename='ueditor/lang/zh-cn/zh-cn.js') }}"></script>
```

然后在<body>标记对中添加如下所示的代码。

```
<script id = "editor" type = "text/plain"></script>
<script type = "text/javascript">
    //实例化编辑器
    //建议使用工厂方法 getEditor ()创建和引用编辑器实例,如果在某个闭包下引用该编辑器,直接
调用 UE.getEditor ('editor')就能读取到相关的实例
    var ue = UE.getEditor ('editor', {
        serverUrl: "/upload/"
    });
</script>
```

4）开始配置请求路径，修改文件 ueditor. config. js 中的参数 serverUrl，将这个参数的值修改为/upload/，具体见上面的代码。

5）编写简单的 Flask Web 程序 app. py 进行测试，例如下面的测试代码。

```
from flask import Flask, render_template
app = Flask (__name__)
@app.route ('/')
def index ():
    return render_template ('index.html')
@app.route ('/upload/', methods = ['GET', 'POST'])
def upload ():
    pass
if __name__ == '__main__':
    app.run (debug = True)
```

运行上面的应用程序，在浏览器访问 http://localhost:5000/就可以看到 UEditor 编辑器的内容，UEditor 编辑器的执行效果如图 15-1 所示。

图 15-1 UEditor 编辑器的执行效果

15.1.2 UEditor 文件上传系统

在下面的实例中，演示了在 Flask Web 程序中使用 UEditor 实现文件上传系统的过程。

源码路径：daima\15\flask-ueditor-demo

1）编写文件 uploader. py，设置和文件上传有关的配置参数，具体实现流程如下所示。

281

① 定义类 Uploader，在列表 stateMap 中设置上传状态的提示信息，具体实现代码如下所示。

```python
class Uploader:

    stateMap = [             # 上传状态映射表,国际化用户需考虑此处数据的国际化
        "SUCCESS",           # 上传成功标记,在 UEditor 内不可改变,否则 flash 判断会出错
        "文件大小超出 upload_max_filesize 限制",
        "文件大小超出 MAX_FILE_SIZE 限制",
        "文件未被完整上传",
        "没有文件被上传",
        "上传文件为空",
    ]
```

② 定义列表 stateError，在里面存储和上传失败有关的提示信息，具体实现代码如下所示。

```python
stateError = {
    "ERROR_TMP_FILE": "临时文件错误",
    "ERROR_TMP_FILE_NOT_FOUND": "找不到临时文件",
    "ERROR_SIZE_EXCEED": "文件大小超出网站限制",
    "ERROR_TYPE_NOT_ALLOWED": "文件类型不允许",
    "ERROR_CREATE_DIR": "目录创建失败",
    "ERROR_DIR_NOT_WRITEABLE": "目录没有写权限",
    "ERROR_FILE_MOVE": "文件保存时出错",
    "ERROR_FILE_NOT_FOUND": "找不到上传文件",
    "ERROR_WRITE_CONTENT": "写入文件内容错误",
    "ERROR_UNKNOWN": "未知错误",
    "ERROR_DEAD_LINK": "链接不可用",
    "ERROR_HTTP_LINK": "链接不是 http 链接",
    "ERROR_HTTP_CONTENTTYPE": "链接 contentType 不正确"
}
```

③ 定义初始化函数 __init__()，根据配置信息、上传文件的保存目录和上传类型初始化程序，具体实现代码如下所示。

```python
def __init__(self,fileobj, config, static_folder, _type=None):
    """
    :param fileobj: FileStorage, Base64Encode Data or Image URL
    :param config: 配置信息
    :param static_folder: 文件保存的目录
    :param _type: 上传动作的类型,base64,remote,其他
    """
    self.fileobj = fileobj
    self.config = config
    self.static_folder = static_folder
    self._type = _type
    if _type == 'base64':
        self.upBase64()
    elif _type == 'remote':
        self.saveRemote()
    else:
        self.upFile()
```

④ 编写函数 upBase64()上传 base64 编码格式的图片，具体实现代码如下所示。

```python
def upBase64(self):
    img = base64.b64decode(self.fileobj)
    self.oriName = self.config['oriName']
    self.fileSize = len(img)
    self.fileType = self.getFileExt()
    self.fullName = self.getFullName()
    self.filePath = self.getFilePath()
```

```
# 检查文件大小是否超出限制
if not self.checkSize():
    self.stateInfo = self.getStateError('ERROR_SIZE_EXCEED')
    return

# 检查路径是否存在,不存在则创建
dirname = os.path.dirname(self.filePath)
if not os.path.exists(dirname):
    try:
        os.makedirs(dirname)
    except:
        self.stateInfo = self.getStateError('ERROR_CREATE_DIR')
        return
elif not os.access(dirname, os.W_OK):
    self.stateInfo = self.getStateError('ERROR_DIR_NOT_WRITEABLE')
    return

try:
    with open(self.filePath, 'wb') as fp:
        fp.write(img)
    self.stateInfo = self.stateMap[0]
except:
    self.stateInfo = self.getStateError('ERROR_FILE_MOVE')
    return
```

⑤ 编写函数 upFile( )实现文件上传功能，具体的实现代码如下所示。

```
def upFile(self):
    self.oriName = self.fileobj.filename
    # 获取文件大小
    self.fileobj.stream.seek(0, 2)
    self.fileSize = self.fileobj.stream.tell()
    self.fileobj.stream.seek(0, 0)

    self.fileType = self.getFileExt()
    self.fullName = self.getFullName()
    self.filePath = self.getFilePath()

    # 检查文件大小是否超出限制
    if not self.checkSize():
        self.stateInfo = self.getStateError('ERROR_SIZE_EXCEED')
        return

    # 检查文件格式是否不允许
    if not self.checkType():
        self.stateInfo = self.getStateError('ERROR_TYPE_NOT_ALLOWED')
        return

    # 检查路径是否存在,不存在则创建
    dirname = os.path.dirname(self.filePath)
    if not os.path.exists(dirname):
        try:
            os.makedirs(dirname)
        except:
            self.stateInfo = self.getStateError('ERROR_CREATE_DIR')
            return
    elif not os.access(dirname, os.W_OK):
        self.stateInfo = self.getStateError('ERROR_DIR_NOT_WRITEABLE')
        return
```

```
    # 保存文件
    try:
        self.fileobj.save(self.filePath)
        self.stateInfo = self.stateMap[0]
    except:
        self.stateInfo = self.getStateError('ERROR_FILE_MOVE')
        return
```

⑥ 编写函数 saveRemote( ) 保存上传文件，具体实现代码如下所示。

```
def saveRemote(self):
    _file = urllib.urlopen(self.fileobj)
    self.oriName = self.config['oriName']
    self.fileSize = 0
    self.fileType = self.getFileExt()
    self.fullName = self.getFullName()
    self.filePath = self.getFilePath()

    # 检查文件大小是否超出限制
    if not self.checkSize():
        self.stateInfo = self.getStateError('ERROR_SIZE_EXCEED')
        return

    # 检查路径是否存在,不存在则创建
    dirname = os.path.dirname(self.filePath)
    if not os.path.exists(dirname):
        try:
            os.makedirs(dirname)
        except:
            self.stateInfo = self.getStateError('ERROR_CREATE_DIR')
            return
    elif not os.access(dirname, os.W_OK):
        self.stateInfo = self.getStateError('ERROR_DIR_NOT_WRITEABLE')
        return

    try:
        with open(self.filePath, 'wb') as fp:
            fp.write(_file.read())
        self.stateInfo = self.stateMap[0]
    except:
        self.stateInfo = self.getStateError('ERROR_FILE_MOVE')
        return
```

⑦ 编写函数 getStateError( ) 获取上传过程中发生的错误，具体实现代码如下所示。

```
def getStateError(self, error):
    # 上传错误检查
    return self.stateError.get(error, 'ERROR_UNKNOWN')
```

⑧ 编写函数 checkSize( ) 检查上传文件的大小是否合法，具体实现代码如下所示。

```
def checkSize(self):
    # 文件大小检测
    return self.fileSize <= self.config['maxSize']
```

⑨ 编写函数 checkType( ) 检查上传文件的类型是否合法，具体实现代码如下所示。

```
def checkType(self):
    # 文件类型检测
    return self.fileType.lower() in self.config['allowFiles']
```

⑩ 编写函数 getFilePath( ) 获取上传文件的路径，具体实现代码如下所示。

```
def getFilePath(self):
    # 获取文件完整路径
    rootPath = self.static_folder
    filePath = ''
    for path in self.fullName.split('/'):
        filePath = os.path.join(filePath, path)
    return os.path.join(rootPath, filePath)
```

⑪ 编写函数 getFileExt( ) 获取上传文件的扩展名，具体实现代码如下所示。

```
def getFileExt(self):
    return ('.%s' % self.oriName.split('.')[-1]).lower()
```

⑫ 编写函数 getFullName( ) 将上传文件重命名，按照上传时间进行命名并保存，具体实现代码如下所示。

```
def getFullName(self):
    # 重命名文件
    now = datetime.datetime.now()
    _time = now.strftime('%H%M%S')

    # 替换日期事件
    _format = self.config['pathFormat']
    _format = _format.replace('{yyyy}', str(now.year))
    _format = _format.replace('{mm}', str(now.month))
    _format = _format.replace('{dd}', str(now.day))
    _format = _format.replace('{hh}', str(now.hour))
    _format = _format.replace('{ii}', str(now.minute))
    _format = _format.replace('{ss}', str(now.second))
    _format = _format.replace('{ss}', str(now.second))
    _format = _format.replace('{time}', _time)

    # 过滤文件名的非法字符,并替换文件名
    _format = _format.replace('{filename}',
                    secure_filename(self.oriName))

    # 替换随机字符串
    rand_re = r'\{rand\:(\d*)\}'
    _pattern = re.compile(rand_re, flags=re.I)
    _match = _pattern.search(_format)
    if _match is not None:
        n = int(_match.groups()[0])
        _format = _pattern.sub(str(random.randrange(10 ** (n-1), 10 ** n)), _format)

    _ext = self.getFileExt()
    return '%s%s' % (_format, _ext)
```

⑬ 编写函数 getFileInfo( ) 获取当前上传成功文件的各项信息，具体实现代码如下所示。

```
def getFileInfo(self):
    filename = re.sub(r'^/', '', self.fullName)
    return {
        'state': self.stateInfo,
        'url': url_for('static', filename=filename, _external=True),
        'title': self.oriName,
        'original': self.oriName,
        'type': self.fileType,
        'size': self.fileSize,
    }
```

2）编写文件 app. py 实现 Flask 主程序，具体实现流程如下所示。

① 编写函数 index( ) 映射模板文件 index. html，具体实现代码如下所示。

```
@app.route('/')
def index():
    return render_template('index.html')
```

② 编写函数 upload( )实现上传功能，使用 if 语句判断上传文件的类型，根据类型分别实现图片、文件、视频上传和涂鸦上传，具体实现代码如下所示。

```
@app.route('/upload/', methods = ['GET', 'POST', 'OPTIONS'])
def upload():
    """
    UEditor 文件上传接口
    config 配置文件
    result 返回结果
    """
    mimetype = 'application/json'
    result = {}
    action = request.args.get('action')

    # 解析 JSON 格式的配置文件
    with open(os.path.join(app.static_folder, 'ueditor', 'php',
                  'config.json')) as fp:
        try:
            # 删除 /**/之间的注释
            CONFIG = json.loads(re.sub(r'\/\*.*\*\/', '', fp.read()))
        except:
            CONFIG = {}

    if action == 'config':
        # 初始化时,返回配置文件给客户端
        result = CONFIG

    elif action in ('uploadimage', 'uploadfile', 'uploadvideo'):
        # 图片、文件、视频上传
        if action == 'uploadimage':
            fieldName = CONFIG.get('imageFieldName')
            config = {
                "pathFormat": CONFIG['imagePathFormat'],
                "maxSize": CONFIG['imageMaxSize'],
                "allowFiles": CONFIG['imageAllowFiles']
            }
        elif action == 'uploadvideo':
            fieldName = CONFIG.get('videoFieldName')
            config = {
                "pathFormat": CONFIG['videoPathFormat'],
                "maxSize": CONFIG['videoMaxSize'],
                "allowFiles": CONFIG['videoAllowFiles']
            }
        else:
            fieldName = CONFIG.get('fileFieldName')
            config = {
                "pathFormat": CONFIG['filePathFormat'],
                "maxSize": CONFIG['fileMaxSize'],
                "allowFiles": CONFIG['fileAllowFiles']
            }

        if fieldName in request.files:
            field = request.files[fieldName]
            uploader = Uploader(field, config, app.static_folder)
            result = uploader.getFileInfo()
        else:
```

```
            result['state'] = '上传接口出错'

    elif action in ('uploadscrawl'):
        #涂鸦上传
        fieldName = CONFIG.get('scrawlFieldName')
        config = {
            "pathFormat": CONFIG.get('scrawlPathFormat'),
            "maxSize": CONFIG.get('scrawlMaxSize'),
            "allowFiles": CONFIG.get('scrawlAllowFiles'),
            "oriName": "scrawl.png"
        }
        if fieldName in request.form:
            field = request.form[fieldName]
            uploader = Uploader(field, config, app.static_folder, 'base64')
            result = uploader.getFileInfo()
        else:
            result['state'] = '上传接口出错'

    elif action in ('catchimage'):
        config = {
            "pathFormat": CONFIG['catcherPathFormat'],
            "maxSize": CONFIG['catcherMaxSize'],
            "allowFiles": CONFIG['catcherAllowFiles'],
            "oriName": "remote.png"
        }
        fieldName = CONFIG['catcherFieldName']

        if fieldName in request.form:

            source = []
        elif '%s[]' % fieldName in request.form:
            #而是这个
            source = request.form.getlist('%s[]' % fieldName)

        _list = []
        for imgurl in source:
            uploader = Uploader(imgurl, config, app.static_folder, 'remote')
            info = uploader.getFileInfo()
            _list.append({
                'state': info['state'],
                'url': info['url'],
                'original': info['original'],
                'source':imgurl,
            })

        result['state'] = 'SUCCESS' if len(_list) > 0 else 'ERROR'
        result['list'] = _list

    else:
        result['state'] = '请求地址出错'

    result = json.dumps(result)

    if 'callback' in request.args:
        callback = request.args.get('callback')
        if re.match(r'^[\w_]+$', callback):
            result = '%s(%s)' % (callback, result)
            mimetype = 'application/javascript'
        else:
            result = json.dumps({'state': 'callback 参数不合法'})
```

```
    res = make_response(result)
    res.mimetype = mimetype
    res.headers['Access-Control-Allow-Origin'] = '*'
    res.headers['Access-Control-Allow-Headers'] = 'X-Requested-With,X_Requested_
With'
    return res
```

③ 启动运行 Flask Web 程序，具体实现代码如下所示。

```
if __name__ == '__main__':
    app.run(debug=True)
```

执行后会显示 UEditor 编辑器界面，可以实现文件上传功能，如图 15-2 所示。

图 15-2　UEditor 编辑器界面

15.2　使用 CKEditor

CKEditor 是一个功能强大的富文本编辑器，完全开源免费。在 Flask Web 程序中，可以通过 Flask-CKEditor 扩展来使用 CKEditor 编辑器。在本节的内容中，将详细讲解使用 Flask-CKEditor 扩展的知识。

15.2.1　Flask-CKEditor 基础

在使用 Flask-CKEditor 扩展之前需要先通过如下命令进行安装。

```
pip install flask-ckeditor
```

使用 Flask-CKEditor 扩展的基本流程如下所示。

（1）Flask-CKEditor 实例化

实例化 Flask-CKEditor 提供的 CKEditor 类，然后使用 CKEditor 修饰我们的应用程序。例如下面的演示代码。

```
from flask_ckeditor import CKEditor
ckeditor = CKEditor(app)
```

（2）配置 CKEditor 编辑器

通过配置变量来设置编辑器，常用的配置变量见表 15-1 所示。

表 15-1　Flask-CKEditor 常用的配置变量

配　　置	默认值	说　　明
CKEDITOR_SERVE_LOCAL	False	使用内置的 ckeditor.load() 方法时，设置是否使用本地资源，默认从 CDN 加载

（续）

配　　置	默认值	说　　明
CKEDITOR_PKG_TYPE	standard	CKEditor 资源包的类型，basic、standard 和 full 中的一个，分别表示基础、典型和全部
CKEDITOR_LANGUAGE	None	设置 CKEditor 文本编辑器的语言，默认会自动探测用户浏览器语言，所以一般不需要设置。也可以设置 ISO 639 格式的语言，比如 zh、en、jp 等
CKEDITOR_HEIGHT	CKEditor 默认	编辑器高度，单位为 px
CKEDITOR_WIDTH	CKEditor 默认	编辑器宽度，单位为 px
CKEDITOR_FILE_UPLOADER	None	处理上传文件的 URL 或端点
CKEDITOR_FILE_BROWSER	None	处理文件浏览的 URL 或端点
CKEDITOR_ENABLE_MARKDOWN	False	设置是否开启 markdown 插件，需要安装对应插件
CKEDITOR_ENABLE_CODESNIPPET	False	设置是否开启 codesnippet 插件（插入代码块），需要安装对应插件
CKEDITOR_CODE_THEME	monokai_sublime	当使用 codesnippet 插件时，设置语法高亮的主题
CKEDITOR_EXTRA_PLUGINS	[ ]	在 CKEditor 中开启的额外扩展列表，对应的扩展需要安装

注意：CKEDITOR_SERVE_LOCAL 和 CKEDITOR_PKG_TYPE 配置变量仅限于使用 Flask-CKEditor 提供的方法加载资源时有效，在手动引入资源时可以忽略。

另外，Flask-CKEditor 支持常用的第三方 CKEditor 插件，开发者可以轻松地为编辑器添加图片上传与插入、插入语法高亮代码片段、MarkDown 编辑模式等功能。要想使用上述高级功能，需要在 CKEditor 包中安装对应的插件，在 Flask-CKEditor 内置的资源中已经包含了这些插件。

（3）渲染 CKEditor 编辑器

在 HTML 中通过文本区域字段来表示 CKEditor 编辑器，即 <textarea></textarea>。Flask-CKEditor 通过包 WTForms 提供的 TextAreaField 字段类型实现了一个 CKEditorField 字段类，可以使用它来构建富文本编辑框字段。例如在下面的表单文件 forms.py 中，设置在表单类 RichTextForm 中包含了一个标题字段和一个正文字段。

```python
from flask_wtf import FlaskForm
from wtforms import StringField, SubmitField ,TextAreaField
from wtforms.validators import DataRequired, Length
from flask_ckeditor import CKEditorField          # 从 flask_ckeditor 包导入

class RichTextForm(FlaskForm):
    title = StringField('Title',validators=[DataRequired(),Length(1,50)])
    body =CKEditorField('Body', validators=[DataRequired()])
    submit =SubmitField('Publish')
```

在上述代码中，从 Flask-CKEditor 导入正文标记（body）使用的 CKEditorField 字段类型，可以像其他字段一样定义标签、验证器和默认值。使用这个字段的方法和使用 WTForms 内置的其他字段完全相同。比如在提交表单时，都可以使用属性 data 获取数据。

在 HTML 模板文件中，渲染上述 body 标记内容的方法和渲染其他字段的方法相同。例如在下面的演示代码中，在模板文件 ckeditor.html 渲染了上面的这个表单。

```
{% extends 'base.html' %}
{% from 'macros.html' import form_field %}
```

```
{% block content %}
<hi>Integrate CKEditor with Flask-CKEditor </hi>
<form method="post">
    {{ form.csrf_token }}
    {{ form_field(form.title) }}
    {{ form_field(form.body) }}
    {{ form.submit }}
</form>
{% endblock %}
{% block scripts %}
{{ super() }}
{{ckeditor.load() }}
{% endblock %}
```

在渲染 CKEditor 编辑器时需要加载相应的 JavaScript 脚本。在开发过程中，为了提高开发效率，可以使用 Flask-CKEditor 中的方法 ckeditor. load( ) 加载资源，方法 ckeditor. load( ) 默认从 CDN 中加载资源。如果将配置变量 CKEDITOR_SERVE_LOCAL 设置为 True，则会加载使用扩展内置的本地资源，在本地资源中包含了几个常用的插件和语言包。方法 ckeditor. load( ) 可以通过参数 pkg_type 传入包类型，这样会覆盖配置变量 CKEDITOR_PKG_TYPE 的值。如果设置额外的参数 version，可以设置从 CDN 加载的 CKEditor 版本。

（4）替换处理

使用 CKEditor 官网提供的构建工具构建自己的 CKEditor 包，下载后放到 Flask 项目的 static 目录下，然后在需要显示文本编辑器的模板中加载包目录下的 ckeditor. js 文件，替换掉 ckeditor. load( ) 调用。如果使用配置变量设置了编辑器的高度、宽度和语言或是其他插件配置，需要使用方法 ckeditor. config( ) 加载配置信息，传入对应表单字段的 name 属性值，即对应表单类属性名。这个方法需要在加载 CKEditor 资源后调用，具体实现代码如下所示。

```
{{ckeditor.config(name='body') }}
```

（5）主程序

编写 Flask 主程序文件 app. py，通过视图函数 ckeditor( ) 调用模板文件，例如下面的演示代码。

```
from flask_ckeditor import CKEditor
from forms import RichTextForm

ckeditor = CKEditor(app)
app.config['CKEDITOR_SERVE_LOCAL'] = True

@app.route('/ckeditor')
def ckeditor():
    form = RichTextForm()
    return render_template('ckeditor.html',form = form)
```

执行后将会显示 CKEditor 编辑器界面效果，如图 15-3 所示。

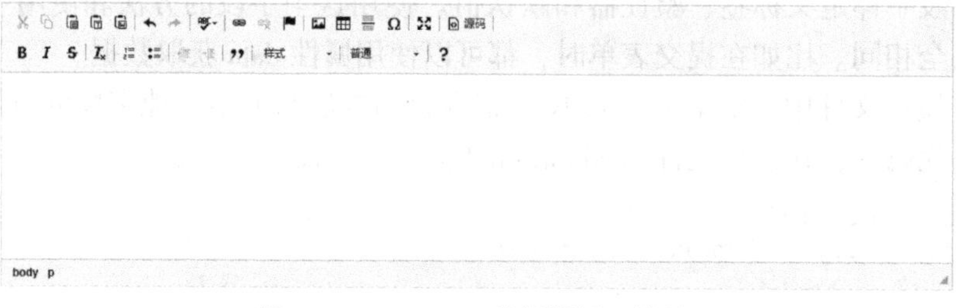

图 15-3　CKEditor 编辑器界面效果

15.2.2 Flask-Admin 和 Flask-CKEditor 集成

在下面的实例中，演示了在 Flask-Admin 后台管理系统中使用 CKEditor 编辑器的方法。

源码路径：daima\15\flask-admin+ flask_ckeditor

1）编写文件 app.py，创建一个数据库 123.db，然后设置数据库表的模型，并向数据库中初始化插入一个数据。文件 app.py 的主要实现代码如下所示。

```
app = Flask(__name__)
app.config['SECRET_KEY'] = 'dev'

# 创建数据库
app.config['SQLALCHEMY_DATABASE_URI'] = 'sqlite:///123.db'

db = SQLAlchemy(app)
ckeditor = CKEditor(app)
class Post(db.Model):
    id = db.Column(db.Integer, primary_key=True)
    title = db.Column(db.String(120))
    text = db.Column(db.Text)
# Flask 视图
@app.route('/')
def index():
    return '<a href="/admin/">来到管理平台</a>'
# Admin 管理选项
class PostAdmin(ModelView):
    # 使用 CKEditorField
    form_overrides =dict(text=CKEditorField)
    create_template = 'edit.html'
    edit_template = 'edit.html'
admin = Admin(app, name='Flask-CKEditor 例子')
admin.add_view(PostAdmin(Post, db.session))
def init_db():
    """
    用一些示例条目填充一个小数据库
    """
    db.drop_all()
    db.create_all()

    # Create sample Post
    title = "勇士输球,火箭扳回一局!"
    text = "勇士输球,火箭扳回一局勇士输球,火箭扳回一局勇士输球,火箭扳回一局勇士输球,火箭扳回一局"

    post = Post(title=title, text=text)
    db.session.add(post)
    db.session.commit()
init_db()
if __name__ == '__main__':
    app.run(debug=True)
```

2）在模板文件 edit.html 中载入 CKEditor 编辑器，具体实现代码如下所示。

```
{% extends 'admin/model/edit.html' %}
{% block tail %}
    {{ super() }}
    {{ckeditor.load() }}
{% endblock %}
```

这样在后台页面中添加新信息和修改已经存在信息时，会发现已经加载使用了 CKEditor

编辑器，如图 15-4 所示。

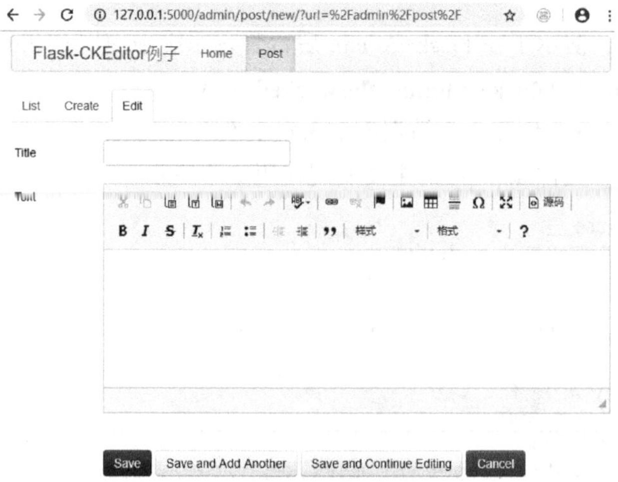

图 15-4　添加信息页面

15.2.3　图片上传系统

在下面的实例中，演示了使用 CKEditor 编辑器实现图片上传系统的过程。

源码路径：daima\15\image-upload+ flask_ckeditor

1）编写文件 app. py，具体实现流程如下所示。

① 设置 CKEditor 配置参数，具体实现代码如下所示。

```
app = Flask(__name__)
app.config['CKEDITOR_SERVE_LOCAL'] = True
app.config['CKEDITOR_HEIGHT'] = 400
app.config['CKEDITOR_FILE_UPLOADER'] = 'upload'
# app.config['CKEDITOR_ENABLE_CSRF'] = True   # 如果要启用 CSRF 保护,请取消对此行的注释
app.config['UPLOADED_PATH'] = os.path.join(basedir, 'uploads')
app.secret_key = 'secret string'
ckeditor = CKEditor(app)
# csrf = CSRFProtect(app)    # 如果要启用 CSRF 保护,请取消对此行的注释
```

② 编写表单操作类 PostForm，使用 CKEditor 处理表单中的数据，具体的实现代码如下所示。

```
class PostForm(FlaskForm):
    title = StringField('Title')
    body = CKEditorField('Body', validators=[DataRequired()])
    submit = SubmitField()
```

③ 在系统主页验证表单中的数据，具体实现代码如下所示。

```
@app.route('/', methods=['GET', 'POST'])
def index():
    form = PostForm()
    if form.validate_on_submit():
        title = form.title.data
        body = form.body.data
        # 可能需要在此处将数据存储在数据库中
        return render_template('post.html', title=title, body=body)
    return render_template('index.html', form=form)
```

④ 通过 URL "/files/<filename>" 显示某幅照片，具体的实现代码如下所示。

```
@app.route('/files/<filename>')
def uploaded_files(filename):
    path = app.config['UPLOADED_PATH']
    return send_from_directory(path, filename)
```

⑤ 通过 URL "/upload" 实现文件上传功能, 在上传时需要判断图片格式是否合法, 并生成图片的名字, 具体的实现代码如下所示。

```
@app.route('/upload', methods=['POST'])
def upload():
    f = request.files.get('upload')
    extension = f.filename.split('.')[1].lower()
    if extension not in ['jpg', 'gif', 'png', 'jpeg']:
        return "上传图片的格式非法!"
    f.save(os.path.join(app.config['UPLOADED_PATH'], f.filename))
    url = url_for('uploaded_files', filename=f.filename)
    return url
```

2) 编写模板文件 index.html, 加载显示 CKEditor 编辑器界面, 具体实现代码如下所示。

```
<div class="warpper" style="width: 700px; margin: auto">
    <h1>Flask-CKEditor 上传图片</h1>
    <form method="post">
        {{ form.csrf_token }}
        {{ form.title.label }}<br>
        {{ form.title }}<br><br>
        {{ form.body.label }}<br>
        {{ form.body }}
        <br>
        {{ form.submit }}
    </form>
</div>
{{ckeditor.load() }}
{{ckeditor.config(name='body') }}
```

3) 编写模板文件 post.html, 加载显示图片上传成功后的图片信息, 具体实现代码如下所示。

```
<div class="warpper" style="width: 700px; margin: auto">
    <h1>{{ title }}</h1>
    <hr>
    <p>{{ body |safe }}</p>
    <hr>
    <a href="{{ url_for('index') }}">返回</a>
</div>
```

执行后可以在 CKEditor 编辑器中上传图片, 如图 15-5 所示。

图 15-5　在 CKEditor 编辑器中上传图片

第 16 章
分页模块

在计算机 Web 应用系统中，经常需要显示大量的信息。为了便于用户浏览这些信息，通常使用分页的形式将这些信息显示出来。在本章的内容中，将详细讲解在 Flask Web 程序中实现分页功能的知识，并通过具体实例来讲解实现分页功能的方法。

16.1 使用 Flask-SQLALchemy 实现分页

在 Flask Web 程序中，除了可以使用 Flask-SQLALchemy 实现数据的插入、修改和删除操作功能外，还可以实现分页功能，将数据库中的数据以分页形式显示出来。在本节的内容中，将详细讲解使用 Flask-SQLALchemy 实现分页功能的方法。

16.1.1 使用 Pagination 对象

在 Flask Web 程序中，可以使用 Flask-SQLALchemy 的 Pagination 对象进行分页。对一个查询对象调用方法 pagenate(page, per_page=20, error_out=True) 即可得到 Pagination 对象，各参数的具体说明如下所示。

- 参数 page：表示当前页。
- 参数 per_page：表示每页显示数据的数量。
- 参数 error_out：如果此参数的值为 True，那么当指定页没有内容时会发出 404 错误，否则会返回一个空的列表。

除了上面介绍的方法 pagenate() 外，在 Pagination 对象中还内置了如下所示的常用方法。

- has_next：判断是否还有下一页。
- has_prev：判断是否还有上一页。
- items：返回当前页的所有内容。
- next(error_out=False)：返回下一页的 Pagination 对象。
- prev(error_out=False)：返回上一页的 Pagination 对象。
- page：表示当前页的页码（从 1 开始）。
- pages：表示总页数。
- per_page：表示每页显示的数量。
- prev_num：表示在上一页中的页码数。
- next_num：表示在下一页中的页码数。

- query：返回创建这个 Pagination 对象的查询对象。
- total：查询返回的记录总数

16.1.2　使用 Flask-SQLALchemy 分页显示数据库数据的基本流程

请看下面的简易演示代码，讲解了使用 Flask-SQLALchemy 分页显示 SQLite 数据的方法。

1）在配置文件 config. py 中设置密钥、数据库名和每个分页显示 10 条数据，主要实现代码如下所示。

```
import os
CSRF_ENABLED = True
SECRET_KEY = "SECRET"
basedir = os.path.abspath(os.path.dirname(__file__))
SQLALCHEMY_DATABASE_URI = "sqlite:///" + os.path.join(basedir, "app.db")
SQLALCHEMY_TRACK_MODIFICATIONS = True
POSTS_PER_PAGE = 10
```

2）在数据库模型文件 models. py 中设置要创建的数据表，主要实现代码如下所示。

```
class Post(db.Model):
    id = db.Column(db.Integer, primary_key=True)
    post = db.Column(db.String(500))

    def __repr__(self):
        return self.post
```

3）在文件 forms. py 中设置一个表单，用户可以通过此表单向数据库中添加新数据，主要实现代码如下所示。

```
class PostForm(FlaskForm):
    post = StringField("post",validators=[DataRequired()])
    submit = SubmitField('添加')
```

4）在模板文件 index. html 中以分页样式显示数据库中的数据。

5）文件 app. py 用于启动 Flask 项目，具体实现代码如下所示。

```
from app import app, db
if __name__ == "__main__":
    db.create_all()
    app.run(debug=True)
```

执行后可以在表单中添加数据，在表单下方以分页样式显示数据库中的数据，执行效果如图 16-1 所示。

16.2　自定义分页工具类

为了提高程序的灵活性，开发者可以自定义分页工具类，这样可以实现个性化的分页功能。在下面的实例中，演示了在 Flask Web 程序中编写分页工具类的方法。

源码路径：daima\16\ziji

1）编写文件 page_utils. py，定义分页工具类 Pagination，定制自己喜欢的分页格式。文件 page_utils. py 的具体实现流程如下所示。

← → C ① 127.0.0.1:5000/index?page=2

Flask - Pagination分页

请输入要添加的数据... 　添加

- hh
- jj
- kk
- kkk
- lll
- lll
- qqqq
- vv
- xxx
- xxx

<<< 上一页 下一页 >>>

图 16-1　执行效果

① 在类 Pagination 中定义初始化方法__init__(), 设置每个分页显示数据数量并判断当前页面数, 具体实现代码如下所示。

```python
class Pagination(object):
    """
    自定义分页
    """
    def __init__(self,current_page,total_count,base_url,params,per_page_count =
10,max_pager_count =11):
        try:
            current_page = int(current_page)
        except Exception as e:
            current_page = 1
        if current_page <=0:
            current_page = 1
        self.current_page = current_page
        # 数据总条数
        self.total_count = total_count

        # 每页显示10 条数据
        self.per_page_count = per_page_count

        # 页面上应该显示的最大页码
        max_page_num, div = divmod(total_count, per_page_count)
        if div:
            max_page_num += 1
        self.max_page_num = max_page_num

        # 页面上默认显示11 个页码(当前页在中间)
        self.max_pager_count = max_pager_count
        self.half_max_pager_count = int((max_pager_count - 1) /2)

        # URL 前缀
        self.base_url = base_url

        # request.GET
        import copy
        params = copy.deepcopy(params)
        # params._mutable = True
        get_dict = params.to_dict()
        # 包含当前列表页面所有的搜索条件
        # {source:[2,], status:[2], gender:[2],consultant:[1],page:[1]}
        # self.params[page] = 8
        # self.params.urlencode()
        # source=2&status=2&gender=2&consultant=1&page=8
        # href="/hosts/?source=2&status=2&gender=2&consultant=1&page=8"
        # href="%s?%s" %(self.base_url,self.params.urlencode())
        self.params = get_dict
```

② 通过方法 start() 设置分页中的首页, 具体实现代码如下所示。

```python
    @property
    def start(self):
        return (self.current_page - 1) * self.per_page_count
```

③ 通过方法 end() 设置分页中的尾页, 具体实现代码如下所示。

```python
    @property
    def end(self):
        return self.current_page * self.per_page_count
```

④ 通过方法 page_html( )显示分页功能，根据数据数量进行分页处理，显示自定义的分页样式，具体实现代码如下所示。

```python
def page_html(self):
    # 如果总页数 <= 11
    if self.max_page_num <= self.max_pager_count:
        pager_start = 1
        pager_end = self.max_page_num
    # 如果总页数 > 11
    else:
        # 如果当前页 <= 5
        if self.current_page <= self.half_max_pager_count:
            pager_start = 1
            pager_end = self.max_pager_count
        else:
            # 当前页 + 5 > 总页码
            if (self.current_page + self.half_max_pager_count) > self.max_page_num:
                pager_end = self.max_page_num
                pager_start = self.max_page_num - self.max_pager_count + 1
                                                                    #倒着数11个
            else:
                pager_start = self.current_page - self.half_max_pager_count
                pager_end = self.current_page + self.half_max_pager_count


    page_html_list = []
    # {source:[2,], status:[2], gender:[2],consultant:[1],page:[1]}
    # 首页
    self.params['page'] = 1
    first_page = '<li><a href="%s?%s">首页</a></li>' % (self.base_url,urlencode
(self.params),)
    page_html_list.append(first_page)
    # 上一页
    self.params["page"] = self.current_page - 1
    if self.params["page"] < 1:
        pervious_page = '<li class="disabled"><a href="%s?%s" aria-label="Previ-
ous">上一页</span></a></li>' % (self.base_url, urlencode(self.params))
    else:
        pervious_page = '<li><a href = "%s?%s" aria-label = "Previous" >上一页
</span></a></li>' % ( self.base_url, urlencode(self.params))
    page_html_list.append(pervious_page)
    # 中间页码
    for i in range(pager_start, pager_end + 1):
        self.params['page'] = i
        if i == self.current_page:
            temp = '<li class="active"><a href="%s?%s">%s</a></li>' % (self.base_
url,urlencode(self.params), i,)
        else:
            temp = '<li><a href="%s?%s">%s</a></li>' % (self.base_url,urlencode
(self.params), i,)
        page_html_list.append(temp)


    # 下一页
    self.params["page"] = self.current_page + 1
    if self.params["page"] > self.max_page_num:
        self.params["page"] = self.current_page
        next_page = '<li class="disabled"><a href = "%s?%s" aria-label = "Next">下
一页</span></a></li >' % (self.base_url, urlencode(self.params))
    else:
```

```
            next_page = '<li><a href = "%s?%s" aria-label = "Next">下一页</span></a>
</li>' % (self.base_url, urlencode(self.params))
        page_html_list.append(next_page)

        # 尾页
        self.params['page'] = self.max_page_num
        last_page = '<li><a href ="%s?%s">尾页</a></li>' % (self.base_url, urlencode
(self.params),)
        page_html_list.append(last_page)

        return ''.join(page_html_list)
```

对上述代码的具体说明如下所示。

- current_page：表示当前页。
- total_count：表示数据总条数。
- base_url：表示分页 URL 前缀，可以通过 Flask 的 request. path( ) 方法获取请求的前缀，无须自己指定。例如路由方法为@ app. route('/ test')，通过 request. path( ) 方法即可获取/test。
- params：表示请求传入的数据，可以通过 request. args( ) 动态获取 params。例如单击链接 http://localhost:5000/test? page = 10 时，request. args( ) 获取的数据是 ImmutableMultiDict([('page', u'10')])。
- per_page_count：设置每个分页显示的数据数目。
- max_pager_count：设置页面最大显示页码。

2）编写文件 ziji. py 设置 100 条测试数据，然后通过分页来显示这 100 条数据。文件 ziji. py 的主要实现代码如下所示。

```
app = Flask(__name__)

@app.route('/test')
def test():
    li = []
    for i in range(1, 100):
        li.append(i)
    pager_obj = Pagination(request.args.get("page", 1), len(li), request.path, request.args, per_page_count=10)
    print(request.path)
    print(request.args)
    index_list = li[pager_obj.start:pager_obj.end]
    html = pager_obj.page_html()
    return render_template("index.html", index_list=index_list, html=html)

if __name__ == '__main__':
    app.run(debug=True)
```

在上述代码中，li 表示要分页的对象。在获取到数组 list 后，用工具类中的起止方法 star( ) 和 end( ) 将其包含起来。然后使用包装后的 list 传递数据，这样就达到了需要哪一段数据就传递哪一段数据的效果，具体的包装方法如下所示。

```
index_list = li[pager_obj.start:pager_obj.end]
```

3）在模板文件 index. html 中调用 Bootstrap 设置分页样式。

执行后会以美观的 Bootstrap 样式分页显示数据，执行效果如图 16-2 所示。

图 16-2　执行效果

16.3　使用 Flask-Pagination 实现分页

为了提高开发效率，可以使用 Flask-Pagination 扩展实现分页功能。在本节的内容中，将详细讲解在 Flask Web 程序中实现分页功能的方法。

16.3.1　Flask-Pagination 基础

Flask-Pagination 是 Flask 中一个重要的 Paginate 扩展，它引用了典型的分页插件 will_paginate 作为内核，并使用 Bootstrap 作为 CSS 样式框架。在使用 Flask-Pagination 之前需要先通过如下命令进行安装。

```
pip install flask-paginate
```

使用 Flask-Pagination 显示分页信息的基本流程如下所示。

1) 在 CSS 文件中添加设置分页栏目的基本样式。

2) 在程序文件中（例如 views / users.py）使用分页对象 Pagination 和 get_page_parameter( ) 方法，例如下面的演示代码。

```
from flask import Blueprint
from flask_paginate import Pagination, get_page_parameter
mod = Blueprint('users', __name__)
@mod.route('/')
def index():
    search = False
    q = request.args.get('q')
    if q:
        search = True
    page = request.args.get(get_page_parameter(), type=int, default=1)
    users = User.find(...)
    pagination = Pagination(page=page, total=users.count(), search=search, record_name='users')
        # page 是页面参数的默认名称,可以自定义
        return render_template('users/index.html',users=users,pagination=pagination,)
```

3) 然后在模板文件 index.html 中引用分页，例如下面的演示代码。

```
{{ pagination.info }}
{{ pagination.links }}
<table>
  <thead>
    <tr>
```

```
        <th>#</th>
        <th>Name</th>
        <th>Email</th>
      </tr>
    </thead>
    <tbody>
      {% for user in users %}
        <tr>
          <td>{{ loop.index + pagination.skip }}</td>
          <td>{{ user.name }}</td>
          <td>{{ user.email }}</td>
        </tr>
      {% endfor %}
    </tbody>
  </table>
  {{ pagination.links }}
```

在初始化方法 Pagination . __ init __ ( ) 中设置分页参数，常用参数的具体说明如下所示。

- found：在搜索时使用。
- page：当前页面。
- per_page：上一页显示的记录数。
- page_parameter：包含页面索引的 GET 参数的名称（字符串）。如果要同时迭代多个分页对象，请使用它，默认值是 page。
- per_page_parameter：per_page 的名称，例如 page_parameter，默认值是 per_page。
- inner_window：当前页面有多少个链接。
- outer_window：第一个/最后一个链接附近有多少个链接。
- prev_label：上一页的显示文字，默认值是 &laquo。
- next_label：下一页的显示文字，默认值是 &raquo。
- total：分页记录总数。
- display_msg：pagation 信息的显示文本。
- search_msg：搜索信息的显示文本。
- record_name：显示在分页信息中的记录名称。
- link_size：页面链接的字体大小。
- alignment：分页链接的对齐方式。
- href：为链接添加自定义 href，支持使用 post 方法的表单 必须包含{0}才能格式化页。
- show_single_page：设置单个页面是否返回分页。
- bs_version：Bootstrap 的版本，默认值为 2。
- css_framework：使用的 CSS 框架，默认值是 bootstrap。
- anchor：anchor 参数，附加到 href 页面链接。
- format_total：设置显示总页数数字的格式，如 1、234，默认值是 False。
- format_number：设置显示页数数字的格式，如 1、234，默认值是 False。

16.3.2　Flask-Pagination 分页系统

在下面的实例中，演示了使用 Flask-Pagination 实现分页功能的过程。

源码路径：daima\16\flask-paginate

1）编写文件 sql.py 创建数据库，并向数据库中添加测试数据，主要实现代码如下所示。

```
from __future__ import unicode_literals
import sqlite3
import click

click.disable_unicode_literals_warning = True

sql = '''create table if not exists users(
    id integer primary key autoincrement,
    name varchar(30)
    )
'''
@click.group()
def cli():
    pass

@cli.command(short_help='initialize database and tables')
def init_db():
    conn = sqlite3.connect('test.db')
    cur = conn.cursor()
    cur.execute(sql)
    conn.commit()
    conn.close()

@cli.command(short_help='fill records to database')
@click.option('--total', '-t', default=300, help='fill data for example')
def fill_data(total):
    conn = sqlite3.connect('test.db')
    cur = conn.cursor()
    for i in range(total):
        cur.execute('insert into users (name) values (?)', ['name' + str(i)])

    conn.commit()
    conn.close()

if __name__ == '__main__':
    cli()
```

通过如下两个命令可以初始化并创建一个名为 test.db 的数据库。

```
python sql.py init_db
python sql.py fill_data
```

2）在文件 app.py 中定义 URL 方法，具体实现流程如下所示。

① 建立和指定数据库的连接，具体实现代码如下所示。

```
@app.before_request
def before_request():
    g.conn = sqlite3.connect('test.db')
    g.conn.row_factory = sqlite3.Row
    g.cur = g.conn.cursor()

@app.teardown_request
def teardown(error):
    if hasattr(g, 'conn'):
        g.conn.close()
```

② 通过方法 index() 映射系统主页，分页展示系统数据库中的用户信息，具体实现代码如下所示。

```
@app.route('/')
def index():
```

```
    g.cur.execute('select count( * ) from users')
    total = g.cur.fetchone()[0]
    page, per_page, offset = get_page_args(page_parameter='page',
                            per_page_parameter='per_page')
    sql = 'select name from users order by name limit {}, {}'\
        .format(offset, per_page)
    g.cur.execute(sql)
    users = g.cur.fetchall()
    pagination = get_pagination(page=page,
                        per_page=per_page,total=total,record_name='users',
                        format_total=True,format_number=True,
                        )
    return render_template('index.html', users=users,
                    page=page,
                    per_page=per_page,
                    pagination=pagination,
                    )
```

③ 通过方法 users( )映射显示某一分页中的用户信息，具体实现代码如下所示。

```
@app.route('/users/', defaults={'page': 1})
@app.route('/users', defaults={'page': 1})
@app.route('/users/page/<int:page>/')
@app.route('/users/page/<int:page>')
def users(page):
    g.cur.execute('select count( * ) from users')
    total = g.cur.fetchone()[0]
    page, per_page, offset = get_page_args()
    sql = 'select name from users order by name limit {}, {}'\
        .format(offset, per_page)
    g.cur.execute(sql)
    users = g.cur.fetchall()
    pagination = get_pagination(page=page,per_page=per_page, total=total,
                        record_name='users', format_total=True, format_number=
True,)
    return render_template('index.html', users=users,
                    page=page,per_page=per_page,pagination=pagination,
                    active_url='users-page-url',
                    )
```

④ 通过方法 search( )映射显示搜索结果界面功能，具体实现代码如下所示。

```
@app.route('/search/<name>/')
@app.route('/search/<name>')
def search(name):
    sql = 'select count( * ) from users where name like ?'
    args = ('%{}%'.format(name), )
    g.cur.execute(sql, args)
    total = g.cur.fetchone()[0]

    page, per_page, offset = get_page_args()
    sql = 'select * from users where name like ? limit {}, {}'
    g.cur.execute(sql.format(offset, per_page), args)
    users = g.cur.fetchall()
    pagination = get_pagination(page=page,per_page=per_page,total=total,
record_name='users',)
    return render_template('index.html', users=users,
                    page=page,per_page=per_page,pagination=pagination,
                    )
```

⑤ 通过方法 get_css_framework( )设置使用的 CSS 样式，具体实现代码如下所示。

```
def get_css_framework():
    return current_app.config.get('CSS_FRAMEWORK', 'bootstrap4')
```

⑥ 通过方法 get_pagination( ) 获取每个分页的大小，具体实现代码如下所示。

```
def get_pagination(**kwargs):
    kwargs.setdefault('record_name', 'records')
    return Pagination(css_framework=get_css_framework(),
            link_size=get_link_size(),
            alignment=get_alignment(),
            show_single_page=show_single_page_or_not(),
            **kwargs
            )
```

⑦ 运行命令行和启动 Flask Web 程序，具体实现代码如下所示。

```
@click.command()
@click.option('--port', '-p', default=5000, help='listening port')
def run(port):
    app.run(debug=True, port=port)

if __name__ == '__main__':
    run()
```

3）在模板文件 base.html 中引用 Bootstrap 样式文件，并设置在导航中显示的内容。

4）在模板文件 index.html 中渲染显示数据库中的用户列表。

执行后在主页中分页显示数据库中的用户信息，系统主页如图 16-3 所示。

图 16-3　系统主页

通过链接"http://127.0.0.1:5000/search/查询关键字"的格式可以检索数据库中的数据，例如输入"http://127.0.0.1:5000/search/222"会显示关键字是"222"的结果，搜索结果如图 16-4 所示。

图 16-4　搜索结果

303

第 17 章
信息发布模块

随着互联网的普及和发展，生活中互联网的应用也越来越广泛。在现实应用中，信息发布系统是常见的一种 Web 应用模块，例如新闻展示系统、产品展示系统和文章发布系统等。在本章的内容中，将详细讲解使用 Flask 实现一个新闻发布系统的知识。

17.1　信息发布系统简介

信息发布系统是一个综合性的系统，不仅是表单数据的发布处理过程，而且在实现过程中也会应用到数据库的相关知识，并对数据进行添加和删除操作。

1. 信息发布系统的功能原理

信息发布系统的实现原理清晰明了，其主要是对数据库中的数据进行添加和删除操作。在实现过程中，往往是根据系统的需求进行不同功能模块的设计。概括来说，信息发布系统的必备功能如下。

1）提供信息发布表单，供用户发布新的新闻信息和文章信息。

2）将用户发布的信息添加到系统数据库中。

3）在页面内显示系统数据库中的新闻信息数据。

4）删除系统内不需要的新闻信息。

2. 信息发布系统的构成模块

一个典型信息发布系统由如下 3 个模块构成。

1）信息发表模块：用户可以在系统上发布新的信息。

2）信息显示模块：用户发布的新闻信息能够在系统上显示。

3）系统管理模块：站点管理员能够对发布的信息进行管理控制。

信息发布系统运行流程如图 17-1 所示。

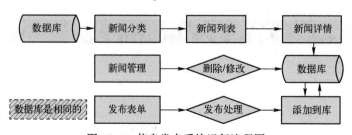

图 17-1　信息发布系统运行流程图

通过前面的介绍，初步了解了信息发布系统的功能原理和具体的运行流程。在接下来的内容中，将通过一个具体的新闻发布系统实例，向读者讲解一个典型的信息发布系统的具体实现流程。

17.2 信息发布系统实例概述

本实例的实现文件主要由如下模块文件构成。

1）系统配置文件：功能是对项目程序进行总体配置，设置系统运行所需要的公用参数。

2）数据库文件：功能是搭建系统数据库平台，保存系统中的数据信息。

3）新闻列表文件：功能是将系统内的新闻信息以列表样式显示出来。

4）发布新闻信息：功能是向系统内添加新的新闻信息数据。

5）新闻管理页面：功能是修改、删除系统内已经存在的新闻信息数据。

17.3 系统配置

在开发过程中，为了提高系统的重用性和开发效率，特意将经常用到的功能进行了封装，在一个单独文件中编写这些信息，在系统中需要这些功能时直接调用这个模块文件即可。在本节的内容中，将详细讲解实现系统配置功能的过程。

源码路径：daima\17\beibq_py3

17.3.1 总体配置

1）在文件 config_default.py 中设置 Flask Web 项目常用的配置参数，例如调试开关、分页设置、资源目录等，并设置创建数据库表的前缀为 "bb_"。文件 config_default.py 的主要实现代码如下所示。

```
class Config(object):
    DEBUG = False
    SECRET_KEY = 'this is secret string'

    CATALOG_DEEP = 3
    ERROR_LOG = "../logs/error.log"
    INFO_LOG = "../logs/info.log"

    DB_PREFIX = "bb_"
    PER_PAGE = 20

    STATIC_IMG_PATH = "img"

    AVATAR_PATH = "resource/image/avatar"
    TMP_PATH = "resource/tmp"
    IMAGE_PATH = "resource/image/image"

    BOOK_COVER_PATH = "resource/image/cover"
```

2）在文件 config.py 中设置连接 MySQL 数据库的连接参数，具体实现代码如下所示。

```
from app.config_default import Config as DefaultConfig

class Config(DefaultConfig):
```

```
    SQLALCHEMY_DATABASE_URI  = 'mysql+mysqlconnector://root:66688888@localhost/
beibq?charset=utf8'
```

17.3.2　数据库设计

在包目录 models 中定义数据库模型，设置系统需要的数据表的结构。

1）在文件 site.py 中定义类 SiteMeta，设置要创建的数据库表名为 bb site meta，用于保存 Web 系统的介绍信息，具体实现流程如下所示。

① 设置数据库表名的前缀和表成员各字段信息，具体实现代码如下所示。

```python
PREFIX = "site_"
class SiteMeta(db.Model):
    """ Site table """
    __tablename__ = db.PREFIX + PREFIX + "meta"
    __table_args__ = {
        "mysql_engine": "InnoDB",
        "mysql_charset": "utf8"
    }
    id = db.Column(db.Integer, primary_key = True,nullable = False)
    name = db.Column(db.String(255),nullable = False, index = True)
    value = db.deferred(db.Column(LONGTEXT, default ="", nullable = False))
```

② 通过函数 add() 向表中添加系统的介绍信息，通过函数 setting() 重新设置介绍信息，具体实现代码如下所示。

```python
@staticmethod
def add(data):
    for name, value in data.items():
        meta = SiteMeta.query.filter_by(name=name).first()
        if meta is not None:
            continue
        meta = SiteMeta(name=name, value=value)
        db.session.add(meta)
    db.session.commit()

@staticmethod
def setting(data):
    for name, value in data.items():
        meta = SiteMeta.query.filter_by(name=name).first()
        if not meta:
            meta = SiteMeta(name=name, value=value)
            db.session.add(meta)
            return
        meta.value = value
    db.session.commit()

@staticmethod
def all():
    return SiteMeta.query.all()
```

在 MySQL 可视化界面中的视图设计效果如图 17-2 所示。

#	名字	类型	排序规则	属性	空	默认	注释	额外	操作
☐ 1	**id** 🔑	int(11)			否	无		AUTO_INCREMENT	🖉修改 ⊖删除 🔎主键 **ᴜ**唯一 ◢索引 🗝空间 **T**全文搜索 ▾更多
☐ 2	**name**	varchar(255)	utf8_general_ci		否	无			🖉修改 ⊖删除 🔎主键 **ᴜ**唯一 ◢索引 🗝空间 **T**全文搜索 ▾更多
☐ 3	**value**	longtext	utf8_general_ci		否	无			🖉修改 ⊖删除 🔎主键 **ᴜ**唯一 ◢索引 🗝空间 **T**全文搜索 ▾更多

图 17-2　表 bb_site_meta 的视图设计效果

2）编写文件 user.py，设置要创建的数据库表名为 bb_user，用于保存系统内的会员用户信息，具体实现流程如下所示。

① 定义类 User，设置要创建的数据库名和表中的字段成员，具体实现代码如下所示。

```
class User(UserMixin, db.Model):
    """ user table """
    __tablename__ = db.PREFIX + PREFIX + "user"
    __table_args__ = {
        "mysql_engine": "InnoDB",
        "mysql_charset": "utf8"
    }

    id = db.Column(db.Integer, primary_key = True,nullable=False)
    username = db.Column(db.String(255), unique = True,nullable = False, index =
True, default = "")
    nickname = db.Column(db.String(255),nullable = False, default = "")
    password =  db.Column(db.String(255), default = "")
    avatar = db.Column(db.String(255),  default = "")
    updatetime = db.Column(db.DateTime, default = datetime.now, nullable=False)
    timestamp = db.Column(db.DateTime, default = datetime.now,nullable=False)
    books = db.relationship("Book",backref = "user", lazy = "dynamic")
```

② 通过函数 add()向系统数据库添加新的用户信息，具体实现代码如下所示。

```
@staticmethod
def add(username, password):
    user = User.query.filter_by(username=username).first()
    if user is not None:
        return
    user = User()
    user.username = username
    user.nickname = username
    user.password = generate_password_hash(password)
    user.avatar = file.new_avatar()
    db.session.add(user)
    db.session.commit()
    return user
```

③ 通过函数 get(id)查询指定 ID 的用户信息，具体实现代码如下所示。

```
@staticmethod
def get(id):
    return User.query.filter_by(id=id).first()
```

④ 通过函数 getbyname()查询指定用户名的用户信息，具体实现代码如下所示。

```
@staticmethod
def getbyname(username):
    return User.query.filter_by(username=username).first()
```

⑤ 通过函数 setting()设置用户的昵称，具体实现代码如下所示。

```
def setting(self, nickname):
    self.nickname = nickname
```

⑥ 通过函数 change_password()修改用户的密码，具体实现代码如下所示。

```
def change_password(self, password):
    self.password = generate_password_hash(password)
```

⑦ 通过函数 verify_password()验证用户的密码是否合法，具体实现代码如下所示。

```
def verify_password(self, password):
    return check_password_hash(self.password, password)
```

⑧ 通过函数 page_book( )分页展示新闻信息，具体实现代码如下所示。

```
def page_book(self, page, per_page):
    from .book import Book
    books = Book.query.filter_by(user_id=self.id) \
        .options(db.Load(Book).undefer("brief")) \
        .order_by(Book.publish_timestamp.desc()) \
        .paginate(page, per_page=per_page, error_out=False)
    return books
```

在 MySQL 可视化界面中的视图设计效果如图 17-3 所示。

	#	名字	类型	排序规则	属性	空	默认	注释	额外	操作						
☐	1	id 🔑	int(11)			否	无		AUTO_INCREMENT	⬦修改	⊖删除	⬦主键	ⓤ唯一	⬦索引	⬦空间	▼更多
☐	2	username 🔑	varchar(255)	utf8_general_ci		否	无			⬦修改	⊖删除	⬦主键	ⓤ唯一	⬦索引	⬦空间	▼更多
☐	3	nickname	varchar(255)	utf8_general_ci		否	无			⬦修改	⊖删除	⬦主键	ⓤ唯一	⬦索引	⬦空间	▼更多
☐	4	password	varchar(255)	utf8_general_ci		是	NULL			⬦修改	⊖删除	⬦主键	ⓤ唯一	⬦索引	⬦空间	▼更多
☐	5	avatar	varchar(255)	utf8_general_ci		是	NULL			⬦修改	⊖删除	⬦主键	ⓤ唯一	⬦索引	⬦空间	▼更多
☐	6	updatetime	datetime			否	无			⬦修改	⊖删除	⬦主键	ⓤ唯一	⬦索引	⬦空间	▼更多
☐	7	timestamp	datetime			否	无			⬦修改	⊖删除	⬦主键	ⓤ唯一	⬦索引	⬦空间	▼更多

图 17-3　表 bb_user 的视图设计效果

3）编写文件 book.py，用于创建和系统内新闻信息相关的数据库表，具体实现流程如下所示。

① 定义类 Book，在数据库中创建表 bb_book_book，用于保存系统内的新闻类别信息，具体实现代码如下所示。

```
class Book(db.Model):
    __table_args__ = {
        "mysql_engine": "InnoDB",
        "mysql_charset": "utf8"
    }
    __tablename__ = db.PREFIX + PREFIX + "book"

    id = db.Column(db.Integer, primary_key = True,nullable=False)
    name = db.Column(db.String(255), default="", nullable=False, index=True)
    access = db.Column(db.Integer, default=1,nullable=False, index=True)
    status = db.Column(db.Integer, default=0,nullable=False, index=True)
# publish status
    brief = db.deferred(db.Column(db.Text, default="", nullable=False))
    select_catalog = db.Column(db.Integer, default=0,nullable=False)
    publish_timestamp = db.Column(db.DateTime, default=datetime.now,nullable=
False, index=True)
    updatetime = db.Column(db.DateTime, default=datetime.now, nullable=False,
index=True)
    timestamp = db.Column(db.DateTime, default=datetime.now,nullable=False,
index=True)
    cover = db.Column(db.String(255), default="", nullable=False)
    user_id = db.Column(db.Integer, db.ForeignKey(User.__tablename__+".id",
        ondelete="CASCADE", onupdate="CASCADE"), nullable=False)

    catalogs = db.relationship("BookCatalog", backref="book", lazy="dynamic",
passive_deletes=True)
    images = db.relationship("BookImage", backref="book", lazy="select", passive
_deletes=True)
```

② 通过函数 add( )向数据库添加新的新闻类别信息，具体实现代码如下所示。

```
@staticmethod
def add(name, brief, access, user_id):
```

```
book = Book(name=name, brief=brief, access=access, user_id=user_id)
db.session.add(book)
db.session.commit()
return book
```

③ 通过函数 get(id)获取数据库中指定编号的新闻类别信息，具体实现代码如下所示。

```
@staticmethod
def get(id):
    return Book.query.filter_by(id=id).first()
```

④ 通过函数 create_subquery( )创建子查询，按照发布顺序提取这类信息下的新闻信息，具体实现代码如下所示。

```
@staticmethod
def create_subquery(sub_type, user_id = None):
    if sub_type == "last_catalog":
        return db.session.query(
            Book.id,
            func.max(BookCatalog.publish_order).label("order")
        ).outerjoin(
            BookCatalog,
            db.and_(
                BookCatalog.book_id==Book.id,
                BookCatalog.status==1
            )
        ).group_by(Book.id).subquery("order")
```

⑤ 通过函数 setting( )设置新闻类别信息，具体实现代码如下所示。

```
def setting(self, name, brief, access):
    self.name = name
    self.brief = brief
    self.access = access
```

在 MySQL 可视化界面中的视图设计效果如图 17-4 所示。

图 17-4　表 bb_book_book 的视图设计效果

⑥ 定义类 BookCatalog，在数据库中创建表 bb_book_catalog，并分别设置表的字段属性，具体实现代码如下所示。

```
class BookCatalog(db.Model):
    __table_args__ = {
        "mysql_engine": "InnoDB",
        "mysql_charset": "utf8"
    }
    __tablename__ = db.PREFIX+PREFIX+"catalog"
    id = db.Column(db.Integer, primary_key = True,nullable=False)
    title = db.Column(db.String(255), default = "", nullable=False, index=True)
    markdown = db.deferred(db.Column(LONGTEXT, default="", nullable=False))
    html = db.deferred(db.Column(LONGTEXT, default="", nullable=False))
    publish_markdown = db.deferred(db.Column(LONGTEXT, default='',nullable=False))
    publish_html = db.deferred(db.Column(LONGTEXT, default='',nullable=False))
    status = db.Column(db.Integer, default=0,nullable = True, index = True)
    abstract = db.deferred(db.Column(db.String(255), default=""))
    publish_order = db.Column(db.Integer, default=0,nullable=True, index = True)
    pos = db.Column(db.Integer, default=0,nullable=False, index=True)
    parent_id = db.Column(db.Integer, default = 0,nullable=False, index=True)
    is_dir = db.Column(db.Boolean, default = False,nullable=False, index=True)
    publish_timestamp = db.Column(db.DateTime, default = datetime.now,nullable=False, index = True)
    first_publish = db.Column(db.DateTime, default = datetime.now, nullable=False, index = True)
    updatetime = db.Column(db.DateTime, default = datetime.now, nullable=False, index=True)
    timestamp = db.Column(db.DateTime, default = datetime.now,nullable=False, index=True)
```

⑦ 通过函数 add( ) 向数据库添加一条新的新闻信息，具体实现代码如下所示。

```
@staticmethod
def add(book_id, title, parent_id=0, is_dir=False):
    parent_id = 0 if parent_id is None else int(parent_id)
    if parent_id != 0:
        if not BookCatalog.get(parent_id):
            return
    catalog = BookCatalog(
        title = title,
        is_dir = is_dir,
        book_id=book_id,
    )
    if parent_id:
        catalog.parent_id = parent_id
    catalog.pos =BookCatalog.max_pos(book_id, parent_id) + 1
    db.session.add(catalog)
    db.session.commit()
    catalog.book.updatetime = datetime.now()
    return catalog
```

⑧ 通过函数 get_deep( ) 返回新闻列表目录的深度，具体实现代码如下所示。

```
@staticmethod
def get_deep(id=None):
    if not id:
        return 1
    else:
        catalog =BookCatalog.query.filter_by(id=id).first()
        if not catalog:
            return 0
        return BookCatalog.get_deep(catalog.parent_id)+1
```

⑨ 通过函数 reader( ) 获取指定编号的新闻详情信息，具体实现代码如下所示。

```
@staticmethod
def reader(book_id, id=None):
    catalog =BookCatalog.query.filter_by(book_id=book_id)\
        .options(db.undefer("publish_html"))
    if id:
        catalog = catalog.filter_by(id=id)
    else:
        catalog = catalog.filter_by(parent_id=0)\
            .order_by(BookCatalog.pos)
    return catalog.first()
```

⑩ 通过函数 rename()实现重新命名功能，具体实现代码如下所示。

```
def rename(self, title):
    self.title = title
    self.updatetime = datetime.now()
    self.book.updatetime = self.updatetime
```

⑪ 通过函数 save()保存更新后的内容，具体实现代码如下所示。

```
def save(self, markdown, html):
    self.markdown = markdown
    self.html = html
    self.updatetime = datetime.now()
    self.book.updatetime = self.updatetime
```

⑫ 编写函数 delete()删除指定的新闻信息，具体实现代码如下所示。

```
def delete(self):
    catalogs =BookCatalog.query.filter_by(parent_id=self.id).all()
    for catalog in catalogs:
        catalog.delete()
    self.book.updatetime = datetime.now()
    db.session.delete(self)
```

在 MySQL 可视化界面中的视图设计效果如图 17-5 所示。

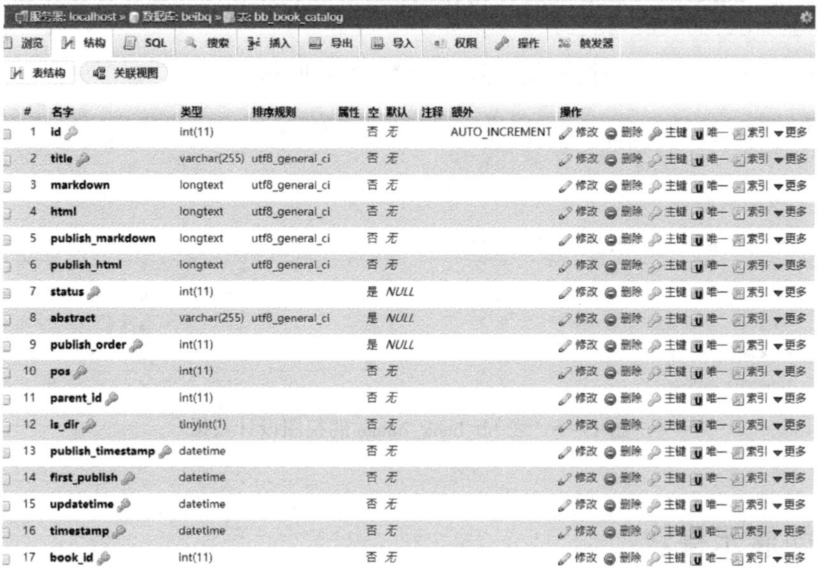

#	名字	类型	排序规则	属性	空	默认	注释	额外	操作
1	id	int(11)			否	无		AUTO_INCREMENT	修改 删除 主键 唯一 索引 更多
2	title	varchar(255)	utf8_general_ci		否	无			修改 删除 主键 唯一 索引 更多
3	markdown	longtext	utf8_general_ci		否	无			修改 删除 主键 唯一 索引 更多
4	html	longtext	utf8_general_ci		否	无			修改 删除 主键 唯一 索引 更多
5	publish_markdown	longtext	utf8_general_ci		否	无			修改 删除 主键 唯一 索引 更多
6	publish_html	longtext	utf8_general_ci		否	无			修改 删除 主键 唯一 索引 更多
7	status	int(11)			是	NULL			修改 删除 主键 唯一 索引 更多
8	abstract	varchar(255)	utf8_general_ci		是	NULL			修改 删除 主键 唯一 索引 更多
9	publish_order	int(11)			是	NULL			修改 删除 主键 唯一 索引 更多
10	pos	int(11)			否	无			修改 删除 主键 唯一 索引 更多
11	parent_id	int(11)			否	无			修改 删除 主键 唯一 索引 更多
12	is_dir	tinyint(1)			否	无			修改 删除 主键 唯一 索引 更多
13	publish_timestamp	datetime			否	无			修改 删除 主键 唯一 索引 更多
14	first_publish	datetime			否	无			修改 删除 主键 唯一 索引 更多
15	updatetime	datetime			否	无			修改 删除 主键 唯一 索引 更多
16	timestamp	datetime			否	无			修改 删除 主键 唯一 索引 更多
17	book_id	int(11)			否	无			修改 删除 主键 唯一 索引 更多

图 17-5　表 bb_book_catalog 的视图设计效果

⑬ 定义类 BookImage，在数据库中创建表 bb_book_image，用于保存在系统内上传的本地图片，具体实现代码如下所示。

```
class BookImage(db.Model):
    __table_args__ = {
        "mysql_engine": "InnoDB",
        "mysql_charset": "utf8"
    }
    __tablename__ = db.PREFIX + PREFIX + "image"
    id = db.Column(db.Integer, primary_key = True,nullable=False)
    name = db.Column(db.String(255), default = "", nullable=False)
    filename = db.Column(db.String(255), default = "", nullable=False)
    book_id = db.Column(db.Integer, db.ForeignKey(Book.__tablename__+".id",
        ondelete = "CASCADE", onupdate = "CASCADE"), nullable=False)
    timestamp = db.Column(db.DateTime, default = datetime.now,nullable=False)
```

⑭ 通过函数 url( )设置保存本地上传图片的目录,具体实现代码如下所示。

```
@property
def url(self):
    return "/".join(["/static", current_app.config["IMAGE_PATH"],
        self.filename])
```

⑮ 通过函数 add( )向数据库中添加新的上传图片信息,具体实现代码如下所示。

```
@staticmethod
def add(book_id, filename, name):
    image = BookImage(
        name=name,
        filename=filename,
        book_id=book_id)
    db.session.add(image)
    db.session.commit()
    return image
```

⑯ 通过函数 delete(self)删除指定的图片信息,具体实现代码如下所示。

```
def delete(self):
    path = current_app.config["IMAGE_PATH"]
    file.delete_file(path, self.filename)
    db.session.delete(self)
```

在 MySQL 可视化界面中的视图设计效果如图 17-6 所示。

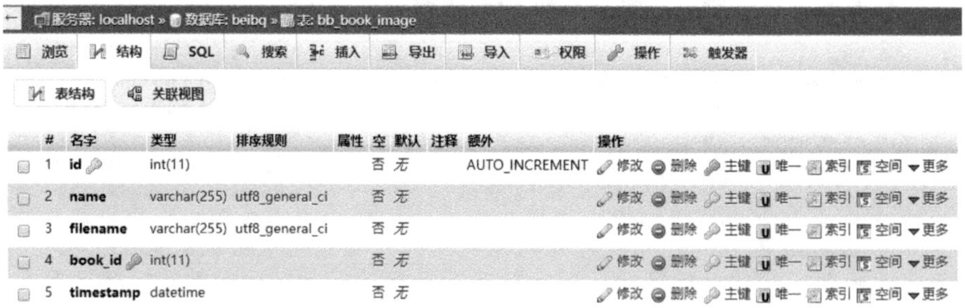

图 17-6　表 bb_book_image 的视图设计效果

17.4　新闻展示模块

在本节的内容中,将讲解新闻信息展示模块的实现过程。此模块的功能是将系统数据库内的新闻信息以列表的样式显示出来,并且显示和设置会员用户的信息。

17. 4. 1　URL 映射

在包 web 中编写视图文件 home. py，实现 URL 和新闻展示视图的对应关系，具体实现流程如下所示。

1) 通过函数 index( )映射主页界面，分页列表显示系统内的新闻类别信息，具体实现代码如下所示。

```
@web.route("/")
def index():
    page = request.args.get("page", 1, type=int)
    per_page = current_app.config["PER_PAGE"]
    #books = Book.page(page, per_page)
    catalogs = BookCatalog.page(page, per_page)
    return render_template("web/index.html", catalogs = catalogs)
```

2) 通过函数 reader( )分别映射 "/book/<int:id>" 和 "/book/<int:id>-<int:catalog_id>" 界面，分别显示某类别新闻信息和某个具体新闻信息，具体实现代码如下所示。

```
@web.route("/book/<int:id>")
@web.route("/book/<int:id>-<int:catalog_id>")
def reader(id, catalog_id=None):
    book = Book.get(id)
    if not book:
        return abort(404)
    if not book.access and (not current_user.is_authenticated or \
            current_user.is_authenticated and current_user.id != book.user_id):
        return abort(404)
    if catalog_id:
        catalog = BookCatalog.reader(book.id, catalog_id)
        if not catalog:
            return redirect(url_for("web.reader", id=book.id))
    else:
        catalog = BookCatalog.reader(book.id)
    if not catalog:
        return render_template("web/reader.html", book=book)
    prev = BookCatalog.prev(catalog)
    next = BookCatalog.next(catalog)
    catalogs = book.tree_catalogs()
    return render_template("web/reader.html", book=book,
        catalogs = catalogs, catalog=catalog)
```

17. 4. 2　新闻展示函数

在包 api 中编写文件 book. py，实现和新闻展示功能相关的函数，具体实现流程如下所示。

1) 通过函数 catalog2json( )将新闻信息转换为 JSON 格式的数据，具体实现代码如下所示。

```
def catalog2json(select_id, catalogs):
    items = []
    for catalog in catalogs:
        item = {
            "attrs": {"id": catalog.id},
            "title": catalog.title,
            "is_dir": catalog.is_dir,
            "href": url_for("web.reader", id = catalog.book_id,
                catalog_id=catalog.id)
        }
        if select_id == catalog.id:
```

```
            item["selected"] = True
        if catalog.catalogs:
            item["catalogs"] = catalog2json(select_id, catalog.catalogs)
        items.append(item)
    return items
```

2）通过函数 edit_book( )修改系统内的某条新闻的信息，具体实现代码如下所示。

```
@dispatcher.auth_action("edit_book")
def edit_book(id=None, **params):
    book = Book.get(id)
    if not book or book.user_id != current_user.id:
        return message("error","", "id error")
    catalogs = book.tree_catalogs()
    select_catalog =BookCatalog.get(book.select_catalog)
    if not select_catalog and catalogs:
        select_catalog = catalogs[0]
        book.select_catalog = select_catalog.id
    catalogs = catalog2json(book.select_catalog, catalogs)
    value = {"catalogs": catalogs}
    if select_catalog:
        value["id"] = select_catalog.id
        value["markdown"] = select_catalog.markdown
    value["publish"] = 0 if book.publish_timestamp>book.updatetime else 1
    return message("success", value)
```

3）通过函数 edit_book( )向系统内添加新的新闻信息，具体实现代码如下所示。

```
@dispatcher.auth_action("add_catalog")
def add_catalog(book_id=None, title="", parent_id=0, is_dir="0", **params):
    title = title.replace("/","")
    if not title:
        return message("error","", "no title")
    book = Book.get(book_id)
    if not book or book.user_id != current_user.id:
        return message("error","", "id error")
    max_deep = current_app.config["CATALOG_DEEP"]
    if BookCatalog.get_deep(parent_id) > max_deep:
        return message("warning","", "目录深度不能超过{}".format(max_deep))
    is_dir = int(is_dir)
    catalog = BookCatalog.add(book_id, title, parent_id, is_dir)
    if not catalog:
        return message("error","", "add catalog fail")
    value = {
        "id": catalog.id,
        "href": url_for("web.reader", id=book_id, catalog_id=catalog.id)
    }
    return message("success", value)
```

4）通过函数 rename_catalog( )重新命名某篇新闻信息的标题，具体实现代码如下所示。

```
@dispatcher.auth_action("rename_catalog")
def rename_catalog(id=None, title="", **params):
    title = title.replace("/","")
    if not title:
        return message("error","", "no title")
    catalog = BookCatalog.get(id)
    if not catalog or catalog.book.user_id!=current_user.id:
        return message("error","", "id error")
    catalog.rename(title)
    return message("success","")
```

5）通过函数 delete_catalog( )删除系统内指定编号的新闻信息，具体实现代码如下所示。

```
@dispatcher.auth_action("delete_catalog")
def delete_catalog(id=None, **params):
    catalog = BookCatalog.get(id)
    if not catalog or catalog.book.user_id!=current_user.id:
        return message("error","", "id error")
    catalog.delete()
    return message("success","")
```

6）通过函数 sort_catalog( )排序处理新闻列表中的标题，具体实现代码如下所示。

```
@dispatcher.auth_action("sort_catalog")
def sort_catalog(id=None, next_id=None, **params):
    catalog = BookCatalog.get(id)
    if not catalog or catalog.book.user_id!=current_user.id:
        return message("error","", "id error")
    if not catalog.sort(next_id):
        return message("error","", "sort fail")
    return message("success","")
```

7）通过函数 save_catalog( )保存系统内指定编号的新闻信息，具体实现代码如下所示。

```
@dispatcher.auth_action("save_catalog")
def save_catalog(id=None, markdown=None, html=None, **params):
    if not id or markdown is None or html is None:
        return message("error","", "no data")
    catalog = BookCatalog.query.filter_by(id=id).options(
        db.undefer("markdown"), db.undefer("html")).first()
    if not catalog:
        return message("warning","", "目录不存在")
    if catalog.book.user_id != current_user.id:
        return message("error","", "no authority")
    catalog.save(markdown, html)
    return message("success","")
```

8）通过函数 change_cover( )保存系统内新闻信息中的图片，具体实现代码如下所示。

```
@dispatcher.auth_action("change_cover")
def change_cover(id=None, binary=None, **params):
    if not binary:
        return message("error","", "no binary")
    book = Book.get(id)
    if not book or book.user_id != current_user.id:
        return message("error","", "id error")
    binary = base64.b64decode(binary)
    cover = file.change_cover(binary, book.cover)
    book.cover = cover
    src = "/".join(["/static",
        current_app.config["BOOK_COVER_PATH"], cover])
    return message("success", {"src": src})
```

9）通过函数 import_html( )导入 HTML 内容，具体实现代码如下所示。

```
@dispatcher.auth_action("import_html")
def import_html(html = None, url=None, only_main=None,
        download = None, **params):
    """ 导入 html 内容
    @param html: html 内容
    @param url: 链接
    @param only_main: 只提取页面正文
    @param download: 要下载页面上的图片到本地
    """
    if html is None and url is None:
```

```
        return message("warning","", "内容不能为空")
    only_main = 0 if only_main is None else int(only_main)
    download = 0 if download is None else int(download)
    html = html_module.get_url_html(html, url)
    if html is None:
        return message("warning","", "地址无法访问")
    html = html if not only_main else html_module.get_main_html(html)
    markdown = html_module.html2markdown(html, url, download,
            current_app.config["IMAGE_PATH"])
    return message("success", markdown)
```

10）通过函数 delete_book( ) 删除系统内某类别新闻的信息，具体实现代码如下所示。

```
@dispatcher.auth_action("delete_book")
def delete_book(id=None, **params):
    book = Book.get(id)
    if not book or book.user_id != current_user.id:
        return message("error","", "id error")
    book.delete()
    return message("success","")
```

11）通过函数 reader( ) 读取显示系统内某新闻类别的信息，具体实现代码如下所示。

```
@dispatcher.action("reader")
def reader(id=None, catalog_id=None, **params):
    book = Book.get(id)
    if not book:
        return message("error","", "no book")
    if not book.access and (not current_user.is_authenticated or \
            (book.user_id != current_user.id)):
        return message("error","", "no authority")
    catalog = BookCatalog.reader(book.id, catalog_id)
    if not catalog:
        return message("warning","", "新闻不存在")
    prev = BookCatalog.prev(catalog)
    next = BookCatalog.next(catalog)
    html = render_template("web/_reader.html", book=book, catalog=catalog,
        prev=prev, next=next)
    value = {
        "html": html,
        "id": catalog.id,
        "title": u"{} - {}".format(catalog.title, book.name),
    }
    return message("success", value)
```

12）通过函数 book_info( ) 获取系统内某新闻类别的详细信息，具体实现代码如下所示。

```
@dispatcher.action("book_info")
def book_info(id=None, **params):
    book = Book.info(id)
    if not book:
        return message("error","", "not book")
    html = render_template("web/_info.html", book=book)
    return message("success", html)
```

执行后在系统主页中显示新闻类别信息，在类别下面显示此类别中最新的新闻信息简介，执行效果如图 17-7 所示。

新闻详情页面如图 17-8 所示。

图 17-7　在系统主页中显示新闻类别信息

图 17-8　新闻详情页面

17.5　后台管理模块

当用户登录系统后，可以在系统中发布并管理自己的新闻信息。在本节的内容中，将详细讲解在后台发布并管理新闻信息的过程。

17.5.1　发布新闻

1）在包 admin/forms 中编写表单文件 book.py，功能是获取表单中的新闻信息，主要实现代码如下所示。

```
class BookForm(Form):
    name = StringField("新闻类型", validators = [DataRequired("新闻类型不能为空"),
Length(1,125,"长度不能超过 125 个字符")])
```

```
    brief =TextAreaField("描述")
    access =RadioField("访问权限", choices=[("1", "公开"), ("0", "私人")])

class SettingForm(Form):
    name = StringField("新闻类型", validators=[DataRequired("新闻类型不能为空"),
Length(1, 125, "长度不能超过125个字符")])
    brief =TextAreaField("描述")
    access =RadioField("访问权限", choices=[("1", "公开"), ("0", "私人")])
```

2）在包 admin/views 中编写表单文件 book.py，功能是获取表单中的新闻信息并添加到系统数据库中，并且还可以通过表单实现新闻修改功能。文件 book.py 的主要实现代码如下所示。

```
@admin.route("/")
@login_required
def index():
    page = request.args.get("page", 1, type=int)
    per_page = current_app.config["PER_PAGE"]
    tab = request.args.get("tab", "book")
    count_draft = current_user.count_draft()
    if tab=="draft":
        books = current_user.page_draft(page, per_page)
    else:
        books = current_user.page_book(page, per_page)
    return render_template("admin/book/index.html", books = books,
        count_draft=count_draft, tab=tab)


@admin.route("/book/new", methods=["GET", "POST"])
@login_required
def book_new():
    form =BookForm()
    if form.validate_on_submit():
        book = Book.add(form.name.data, form.brief.data,
            form.access.data, current_user.id)
        return redirect(url_for("admin.book_edit", id=book.id))
    return render_template("admin/book/new.html", form=form)


@admin.route("/book/<int:id>", methods=["GET", "POST"])
@login_required
def book_detail(id):
    book = Book.get(id)
    if not book:
        return abort(404)
    form = SettingForm()
    if form.validate_on_submit():
        book.setting(form.name.data, form.brief.data, form.access.data)
        flash("设置成功")
    return render_template("admin/book/detail.html", book = book, form=form)


@admin.route("/book/<int:id>/edit")
@login_required
def book_edit(id):
    book = Book.get(id)
    if not book:
        return abort(404)
    return render_template("admin/book/edit.html", book = book)
```

```
@admin.route("/catalog/<int:id>/change")
@login_required
def catalog_change(id):
    catalog = BookCatalog.get(id)
    if catalog.is_dir or catalog.book.user_id != current_user.id:
        return abort(404)
    catalog.is_dir = True
    return redirect(url_for("admin.book_edit", id=catalog.book_id))
```

发布新闻页面的执行效果如图 17-9 所示。

新闻 / 创建新闻

创建新闻

新闻类型

描述 (可填)

描述

◉ 📖 公开 (任何人都能看到)　　　○ 🔒 私人 (仅自己能看到)

开始创建

图 17-9　发布新闻页面的执行效果

17.5.2　设置站点信息

1）在包 admin/forms 中编写表单文件 site.py，功能是获取表单中的站点设置信息，主要实现代码如下所示。

```
class SiteForm(Form):
    name = StringField("名称", validators=[DataRequired("网站名称不能为空"), Length
(1,125, "长度不能超过 125 个字符")])
    description = StringField("一句话描述", validators=[Length(0, 125, "长度不能超
过 125 个字符")])
    about = TextAreaField("关于本站")
```

2）在包"admin/views"中编写表单文件 site.py，功能是获取表单中的站点设置信息并更新到系统数据库中。文件 site.py 的主要实现代码如下所示。

```
@admin.route("/site", methods=["GET", "POST"])
@login_required
def site():
    form = SiteForm()
    if form.validate_on_submit():
        metas = {
            "name": form.name.data,
            "description": form.description.data,
            "about": form.about.data
        }
        SiteMeta.setting(metas)
        flash("设置成功")
        set_site(current_app)
    metas = SiteMeta.all()
    site = dict([(meta.name, meta.value) for meta in metas])
    return render_template("admin/site/site.html", form=form, site=site)
```

系统站点设置信息页面的执行效果如图 17-10 所示。

图 17-10　系统站点设置信息页面的执行效果

17.5.3　设置用户信息

1）在包 admin/forms 中编写表单文件 user.py，功能是修改设置会员用户的基本信息，主要实现代码如下所示。

```
class UserForm(Form):
    username = StringField("用户名", validators=[DataRequired("用户名不能为空"),
        Length(3, 50, "用户名长度在 3 到 50 个字符之间")])
    password = PasswordField("密码", validators=[DataRequired("密码不能为空"),
        Length(6, 128, "密码长度应该在 6 到 128 个字符之间")])


class SettingForm(Form):
    nickname = StringField("昵称", validators=[DataRequired("昵称不能为空"),
        Length(1, 50, "昵称长度在 1 到 50 个字符之间")])
```

2）在包 admin/views 中编写表单文件 user.py，功能是获取表单中的用户信息并更新到系统数据库中。文件 user.py 的主要实现代码如下所示。

```
@admin.route("/user")
@login_required
def user():
    page = request.args.get("page", 1, type=int)
    per_page = current_app.config["PER_PAGE"]
    users = User.page(page, per_page)
    return render_template("admin/user/index.html", users=users)


@admin.route("/user/new", methods=["GET", "POST"])
@login_required
def user_new():
    form = UserForm()
    if form.validate_on_submit():
        User.add(form.username.data, form.password.data)
        flash("添加用户成功")
        return redirect(url_for("admin.user"))
    return render_template("admin/user/new.html", form=form)


@admin.route("/user/<int:id>", methods=["GET", "POST"])
@login_required
def user_detail(id):
    user = User.get(id)
    if not user:
        return abort(404)
```

```
form = SettingForm()
if form.validate_on_submit():
    user.setting(form.nickname.data)
    flash("修改成功")
return render_template("admin/user/detail.html", user=user,
    form=form)
```

设置用户信息页面的执行效果如图 17-11 所示。

图 17-11　设置用户信息页面的执行效果

到此为止，本章的新闻发布系统的核心知识已介绍完毕。在本系统中还提供了其他功能，例如调用编辑器发布新闻信息等。为了节省本书篇幅，这部分内容将不再进行讲解，请读者参考配套素材中的具体实现代码。

第18章
基于深度学习的人脸识别系统

近年来，随着人工智能技术的飞速发展，机器学习和深度学习技术已经摆在了人们的面前，一时间成为程序员的学习热点。在本章的内容中，将详细介绍使用深度学习技术开发一个人脸识别系统的知识，并详细讲解使用 OpenCV-Python+ Keras+Sklearn 实现一个人工智能项目的过程。

18.1 系统需求分析

在接下来的内容中，将详细讲解使用人工智能技术实现一个人脸识别项目的过程。在本节将首先讲解本项目的需求分析知识，为步入后面知识的学习打下基础。

源码路径：**daima\18\face-recognition-001**

18.1.1 系统功能分析

本项目是一个人工智能版的人脸识别系统，使用深度学习技术实现。本项目的具体功能模块如下所示。

（1）采集样本照片

调用本地计算机摄像头采集照片作为样本，设置使用快捷键进行采集和取样。一次性可以采集多张照片，采集的样本照片越多，后面的人脸识别的成功率越高。

（2）图片处理

处理采集到的原始样本照片，将采集到的原始图像转化为标准数据文件，这样便于被后面的深度学习模块所用。

（3）深度学习

使用处理后的图片创建深度学习模型，实现学习训练，将训练结果保存为 ".h5" 文件。

（4）人脸识别

根据训练所得的模型实现人脸识别功能，既可以识别摄像头中的图片，也可以识别 Flask Web 中上传的照片。

18.1.2 实现流程分析

实现本项目的具体流程如图 18-1 所示。

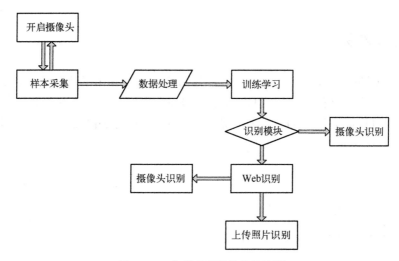

图 18-1　实现本项目的具体流程

18.1.3　技术分析

本人脸识别系统是一个综合性的项目，主要用到了如下所示的框架。

1）Flask：典型的 Python Web 开发框架。

2）OpenCV-Python：典型的图像处理框架 OpenCV 的 Python 接口。OpenCV 是一个基于 BSD 许可（开源）发行的跨平台计算机视觉库，可以运行在 Linux、Windows、Android 和 macOS 操作系统上。它轻量级而且高效——由一系列 C 函数和少量 C++类构成，同时提供了 Python、Ruby、MATLAB 等语言的接口，实现了图像处理和计算机视觉方面的很多通用算法。OpenCV 用 C++语言编写，它的主要接口也是用 C++语言编写，但是依然保留了大量的用 C 语言编写的接口。

可以使用如下命令安装 OpenCV-Python。

```
pip install opencv-python
```

在安装 OpenCV-Python 时需要安装对应的依赖库，例如常用的 Numpy 等。如果安装 OpenCV-Python 失败，可以下载对应的 ".whl" 文件，然后通过如下命令进行安装。

```
pip install ".whl"文件
```

3）Keras：一个用 Python 语言编写的高级神经网络 API，它能够以 TensorFlow、CNTK 或者 Theano 作为后端运行。Keras 的开发重点是支持快速的实验学习，能够以最小的时延把你的想法转换为实验结果。可以使用如下命令安装 Keras。

```
pip install keras
```

4）Sklearn：机器学习中常用的第三方模块，对常用的机器学习方法进行了封装，包括回归（Regression）、降维（Dimensionality Reduction）、分类（Classfication）、聚类（Clustering）等方法。在 Sklearn 中包含了大量优质的数据集，在学习机器学习的过程中，可以通过使用这些数据集实现不同的模型，从而提高我们的动手实践能力。可以使用如下命令安装 Sklearn。

```
pip install sklearn
```

注意：在安装 Sklearn 之前需要先安装 Numpy 和 Scipy。

18.2　照片样本采集

在进行人脸识别前，需要先采集一张照片作为样本。在本节的内容中，将详细讲解使用摄像头采集样本照片的过程。编写文件 getCameraPics.py，基于摄像头采集视频流中的数据，根据截取的人脸图片作为样本照片并存储起来。文件 getCameraPics.py 的具体实现代码如下所示。

```
import os
import cv2

# python2 运行时加上
# reload(sys)
# sys.setdefaultencoding('utf-8')

def cameraAutoForPictures(saveDir='data/'):
    '''
    调用计算机摄像头来自动获取图片
    '''
    if not os.path.exists(saveDir):
        os.makedirs(saveDir)
    count = 1
    cap = cv2.VideoCapture(0)
    width,height,w = 640,480,360
    cap.set(cv2.CAP_PROP_FRAME_WIDTH,width)
    cap.set(cv2.CAP_PROP_FRAME_HEIGHT,height)
    crop_w_start = (width-w)//2
    crop_h_start = (height-w)//2
    print('width: ',width)
    print('height: ',height)
    while True:
        ret,frame = cap.read()
        frame = frame[crop_h_start:crop_h_start+w,crop_w_start:crop_w_start+w]
        frame = cv2.flip(frame,1,dst=None)
        cv2.imshow("capture", frame)
        action = cv2.waitKey(1) & 0xFF
        if action == ord('c'):
            saveDir = input(u"请输入新的存储目录:")
            if not os.path.exists(saveDir):
                os.makedirs(saveDir)
        elif action == ord('p'):
            cv2.imwrite("%s/%d.jpg" % (saveDir,count),cv2.resize(frame, (224,
224),interpolation=cv2.INTER_AREA))
            print(u"%s: %d 张图片" % (saveDir,count))
            count += 1
        if action == ord('q'):
            break
    cap.release()
    cv2.destroyAllWindows()


if __name__ == '__main__':
    # xxx 替换为自己的名字
    cameraAutoForPictures(saveDir='data/guanxijing/')
```

通过上述代码，启动摄像头后需要借助键盘输入操作来完成图片的获取工作，其中键盘按键〈C〉（change）表示设置一个存储样本照片的目录，按键〈P〉（photo）表示执行截图操作，

按键〈Q〉（quit）表示退出拍摄。运行后会打开本地计算
机中的摄像头，如图 18-2 所示。按下键盘中的〈P〉
键会截取摄像头中的屏幕照片，并将照片保存起来，
上述代码设置的保存路径是 data/guanxijing/。

图 18-2　开启摄像头

18.3　深度学习和训练

在尽可能多地采集样本照片后，将采集到的数据
进行分析处理，然后使用人工智能技术实现深度学习
训练，将训练结果保存为数据模型文件，根据数据模
型文件可以实现人脸识别功能。

18.3.1　原始图像预处理

编写文件 dataHelper. py，实现原始图像数据的预处理工作，将原始图像转化为标准数据
文件。文件 dataHelper. py 的具体实现代码如下所示。

```python
import os
import cv2
import time

def readAllImg(path, * suffix):
    '''
    基于后缀读取文件
    '''
    try:
        s = os.listdir(path)
        resultArray = []
        fileName = os.path.basename(path)
        resultArray.append(fileName)
        for i in s:
            if endwith(i, suffix):
                document = os.path.join(path, i)
                img = cv2.imread(document)
                resultArray.append(img)
    except IOError:
        print("Error")

    else:
        print("读取成功")
        return resultArray


def endwith(s, * endstring):
    '''
    对字符串的后续和标签进行匹配
    '''
    resultArray = map(s.endswith, endstring)
    if True in resultArray:
        return True
    else:
        return False
```

```
def readPicSaveFace(sourcePath,objectPath, * suffix):
    '''
    图片标准化与存储
    '''
    if not os.path.exists(objectPath):
        os.makedirs(objectPath)
    try:
        resultArray=readAllImg(sourcePath, * suffix)
        count=1
        face_cascade = cv2.CascadeClassifier(' config/ haarcascade_frontalface_
alt.xml')
        for i in resultArray:
            if type(i)!=str:
                gray=cv2.cvtColor(i, cv2.COLOR_BGR2GRAY)
                faces=face_cascade.detectMultiScale(gray, 1.3, 5)
                for (x,y,w,h) in faces:
                    listStr=[str(int(time.time())),str(count)]
                    fileName=''.join(listStr)
                    f=cv2.resize(gray[y:(y+h),x:(x+w)],(200, 200))
                    cv2.imwrite(objectPath+os.sep+'%s.jpg' % fileName, f)
                    count+=1
    except Exception as e:
        print("Exception: ",e)
    else:
        print('Read  '+str(count-1)+' Faces to Destination '+objectPath)

if __name__ == '__main__':
    print('dataProcessing!!!')
    readPicSaveFace('data/guanxijing/','dataset/guanxijing/','.jpg','.JPG','png',
'PNG','tiff')
    readPicSaveFace('data/KA/','dataset/KA/','.jpg','.JPG','png','PNG','tiff')
```

如果需要处理多人的样本照片，需要在__main__后面添加多个对应的处理目录。运行上述文件后，会在 dataset 目录下得到处理后的照片。

18.3.2 构建人脸识别模块

编写文件 faceRegnigtionModel. py，功能是通过深度学习和训练构建人脸识别模块，将训练后得到的模型文件保存本地，默认保存为 face. h5。文件 faceRegnigtionModel. py 的具体实现流程如下所示。

1）引入深度学习和机器学习框架，具体的实现代码如下所示。

```
import os
import cv2
import random
import numpy as np
from keras.utils import np_utils
from keras.models import Sequential,load_model
from sklearn.model_selection import train_test_split
from keras.layers import Dense,Activation,Convolution2D,MaxPooling2D,Flatten,
Dropout
```

2）编写类 DataSet，功能是保存和读取格式化后的训练数据，具体的实现代码如下所示。

```
class DataSet(object):
    def __init__(self,path):
        '''
        初始化
        '''
```

```
            self.num_classes=None
            self.X_train=None
            self.X_test=None
            self.Y_train=None
            self.Y_test=None
            self.img_size=128
            self.extract_data(path)
```

3）编写函数 extract_data（）抽取数据，使用机器学习 Sklearn 中的函数 train_test_split（）将原始数据集按照一定比例划分训练集和测试集对模型进行训练。通过函数 reshape（）将图片转换成指定的尺寸和灰度，通过函数 astype（）将图片转换为 float32 数据类型，具体的实现代码如下所示。

```
def extract_data(self,path):
    imgs,labels,counter=read_file(path)
    X_train,X_test,y_train,y_test=train_test_split(imgs,labels,test_size=0.2,
random_state=random.randint(0,100))
    X_train=X_train.reshape(X_train.shape[0],1,self.img_size,self.img_
size)/255.0
    X_test=X_test.reshape(X_test.shape[0],1,self.img_size,self.img_
size)/255.0
    X_train=X_train.astype('float32')
    X_test=X_test.astype('float32')
    Y_train=np_utils.to_categorical(y_train,num_classes=counter)
    Y_test=np_utils.to_categorical(y_test,num_classes=counter)
    self.X_train=X_train
    self.X_test=X_test
    self.Y_train=Y_train
    self.Y_test=Y_test
    self.num_classes=counter
```

函数 train_test_split（）的原型如下所示。

```
ain_test_split(trian_data,trian_target,test_size,random_state)
```

函数 train_test_split（）各参数的具体说明如下所示。

- trian_data：表示被划分的样本特征集。
- trian_target：表示划分的样本的标签（索引值）。
- test_size：表示将样本按比例划分，返回的第一个参数值为 train_data * test_size。
- random_state：表示随机种子。当为整数时，不管循环多少次 X_train 与第一次都是一样的。其值不能是小数，当 random_state 的值发生改变时，其返回值也会发生改变。

4）编写函数 check（self）实现数据校验，打印输出图片的基本信息，具体的实现代码如下所示。

```
def check(self):
    '''
    校验
    '''
    print('num of dim:', self.X_test.ndim)
    print('shape:', self.X_test.shape)
    print('size:', self.X_test.size)
    print('num of dim:', self.X_train.ndim)
    print('shape:', self.X_train.shape)
    print('size:', self.X_train.size)
```

5）编写函数 endwith（），功能是对字符串的后续和标签进行匹配，具体的实现代码如下所示。

```
def endwith(s, * endstring):
    resultArray = map(s.endswith,endstring)
    if True in resultArray:
        return True
    else:
        return False
```

6）编写函数 read_file(path)读取指定路径的图片信息，具体的实现代码如下所示。

```
def read_file(path):
    img_list = []
    label_list = []
    dir_counter = 0
    IMG_SIZE = 128
    for child_dir in os.listdir(path):
        child_path = os.path.join(path, child_dir)
        for dir_image in os.listdir(child_path):
            if endwith(dir_image,'jpg'):
                img = cv2.imread(os.path.join(child_path, dir_image))
                resized_img = cv2.resize(img, (IMG_SIZE, IMG_SIZE))
                recolored_img = cv2.cvtColor(resized_img,cv2.COLOR_BGR2GRAY)
                img_list.append(recolored_img)
                label_list.append(dir_counter)
        dir_counter += 1
    img_list = np.array(img_list)
    return img_list,label_list,dir_counter
```

7）编写函数 read_name_list(path)读取训练数据集，具体的实现代码如下所示。

```
def read_name_list(path):
    name_list = []
    for child_dir in os.listdir(path):
        name_list.append(child_dir)
    return name_list
```

8）编写类 Model 创建一个基于 CNN 的人脸识别模型，开始构建数据模型并进行训练，具体的实现代码如下所示。

```
class Model(object):
    '''
    人脸识别模型
    '''
    FILE_PATH = "face.h5"
    IMAGE_SIZE = 128

    def __init__(self):
        self.model = None

    def read_trainData(self,dataset):
        self.dataset = dataset

    def build_model(self):
        self.model = Sequential()
        self.model.add(
            Convolution2D(
                filters = 32,
                kernel_size = (5, 5),
                padding = 'same',
                dim_ordering = 'th',
                input_shape = self.dataset.X_train.shape[1:]
            )
        )
```

328

```
            self.model.add(Activation('relu'))
            self.model.add(
                MaxPooling2D(
                    pool_size=(2,2),
                    strides=(2,2),
                    padding='same'
                )
            )
            self.model.add(Convolution2D(filters=64, kernel_size=(5,5), padding=
'same'))
            self.model.add(Activation('relu'))
            self.model.add(MaxPooling2D(pool_size=(2,2), strides=(2,2), padding=
'same'))
            self.model.add(Flatten())
            self.model.add(Dense(1024))
            self.model.add(Activation('relu'))
            self.model.add(Dense(self.dataset.num_classes))
            self.model.add(Activation('softmax'))
            self.model.summary()

        def train_model(self):
            self.model.compile(
                optimizer='adam',
                loss='categorical_crossentropy',
                metrics=['accuracy'])
            self.model.fit(self.dataset.X_train, self.dataset.Y_train, epochs=10,
batch_size=10)

        def evaluate_model(self):
            print('\nTesting---------------')
            loss, accuracy = self.model.evaluate(self.dataset.X_test, self.dataset.Y_
test)
            print('test loss;', loss)
            print('test accuracy:', accuracy)

        def save(self, file_path=FILE_PATH):
            print('Model Saved Finished!!!')
            self.model.save(file_path)

        def load(self, file_path=FILE_PATH):
            print('Model Loaded Successful!!!')
            self.model = load_model(file_path)

        def predict(self,img):
            img=img.reshape((1, 1, self.IMAGE_SIZE, self.IMAGE_SIZE))
            img=img.astype('float32')
            img=img/255.0
            result=self.model.predict_proba(img)
            max_index=np.argmax(result)
            return max_index,result[0][max_index]
```

9）调用上面的函数，打印输出模型训练和评估结果，具体的实现代码如下所示。

```
if __name__ == '__main__':
    dataset=DataSet('dataset/')
    model=Model()
    model.read_trainData(dataset)
    model.build_model()
    model.train_model()
    model.evaluate_model()
    model.save()
```

18.4 人脸识别

在使用人工智能技术实现深度学习训练后，生成一个数据模型文件，通过调用这个数据模型文件可以实现人脸识别功能。例如在下面的实例文件cameraDemo.py 中，通过 OpenCV-Python 直接调用摄像头实现实时人脸识别功能。

```python
import os
import cv2
from faceRegnigtionModel import Model

threshold = 0.7    # 如果模型认为概率高于70%则显示为模型中已有的人物

def read_name_list(path):
    '''
    读取训练数据集
    '''
    name_list = []
    for child_dir in os.listdir(path):
        name_list.append(child_dir)
    return name_list

class Camera_reader(object):
    def __init__(self):
        self.model = Model()
        self.model.load()
        self.img_size = 128

    def build_camera(self):
        '''
        调用摄像头实现实时人脸识别
        '''
        face_cascade = cv2.CascadeClassifier('config/haarcascade_frontalface_alt.xml')
        name_list = read_name_list('dataset/')
        cameraCapture = cv2.VideoCapture(0)
        success, frame = cameraCapture.read()
        while success and cv2.waitKey(1) == -1:
            success, frame = cameraCapture.read()
            gray = cv2.cvtColor(frame, cv2.COLOR_BGR2GRAY)
            faces = face_cascade.detectMultiScale(gray, 1.3, 5)
            for (x,y,w,h) in faces:
                ROI = gray[x:x+w,y:y+h]
                ROI = cv2.resize(ROI, (self.img_size, self.img_size),interpolation = cv2.INTER_LINEAR)
                label,prob = self.model.predict(ROI)
                if prob > threshold:
                    show_name = name_list[label]
                else:
                    show_name = "Stranger"
                cv2.putText(frame, show_name, (x,y-20),cv2.FONT_HERSHEY_SIMPLEX,1, 255,2)
                frame = cv2.rectangle(frame,(x,y), (x+w,y+h),(255,0,0),2)
            cv2.imshow("Camera", frame)
        else:
            cameraCapture.release()
            cv2.destroyAllWindows()
```

```
if __name__ == '__main__':
    camera=Camera_reader()
    camera.build_camera()
```

执行后会开启摄像头并识别摄像头的人物，执行效果如图 18-3 所示。

图 18-3　执行效果

18.5　Flask Web 人脸识别接口

我们可以将前面实现的数据模型和人脸识别功能迁移到 Web 项目中。在本节的内容中，将详细讲解在 Flask Web 中实现人脸识别功能的过程。

18.5.1　导入库文件

编写文件 main. py 实现 Flask 项目的主程序功能，首先导入需要的人脸识别库和 Flask 库，具体实现代码如下所示。

```
from flask_uploads import UploadSet, IMAGES, configure_uploads
from flask import redirect, url_for, render_template
import os
import cv2
import time
import numpy as np
from flask import Flask
from flask import request
from faceRegnigtionModel import Model
from cameraDemo import Camera_reader
```

18.5.2　识别上传照片

在文件 main. py 中设置 Flask 项目的名字，设置上传文件的保存目录。通过链接/upload 显示上传表单页面，通过链接/photo/<name>显示上传的照片，并在页面中调用函数 detectOne-Picture(path)显示识别结果，具体实现代码如下所示。

```
app = Flask(__name__)
app.config['UPLOADED_PHOTO_DEST'] = os.path.dirname(os.path.abspath(__file__))
app.config['UPLOADED_PHOTO_ALLOW'] = IMAGES
def dest(name):
    return '{}/{}'.format(app.config.UPLOADED_PHOTO_DEST, name)
photos = UploadSet('PHOTO')


configure_uploads(app, photos)
@app.route('/upload', methods = ['POST', 'GET'])
def upload():
    if request.method == 'POST' and 'photo' in request.files:
        filename = photos.save(request.files['photo'])
        return redirect(url_for('show', name = filename))
    return render_template('upload.html')


@app.route('/photo/<name>')
def show(name):
    if name is None:
        print('出错了!')
    url = photos.url(name)

def detectOnePicture(path):
    '''
    单图识别
    '''
    model = Model()
    model.load()
    img = cv2.imread(path)
    img = cv2.resize(img, (128,128))
    img = cv2.cvtColor(img, cv2.COLOR_BGR2GRAY)
    picType,prob = model.predict(img)
    if picType != -1:
        name_list = read_name_list('dataset/')
        print(name_list[picType],prob)
        res = u"识别为: "+name_list[picType]+u"的概率为: "+str(prob)
    else:
        res = u"抱歉,未识别出该人!请尝试增加数据量来训练模型!"
    return res

    if request.method == "GET":
        picture = name
    start_time = time.time()
    res = detectOnePicture(picture)
    end_time = time.time()
    execute_time = str(round(end_time-start_time,2))
    tsg = u' 总耗时为: %s 秒' % execute_time
    return render_template('show.html', url=url, name=name,xinxi=res,shijian=tsg)

def endwith(s, * endstring):
    '''
    对字符串的后续和标签进行匹配
    '''
    resultArray = map(s.endswith,endstring)
    if True in resultArray:
        return True
    else:
        return False
```

```python
def read_file(path):
    '''
    图片读取
    '''
    img_list = []
    label_list = []
    dir_counter = 0
    IMG_SIZE = 128
    for child_dir in os.listdir(path):
        child_path = os.path.join(path, child_dir)
        for dir_image in os.listdir(child_path):
            if endwith(dir_image,'jpg'):
                img = cv2.imread(os.path.join(child_path, dir_image))
                resized_img = cv2.resize(img, (IMG_SIZE, IMG_SIZE))
                recolored_img = cv2.cvtColor(resized_img,cv2.COLOR_BGR2GRAY)
                img_list.append(recolored_img)
                label_list.append(dir_counter)
        dir_counter += 1
    img_list = np.array(img_list)
    return img_list,label_list,dir_counter

def read_name_list(path):
    '''
    读取训练数据集
    '''
    name_list = []
    for child_dir in os.listdir(path):
        name_list.append(child_dir)
    return name_list


def detectOnePicture(path):
    '''
    单图识别
    '''
    model = Model()
    model.load()
    img = cv2.imread(path)
    img = cv2.resize(img,(128,128))
    img = cv2.cvtColor(img, cv2.COLOR_BGR2GRAY)
    picType,prob = model.predict(img)
    if picType != -1:
        name_list = read_name_list('dataset/')
        print(name_list[picType],prob)
        res = u"识别为: "+name_list[picType]+u"的概率为: "+str(prob)
    else:
        res = u"抱歉,未识别出该人!请尝试增加数据量来训练模型!"
    return res
```

18.5.3　在线识别

设置 Web 首页显示一个"打开摄像头识别"链接，单击链接后调用摄像头实现在线识别功能，具体实现代码如下所示。

```python
@app.route("/")
def init():
    return render_template("index.html",title = 'Home')


@app.route("/she/")
```

```
def she():
    camera = Camera_reader()
    camera.build_camera()
    return render_template("index.html", title='Home')

if __name__ == "__main__":
    print('faceRegnitionDemo')
    app.run(debug=True)
```

执行后将在主页显示"打开摄像头识别"链接，单击链接后会实现在线人脸识别功能，如图 18-4 所示。

图 18-4　在线人脸识别

a）系统主页　b）单击链接后启动摄像头

输入"http://127.0.0.1:5000/upload"后显示图片上传页面，上传照片并单击"提交"按钮后会显示上传照片和识别结果，如图 18-5 所示。

图 18-5　识别上传照片

a）上传图片表单页面　b）显示上传照片和识别结果